KB196895

2025
미래 과학 트렌드

미래 과학 트렌드

한 권으로 따라잡는 오늘의 과학, 내일의 기술

2025 FUTURE SCIENCE TRENDS

국립과천과학관 지음

위즈덤하우스

과학의 시대,
일상의 변화를 읽는 정확한 시선
얼개를 이해하는 힘 기르기

차례

CHAPTER 1. 우주과학

CHAPTER 4. 과학기술

CHAPTER 5. 지구과학

CHAPTER 6. 과학문화

부록_ 2024 노벨상 특강

책머리에

　한강 작가의 2024년 노벨문학상 수상은 우리 국민들로 하여금 한류의 저력이 대중문화에서 빛날 뿐 아니라 문학에서도 축적되어 발현되었음을 실감하게 했습니다. 그리고 과학기술 분야에서는 2024년 노벨상 수상자들에 대한 이야기가 화제였습니다. 인공지능 관련 연구자들이 노벨화학상과 노벨물리학상을 받았다는 것은, 서로 무관할 것 같았던 분야 간 융합 연구가 성과를 인정받았다는 의미로 읽을 수 있습니다. 궁금하신 분들은 이 책의 부록인 '2024 노벨상 특강'에서 확인해보시면 좋겠습니다.

　사실 우리나라의 기초과학에 대한 연구와 투자는 서구 국가들에 비해 역사가 매우 짧습니다. 1989년 '기초과학연구진흥법' 제정을 통해 비로소 체계적인 기초과학 지원이 시작되었으니까요. 또한 우리는 핵심 원천 기술을 다지기보다 압축 성장을 위해 '빠른 추격자fast follower' 전략을 취했기에 그동안 과학 분야의 노벨상은 멀게만 느껴졌습니다. 그러나 페로브스카이트 태양전지, 나노·그래핀 연구, 유전자가위 기술, 마이크로RNA 분야 등에서 국내 과학자들의 선도적 연구 성과는 세계적으로도 인정받고 있고, 그에 따라 우리의

11

노벨과학상 수상이 머지않았음을 기대하게 합니다.

인공지능은 2024년 노벨상뿐 아니라 우리 일상에서도 화두가 되었습니다. 2022년 말, 3.5버전으로 일반인에게 처음 선보였던 대화형 인공지능인 챗GPT의 성능은 발전을 거듭하고 있습니다. 2024년 5월 말에는 실시간 응답이 가능할 정도로 대화 속도가 매우 빨라진 GPT-4o가 발표되었습니다. 또한 다양한 범주에서 활용되는 생성형 인공지능이 등장하며 이에 대한 놀라움과 함께 부작용에 대한 이슈도 활발히 논의되고 있습니다.

국립과천과학관에서도 전 직원이 전문가 강연을 듣고 교육을 받으며 인공지능을 과학문화 분야 등에서 직접 활용하고자 관심을 기울이고 있습니다. 2024년 9월에 업데이트된 GPT-4o는 한국어 대화가 더욱 자연스러워졌고, 다른 챗봇형 인공지능들도 맥락 이해와 다양한 자료의 통합, 출처 확인 등에 대한 기술이 좋아지고 있어 《2025 미래 과학 트렌드》는 시험적으로 AI를 활용해 집필하면 어떨까 하는 호기심이 발동되기도 했습니다. 그러나 집필진인 국립과천과학관 전문가들이 가진 독창성을 살리고, 집필 과정을 통해 그들에게 체화되고 축적되는 역량의 성장 또한 과학관이 도서를 발간하는 목적이기도 해서 호기심은 접어두기로 했습니다.

3년 안에 혁신을 가져올 과학기술 키워드에 대한 이야기는 2021년에 시작해 2024년까지, 4년째 이어지고 있습니다. 질문을 넣으면 거의 즉시 답을 내놓는 인공지능은 공개된 기존 자료를 학습하여 확률적인 판단으로 정리해 콘텐츠를 제시하기에, 아주 빠르게 책 한 권을 집필할 수 있을지 모릅니다. 하지만 이 책은 다양한 관람객을 맞이하고 함께 프로그램을 운영하는 과학문화 전문가들이 직접 주제를 정하고, 어려울 수 있는 내용이지만 대중의 눈높이에서 흥미와 유익의 균형을 잡으며 저술합니다. 따라서 집필자들의 경험과 직관이 녹아 있다는 점에서 의미가 큽니다.

지난 4년 동안 이들이 제시한 과학기술 주제는 6개 분야를 기본 틀로 구성해 이야기되고 축적되고 있습니다. 과학기술, 화학, 생명과학, 지구과학(고등학교 교육과정의 '물화생지'라고 할 수 있습니다)과 과학관의 강점인 우주과학, 사회와 과학이 소통하는 모습을 담은 과학문화가 바로 그 기반이 되었습니다. 학제 간 융합 연구가 활발하기에 특정 범주로 편제하기가 어려운 키워드도 있지만, 이렇게 6개 분야에서 매년 콘텐츠를 채워가다 보니, 해를 거듭할수록 좋은 아카이브가 만들어지고 있습니다.

이 아카이브를 통해 중요하다고 제시했던 주제들이 구체적인 연구 성과와 기술이 되어 각광을 받거나 노벨상을 수상하게 되는 것을 확인하게 됩니다. 그렇기에 매년 한 권씩 더해지는 '미래 과학 트렌드'를 꾸준히 읽어가면 과학기술로 인해 빠르게 변화하는 이 시대에 꼭 알아야 하거나 상식으로 알고는 있어야 할 과학 이야기들을 수월하게 따라갈 수 있지 않을까 생각해봅니다.

그래서인지 '미래 과학 트렌드'는 일반 독자들이 참여하는 과학책 독서 모임에서 읽기 좋은 대표적인 입문서로 활용되고 있습니다. 또한 분야별로 몇 년간 변화하는 과학기술 경향을 일람하고 싶을 때도 참고하기 좋은 기준이 되기도 합니다. 즉, 매년 발간되는 새로운 내용을 읽는 것도 좋지만, 키워드를 모아놓고 흐름을 읽어도 의미가 있고 지식 축적에도 유용하다고 할 수 있습니다.

이번 《2025 미래 과학 트렌드》는 6개 파트의 26개 주제와 노벨상 특강까지 국립과천과학관의 과학커뮤니케이터 23명이 참여했습니다. 4년 동안 매해 20여 명의 구성원이 30개 내외의 주제를 저술하는 과정이 쉽지만은 않았습니다. 그러나 코로나19 시기에 관람객을 맞을 수 없어 시작했던 도서 발간을 통한 소통의 과정을, 모든 대면 활동이 회복된 상황에서도 지속하는 것은 과학관을 둘러싼 환경이 변화하고 있기 때문입니다. 저출생으로 인한 어린이, 청소년 관람객의 감소는 적극적으로 과학관 활동에 대해 대외적으로 알려야 한다는 필요성을 제기했습니다. 그리고 양질의 과학 콘텐츠가 즐비한 다양한 미디어 채널의 발달은 과학관만이 제공 가능한 것에 대해 고민하게 만들었습니다.

'미래 과학 트렌드'는 단순히 책으로만 끝나지 않습니다. 집필자들이 다양한 장소에서 '저자 직강'을 하거나, 과학관의 각종 프로그램과 연계해 보다 깊은 콘텐츠 경험을 제공하기 때문입니다. 즉, 과학문화 소통 플랫폼으로서 과학관의 기능을 다각화하는 데 이 책은 주요한 역할을 하고 있습니다. 과학관은 과학을 문화로 즐기도록 제안하고 과학의 대중화 또는 대중의 과학화를 실현하는 공간입니다. 이는 과학 문해력science literacy을 높일 뿐 아니라 과학 자본science capital까지 쌓아가는 일일 것입니다.

과학 문해력이 과학을 향유하며 과학적으로 소통하는 태도, 과학적으로 생각하는 능력이라면, 과학 자본은 이와 더불어 과학 친화적 가치관, 관심, 자세, 환경 등을 포괄한다고 볼 수 있습니다. 최근 유럽에서는 개인의 과학 자본을 쌓도록 지원하는 것이 과학 인재 육성과 밀접하다고 보는 견해가 주목받고 있습니다. 즉, 과학 도서 저술을 포함해 다양한 활동으로 대중 과학을 활성화하는 것이 노벨상을 수상하는 정통 과학자들을 배출하는 데 중요한 토양이 된다는 것입니다.

케이팝처럼 우리의 독창적인 대중문화가 한류의 글로벌화를 이루고 문학에서 노벨상 수상으로 이어지듯, 매년 더해지는 '미래 과학 트렌드'가 과학 분야 노벨상 수상자를 배출할 수 있는 과학문화의 저변 확대에 기여하기를 바랍니다. 그리고 누구든지 자신의 위치에서 과학적 통찰력을 발휘할 수 있는 대중 과학의 흐름이 이 책을 통해 거세어지기를 기대합니다.

2024년 11월
국립과천과학관장 한형주

우주과학

CHAPTER 1

future science trends

다시 달을 향해,
NASA 아르테미스 프로그램

한명희   우주과학

우리는 왜 달에 가는가?

사람들이 밤하늘에 있는 천체를 보며 가장 많이 하는 행동이 무엇일까? 우리는 별똥별이 떨어져도, 해가 달에 가려져도, 행성들이 서로 가까이 붙어 보일 때도 소원을 이야기한다. 이렇게 우리의 소원을 접수하는 많은 천문 현상, 천체 가운데서 가장 친숙한 대상은 바로 '달'이다.

달은 고대로부터 생명을 잉태하고 번성하게 하는 풍요의 상징이었고 보름달이 뜨면 늑대인간이 나타난다는 등의 전설이 있는, 마력을 가진 대상이었다. '우리가 갈 수 없는 달'에는 토끼와 계수나무가 있으며 꽃게나, 두꺼비, 심지어 미인이 있다고 상상했다. 하지만 인류가 망원경을 만들어 하늘을 관측하면서 안타깝게도 달에는 우리가 상상하던 것들이 없음을 알게 되었다. 대신 달에도 지구와 비슷한 산과 구덩이, 평원 같은 지형이 있음을 보았고 우리는 달에 직접 가보는 것을 염원했다.

1902년 세계 최초의 SF영화 〈달 세계 여행Le voyage dans la lune〉에

19

서는 사람이 거대한 포탄을 타고 달에 간다고 상상했다. 그로부터 67년 뒤, 1969년 우리는 포탄이 아닌 로켓을 이용해 달 표면에 도착했고, 지구가 아닌 다른 세계에 첫발을 내디뎠다. '이것은 한 인간에게는 한 걸음이지만 인류에게는 위대한 도전이다'라고 전 세계에 생중계로 알리면서.

1962년 휴스턴에 있는 라이스대학교에서는 미국 제35대 대통령 존 F. 케네디가 '우리는 달에 갈 것입니다'로 알려진 유명한 연설을 했다. 달에 가는 이유는 쉬워서가 아니라 매우 어려운 일이라서, 우리의 역량과 기술을 가장 잘 활용해 한계를 시험해볼 수 있어서, 다른 일과 마찬가지로 눈앞에 던져진 도전을 미루지 않고 기꺼이 받아들여 이겨야 하기 때문이라고 했다. 이것이 사람이 달에 갔다 오는 인류 최대의 과학 프로젝트 '아폴로프로그램'의 시작이었다.

아폴로프로그램은 미국이 소련과의 우주 경쟁에서 승리하기 위한 도전이었다. 소련보다 먼저 달에 사람을 보낸다는 목표로 총 250억 달러(현재 한화 약 250조 원, 2024년 NASA의 예산은 33조 원이다)에 달하는 큰 예산을 사용한 이 프로젝트는 총 12명의 우주 비행사를 달 표면에 발을 딛게 했고, 다양한 실험을 수행하여 달에 대한 궁금증을 풀도록 도왔다. 그리고 이때 발명된 수많은 기술은 인류의 과학기술을 한 단계 진보시켰다.

하지만 1972년 아폴로 17호가 달에 다녀온 뒤로 50여 년 동안 사람이 직접 달에 가지 못했다. 소련의 붕괴로 '경쟁'이라는 동력 상실, 너무나 많은 '예산' 등은 우주 경쟁에서 승리한 미국도 다시 달에 가는 것을 어렵게 만들었다. 그래서 그 뒤 미국은 지구 저궤도를 오가는 우주왕복선 개발과 과학적 목적을 위해 달보다 멀리 떨어진 화성 같은 태양계 행성으로 무인 탐사선을 보내는 데 역량을 집중했다. 하지만 1990년대 후반 일본을 시작으로 2000년대 중국과 인도가 달 무인 탐사에 성공하면서 관심이 증가했고, 미국은 아폴로프로그램 이후 다시 사람을 달에 보내기로 결정했다. 바로 '아르테미스 프로그램'의 시작이다.

그럼 처음 질문을 다시 해보자. '우리는 왜 달에 가는가?' NASA는 아르테미스프로그램을 통해 달에 가는 이유를 과학적 발견과 경제적 이익, 새로운 세대에게 영감을 주기 위해서라고 명시했다. 과학적 발견의 가장 큰 목표는 바로 물이다. 달에 다량의 물이 존재한다면, 이용 가능할 정도로 충분하다면 우리는 그 물을 활용해 달에 거주지를 만들고 유지를 할 수 있다. 거주지, 달 기지가 만들어지면 달에 있는 헬륨3이나 희토류 등을 채굴하여 지구로 가져오기도 쉬워진다. 장기적으로 이러한 화물이 지구와 달을 왕복하면 수많은 일자리가 창출되고 희귀 자원을 얻는 경제적 이익이 발생한다.

또한 달 기지가 완성되면 어렸을 때 꿈꾸던 달에 가는 여행이 현실화될 수 있다. 그리고 다음 세대는 인류가 달보다 먼 곳, 화성으로 향하는 또 다른 꿈을 꾸게 될 것이다. 이러한 이유로 아르테미스 프로그램은 아폴로프로그램과 다르게 미국 단독으로 진행하지 않고, 평화적인 우주개발을 위해 여러 나라와 민간 기업들이 공동으로 참여하며, 총 4단계로 나누어서 진행된다.

1단계: 무인 탐사
2단계: 유인 달 스윙바이(우주선이 천체의 중력을 이용하여 궤도를 변경해 이동하는 방법)
3단계: 유인 달 착륙
4단계: 루나게이트웨이Luna Gateway 건설 및 이용

1단계: SLS로켓과 오리온 우주선

아르테미스프로그램 1단계로 우주발사시스템 SLS_{Space Launch System}로켓, 우주선 오리온_{Orion Multi-Purpose Crew Vehicle}의 안정성과 기능을 검증하기 위한 무인 달 탐사가 진행되었다. 2022년 11월 16일, 케네디우주센터에서 아르테미스 1호, SLS로켓이 발사되었고 오리온 우주선이 무사히 달 궤도를 돌아 2022년 12월 11일, 발사 26일 만에 태평양에 착수하면서 지구에 무사히 귀환했다. 이때 발사한 것이 새턴V로켓(아폴로프로그램으로 만들어진 20세기 최대 로켓. 크기는 111미터이며, 총 13회 발사 모두 성공했다)을 대체할 목적으로 개발된 신형 SLS로켓이다.

NASA가 새로운 로켓이 필요했던 것은 다시 달에 가는 데 아폴로프로그램보다 더 많은 사람을, 더 많은 화물(페이로드)을 우주로 보내야 했기 때문이다. SLS로켓은 새턴V로켓(추력 3450톤)보다 큰 4000톤의 추력을 가지고 화물을 우주로 보낼 수 있게 개발되었다. 새턴V로켓의 기술이 아니라 미국의 또 다른 로켓인 우주왕복선의 기술을 적용, 개량했다. 겉모습만 보면 SLS 1단 로켓의 본체가 주황빛으로 도색된 것을 알 수 있는데 이는 바로 우주왕복선의 주 연료 탱크와 동일한 색이다. 색이 같은 이유는 SLS 1단 로켓이 연료로 우주왕복선과 같은 액체수소를 사용하기 때문이다. 그리고 추진력을 만들어내는 엔진도 우주왕복선에 사용된 RS-25 엔진을 그대로 쓴다. 발사 전 로켓의 모습을 보면 우주왕복선과 비슷한 점을 하나 더 찾을 수 있는데 우주왕복선 양쪽에 달린 두 흰색 로켓 SRB_{Solid Rocket Booster}(고체 로켓 부스터)가 SLS로켓 양쪽에 한 단 더 커져서 달려 있다. 그래서 SLS로켓이 우주왕복선 기술을 계승했다고 이야기한다.

⤶··· SLS로켓.

⋮ 오리온 우주선.

SLS로켓이 우주로 올라가면 이제 화물칸에 있던 오리온 우주선이 분리되어 달로 향한다. 오리온 우주선은 우주왕복선을 대체할 목적으로 개발되었고, 아르테미스프로그램에서 지구와 달을 왕복하는 데 사용한다. '우주왕복선을 대체한다'고 했으니 비슷한 구조(비행기 형태)이지 않을까 생각할 수 있지만, 재미있게도 SLS로켓과는 반대로 아폴로 우주선을 기본 모델로 개량한 일회용 캡슐 형태다. 오리온 우주선은 초기 개발 과정에서 6~7명의 우주 비행사가 탑승하도록 크게 설계되었지만 아르테미스프로그램에서는 4명 정원으로 제작되어 내부 공간을 아폴로 우주선보다 50퍼센트 넓게 활용할 수 있다.

오리온 우주선은 크게 두 부분으로 나눠볼 수 있는데 우주 비행사가 탑승하는 우주선과 생명 유지 장치 및 동력을 제공하는 서비스모듈이다. NASA는 유럽우주국ESA과 개발 과정에서 서로 협력했고 우주 비행사가 탑승하는 우주선은 NASA가, 서비스모듈은 ESA가 담당했다. 이렇게 개발된 오리온 우주선이 인간 모형을 싣고 달을 돌아 지구로 무사히 귀환함으로써 아르테미스 1단계 무인 탐사는 성공적으로 종료되었다. 이때 측정된 SLS로켓과 오리온 우주선의 비행 데이터는 다음 단계를 준비하는 데 사용하고 있다.

2단계: 달을 향하는 궤도

아르테미스 2단계는 2025년 9월에 예정된 유인 달 스윙바이다. 사람이 달 표면에 착륙하지는 않지만 궤도를 따라 달을 돌고 오는 것을 목표로 한다. 아폴로 11호가 착륙하기 전, 달 궤도 진입 및 우주 비행을 점검하는 목적으로 달을 돌고 왔던 아폴로 8호의 미션과 동일한 성격을 지닌다. 아르테미스프로그램은 총 4명의 우주 비행사가 달로 향하는데(아폴로프로그램보다 1명 늘었다) '아르테미스'라는 이름을 붙인 이유가 바로 이 우주 비행사들에게 있다.

아폴로프로그램으로 달에 간 모든 우주 비행사는 1960~1970년대의 시대적 환경 때문에 모두가 남성이었고 백인이었다. 시간이 흘러 21세기에는 다양한 피부색을 가진 사람들이 참여하는데, 프로그램 이름을 달의 여신 '아르테미스'라 부르는 가장 큰 이유는 최초로 여성 우주 비행사가 달에 가기 때문이다.

아르테미스 2호의 우주 비행사는 리드 와이즈먼Reid Wiseman, 빅터 글로버Victor Glover, 크리스티나 코크Christina Koch, 제러미 한센Jeremy Hansen이다. 이들은 총 10일 일정으로 달을 돌아 지구로 귀환하는데, 총 68만 5000마일(110만 3400킬로미터)이라는 엄청난 거리를 비행한다. SLS로켓으로 지상에서 우주로 발사된 뒤 지구궤도에서 먼저

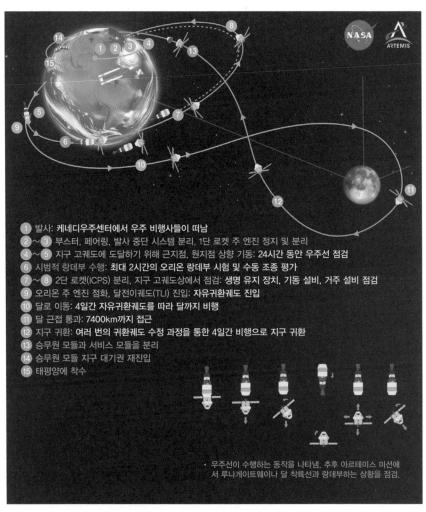

1 발사: 케네디우주센터에서 우주 비행사들이 떠남
2 ~ 3 부스터, 페어링, 발사 중단 시스템 분리, 1단 로켓 주 엔진 정지 및 분리
4 ~ 5 지구 고궤도에 도달하기 위해 근지점, 원지점 상향 기동: 24시간 동안 우주선 점검
6 시범적 랑데부 수행: 최대 2시간의 오리온 랑데부 시험 및 수동 조종 평가
7 ~ 8 2단 로켓(ICPS) 분리, 지구 고궤도상에서 점검: 생명 유지 장치, 기동 설비, 거주 설비 점검
9 오리온 주 엔진 점화, 달전이궤도(TLI) 진입: 자유귀환궤도 진입
10 달로 이동: 4일간 자유귀환궤도를 따라 달까지 비행
11 달 근접 통과: 7400km까지 접근
12 지구 귀환: 여러 번의 귀환궤도 수정 과정을 통한 4일간 비행으로 지구 귀환
13 승무원 모듈과 서비스 모듈을 분리
14 승무원 모듈 지구 대기권 재진입
15 태평양에 착수

• 우주선이 수행하는 동작을 나타냄. 추후 아르테미스 미션에 서 루나게이트웨이나 달 착륙선과 랑데부하는 상황을 점검.

‡ 아르테미스 2호의 여정.

시스템을 점검한다. 오리온 우주선이 이상 없는지, 생명 유지 장치 등이 정상적으로 작동하는지, 우주 네트워크 통신 및 항법 장치에

25

문제가 없는지를 하루 이상의 시간을 들여 확인한다. 그 뒤 8자 형태의 궤도를 따라 달까지 가는 데 4일, 달을 돌아 지구로 오는 데 4일 정도 비행하게 되고, 지구 대기권으로 진입해 바다에 착수하는 형태로 2단계 프로그램을 종료한다.

3~4단계: 다시 달 표면에 발을 딛기까지

아르테미스 3단계는 2026년 9월 이후에 예정되어 있는데 다시 사람이 달 표면에 발을 디디는 일이다. SLS로켓과 오리온 우주선을 타고 달에 간 우주 비행사들은 착륙하기 위해 또 다른 우주선, HLS**Human Landing System** 달착륙선으로 이동한다. NASA는 아르테미스 프로그램을 위해 새턴V로켓을 SLS로켓으로, 아폴로 우주선을 오리온 우주선으로 대체 개발했는데 달착륙선은 민간 기업이 만든 우주선을 사용하기로 했다. 여러 기업이 다양한 모델의 달착륙선을 제시했고, 여러 검증을 통해 아르테미스 3단계에는 스페이스X의 스타십**Starship**이 선정되었다. 하지만 아직까지는 어떻게 두 우주선을 연결할지 우주 비행사가 누구인지 자세한 사항은 정해지지 않았다.

2028년 9월로 예정된 아르테미스 4단계는 달에 건설된 우주정거장을 이용하는 계획이다. 국제우주정거장이 조만간 수명을 다하게 되는데(2030년 폐기 예정) 인류가 우주개발을 지속하기 위해서는 우주에 거주할 수 있도록 대체 우주정거장이 필요하다. 지금의 우주정거장은 저궤도에서 지구를 돌게 만들었지만 차세대 우주정거장은 지구가 아닌 달을 도는 형태로 계획되었다. 바로 루나게이트웨이다.

달에 우주정거장을 만드는 이유는 화성과 같은 외행성을 탐사

···› 루나게이트웨이.

···› 루나크루저.

하는 데 보다 큰 목적을 둔다. 중력의 영향으로 지구보다 달에서 외
행성으로 출발하는 것이 더 쉽고 비용도 적게 들기 때문이다. 루나
게이트웨이는 라그랑주 점 L_2를 중심으로 지구를 바라보며 달을 남
북으로 도는 특이한 궤도를 사용하게 되고, 2027년 몇몇 모듈을 발
사해 건설할 예정이다. 그 뒤에 아르테미스프로그램으로 모듈들을
더하게 되며 아르테미스 4호는 진짜 정거장gateway처럼 우주 비행사
들이 오리온 우주선-루나게이트웨이-스타십으로 이동해 달 표면에
내려가는 계획을 세웠다. 이후로도 달 기지 건설 및 탐사 계획이 있
으며, 아르테미스 7호에는 차세대 월면차Lunar Cruiser를 실어 달에 갈
예정이다.

　이렇게 인류는 달을 넘어 우주로 나아가는 꿈을 꾸는 중이다.
우리나라 역시 우주 진출을 위해 여러 계획을 진행한다. 이미 다누
리Korea Pathfinder Lunar Orbiter, KPLO가 아르테미스프로그램과 관련된 일에

참여하고 있다. 다누리는 2022년 8월에 발사되어 달을 공전하면서 영구 음영 지역 카메라(새도캠)로 달 표면을 촬영하고 있다. 영구 음영 지역은 달 극지방에 있는 크레이터 안쪽, 태양 빛이 들지 않는 지역을 말하는데 오래된 얼음이 존재할 가능성이 높다. 따라서 달 기지에서 사용할 물을 확보하기 위한 중요한 장소다. 다누리가 달 궤도를 돌며 촬영한 영구 음영 지역 데이터는 아르테미스 3호가 착륙할 곳을 선정하는 기본 데이터로 사용하고 있다. 다누리 외에도 2030년대에 우리나라 로켓으로 발사한 우리나라 탐사선이 달에 착륙하는 계획도 있다.

마지막으로 먼 훗날 아르테미스프로그램뿐 아니라 다양한 탐사 및 개발이 진행되어 소설에 나오는 것처럼 달에 사람이 거주하고 화성까지 여행하는 시대를 상상해본다.

- 국립과천과학관 선정, 달에서 꼭 가봐야 하는 장소 10
- 지구 버거, 달 버거 판매 중!
- 화성에 가기 전 걸어봐야 할 닐 암스트롱 발자국 투어!
- 별멍? 달멍? 지금은 지구멍 시대! 지구가 가장 잘 보이는 아르테미스 카페로 오세요!

재미있지 않은가? 여러분의 시대에 꼭 이루어지기를.

루빈천문대와 측광 연구

이재형   천문학

'오늘 점심 뭐 먹지?' 출근하는 모든 직장인의 최대 난제가 아닐까. 따뜻한 쌀밥에 고기 한 점, 풍미 가득한 파스타, 간편하지만 영양 만점인 샌드위치…. 맛있는 식사 한 끼는 하루의 활력소가 되기에 충분하다. 그렇다면 만족스러운 음식의 조건은 무엇일까? 신선한 재료, 실력 있는 요리사, 적절한 가격, 분위기 등이 영향을 줄 수 있다.

연구도 마찬가지다. 좋은 연구를 하려면 예산 범위 내에서 얻을 수 있는 최선의 자료와 이를 잘 다루는 분석 능력이 필요하다. 과학자들은 위와 같은 요소를 조화롭게 개선해나가며 결과물의 오차를 줄이고 양질의 만찬을 내기 위해 고군분투한다. 이 중에서도 좋은 재료가 매우 중요하다. 신선한 재료만 잘 갖추어진다면 날것으로 먹거나 살짝 굽거나 데치는 등의 간단한 조리로도 훌륭한 요리를 만들어낼 수 있다.

그렇다면 천문학에서 좋은 재료는 무엇일까? 천문학은 우주에서 오는 빛을 분석하여 연구하는 학문이다. 따라서 모든 재료는 시작부터 끝까지 모두 빛이다. 그런데 빛이면 모두 똑같은 빛이지 빛

29

에도 품질이 있을까?

　자, 우리가 집에 들여놓을 새로운 TV를 사러 매장에 갔다고 가정해보자. 여러 제품이 전시되어 있어 상세히 살펴보지 않으면 차이를 알기 어렵다. 그럼에도 우리의 선택을 가장 크게 좌우하는 직관적인 특성이 하나 있다. 바로 화면의 크기다. 'TV는 거거익선'이라는 말이 괜히 나온 것이 아니다. 집에 TV가 한 자리 차지할 것을 생각하니 벌써부터 뿌듯하다. 그런데 이게 웬걸? 내가 고른 것보다 옆에 있는 같은 크기 TV의 화질이 더 선명해 보인다.

　무엇이 다를까? 아하, 내 제품은 FHD인데 옆에 있는 TV는 UHD였다. 화면만 크다고 능사가 아니라 해상도도 같이 고려할 필요가 있었던 것이다. 해상도는 보통 FHD, QHD, UHD 또는 4K, 8K로 표기되며 화면이 몇 개의 화소로 이루어졌는지 나타낸다. 다시 말하면 똑같은 크기의 화면이라도 해상도가 높아지면 더 세밀한 표현이 가능하여 선명하게 보인다. 해상도까지 만족스러운 선택을 했다면 그다음에는 밝기와 명암비 등을 고려하게 된다.

　이러한 선택의 기준은 비단 TV를 고를 때만이 아니라 천문 연구를 하는 데에도 유용하다. 천문학에서는 밤하늘의 별을 얼마만큼 선명하고 밝게 볼 수 있는지가 중요하기 때문이다. 하지만 사람의 눈은 관측하는 데 한계가 명확하다. 아무리 눈을 크게 떠도 멀리 있는 천체가 더 크거나 선명하게 보이지 않는다. 따라서 더 나은 품질의 빛을 얻기 위해서 망원경의 도움은 필수적이다. 망원경에서 상을 세밀하게 볼 수 있는 능력을 분해능, 밝게 볼 수 있는 능력을 집광력이라고 부른다. 같은 대상을 관측하더라도 분해능과 집광력에 따라 전혀 다른 결과를 얻게 된다. 즉, 관측하는 빛의 품질이 완전히 달라진다.

이렇게 중요한 분해능과 집광력은 무엇에 의해 결정될까? 다양한 요소가 있지만 그중 가장 큰 영향을 미치는 것은 망원경의 크기다. 더 정확하게 말하면 빛을 모으는 망원경의 렌즈 또는 거울의 크기 즉, 구경이다. TV뿐 아니라 망원경 역시 '거거익선'이다. 먼저 분해능의 경우 빛의 특성 중 회절●과 큰 연관이 있다. 빛은 장애물을 만나면 경로가 바뀌며 회절 무늬를 만든다. 만약 구경이 작으면 회절 무늬의 간격이 넓어져 상이 흐릿해지고, 구경이 커질수록 상이 점점 또렷해진다.

집광력은 빛을 모으는 능력으로, 집광력이 커질수록 같은 천체가 더 밝게 보이며 어두운 천체도 잘 볼 수 있게 된다. 이는 비가 올 때 입구가 작은 병보다 넓은 병이 같은 시간 동안 많은 빗물을 받을 수 있는 것과 같은 원리다. 다시 말하면 망원경을 크게 만들수록 얼마든지 좋은 자료를 얻을 수 있다. 따라서 그동안의 천문학 발전은 망원경 발전의 역사와 일맥상통한다.

차세대 망원경들의 분업

지난 20여 년은 10미터급 망원경이 가장 좋은 자료를 가져다주었다. 그리고 현재는 이보다 더 큰 망원경들이 건설되고 있다. 망원경이 다음 세대로 넘어감에 따라 우리는 우주에 대해 이전보다 더

● 강을 흐르던 물이 넓은 선상지를 만나면 물줄기가 퍼지는 것과 같이, 빛도 좁은 틈을 지나면 경로가 바뀌며 퍼져나간다. 이때 빛이 많이 닿는 부분과 적게 닿는 부분이 생겨 회절 무늬가 나타나며 빛이 퍼지는 각도는 슬릿의 지름에 반비례한다. 다시 말하면 망원경의 구경(슬릿)이 작으면 빛이 넓게 퍼지기 때문에 상이 흐릿하게 보이고 구경(슬릿)이 크면 빛이 좁게 퍼져 상이 또렷해진다.

많은 것을 이해할 수 있게 될 터다. 다만 망원경이 커질수록 자료의 단가가 올라가는 것도 무시할 수 없다. 최고의 망원경들로 똑같은 관측을 하면 낭비다. 이러한 일을 방지하고 효율적인 운용을 위해 망원경도 용도와 목적에 따라 분업을 하게 된다.

천체 관측은 크게 측광과 분광으로 나뉜다. 측광은 말 그대로 빛의 양을 측정하는 것으로, 우리가 일반적으로 보는 사진을 생각하면 된다. 분광은 별에서 오는 빛을 프리즘이나 회절격자(빛의 회절 현상을 이용하여 스펙트럼을 얻는 장치)를 이용해 파장 대역에 따라 나누어 보는 관측법이다. 따라서 분광을 하면 필연적으로 측광보다 신호가 약해진다. 다시 말하면 어떤 망원경으로 볼 때 측광 한계 등급에 가까운 천체는 같은 망원경으로 분광이 거의 불가능하며 더 큰 망원경을 필요로 한다.

따라서 차세대 망원경들은 서로 분업을 하며 상호 보완적으로 관측을 진행하게 된다. 현재 하이엔드 지상 광학망원경은 모두 10미터급이다. 그리고 건설 중인 3대의 차세대 망원경인 거대마젤란망원경Giant Magellan Telescope, GMT, 30미터망원경Thirty Meter Telescope, TMT, 유럽초대형망원경Extreamly Large Telescope, ELT은 모두 20~30미터급으로 현재 가장 큰 망원경들보다 2배 이상 크다. 시뮬레이션에 따르면 최근 놀라운 우주 사진을 전송하고 있는 제임스웹우주망원경James Webb Space Telescope, JWST보다 뛰어난 분해능을 가질 예정이다. 당연히 측광을 하면 더 선명한 우주 사진을 볼 수 있을 것이다. 하지만 이들 망원경의 주요 임무는 측광이 아니라 분광이다. 그 이유는 이 장의 주인공인 루빈천문대 때문이다.

루빈천문대는 미국의 여성 천문학자 베라 루빈Vera Cooper Rubin의 이름을 붙인 것이다. 천문학에 관심이 있었다면 LSSTLarge Synoptic

⁝ 루빈천문대의 전경.

Survey Telescope라는 이름으로 더 익숙할 수 있다. 루빈천문대는 8미터 구경의 망원경을 보유했고 남반구 하늘의 측광에 특화되어 있다. 망원경이 설치되는 칠레의 세로파촌Cerro Pachón은 전 세계에서 가장 하늘이 어둡고 천체 관측이 용이한 곳으로 이미 많은 망원경이 자리하고 있다. 한국이 일정 시간 사용할 수 있는 8미터급 제미니천문대의 남부 센터가 위치한 곳이기도 하다.

그런데 차세대 망원경이라고 하기에 구경이 8미터인 것은 다소 실망스럽다. 같은 곳에 설치된 제미니망원경을 포함하여 이미 전 세계에 8미터 이상 되는 망원경이 많은 만큼 언뜻 보면 다른 망원경에 비해 인상적이지 않을 수 있다. 그럼에도 많은 천문학자가 이 망원경을 측광의 '끝판왕'으로 기대하는 이유는 따로 있다. 루빈천문대의 가장 큰 특징은 한 번에 관측할 수 있는 영역이 매우 넓다는 것이다. 관측 시야의 지름이 무려 달의 7배에 해당하여 기존에 있었던 그 어떤 망원경보다 비약적으로 넓은 영역을 빠르고 정밀하게 관측할 수 있다.

예를 들어 가장 뜨거운 관심을 받고 있는 제임스웹우주망원경의 경우, 한 번에 달 지름의 10분의 1 영역을 관측할 수 있다. 면적은 지름의 제곱에 비례하기 때문에 관측 영역은 루빈천문대가 제임스웹우주망원경의 4000배에 이른다. 다시 말하면 제임스웹우주망원경으로 4000번 관측해야 하는 영역을 루빈천문대는 한 번의 '딸깍'으로 가능한 것이다.

루빈천문대가 보는 남반구의 하늘

물론 루빈천문대는 지상에 건설된 8미터급 망원경이기 때문에 우주에 있는 6.5미터의 제임스웹우주망원경 또는 현재 건설 중인 차세대 거대 지상망원경들에 비하면 한 번 관측으로 얻는 자료의 질은 차이가 날 수밖에 없다. 누군가는 분명 세밀한 관측을 위해 더 고성능 망원경으로 특정 대상을 측광하고 싶을 것이다. 하지만 이와 같은 약점도 관측 범위가 수천 배 차이라면 이야기가 달라진다.

루빈천문대는 넓은 시야각의 장점을 살려 3일에 한 번씩 남반구 하늘 전체를 스캔한다. 하늘에서 같은 영역을 3일 간격으로 재관측해 연간 같은 곳을 100번씩 관측하는 것이다. 이 자료를 합치면 관측 시 발생하는 다양한 잡음이 상쇄되어 점점 더 좋은 신호를 얻을 수 있고, 최종적으로 현재까지 가장 완성도 높은 전천 관측 자료인 슬론디지털스카이서베이Sloan Digital Sky Survey, SDSS보다 3등급 이상(15배 이상) 깊은 자료를 받을 수 있을 것으로 기대된다. SDSS는 2000년부

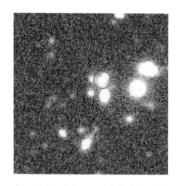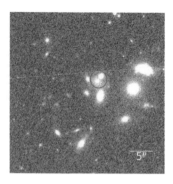

⁂ LSST(왼쪽)와 2026년에 올라갈 예정인 2.5미터 로만우주망원경(오른쪽)의 시뮬레이션을 통한 영상 품질 비교. 파란색과 빨간색 원을 보면 전자에서는 하나로 보이던 천체가 후자에서는 명확하게 2개로 나뉘어 보인다. 루빈천문대에서 빠르게 전천을 탐사하여 흥미로운 천체를 발견하고 다른 차세대 망원경으로 집중 관측할 수 있는 협력 체계가 기대된다.

터 2009년까지, 2.5미터 망원경으로 북반구 하늘을 반복 관측하여 9억 개 이상의 천체에 대한 측광 정보를 제공한 대형 프로젝트이며 그 이후에는 분광 장비만 활용하고 있다. 계속해서 운용 중인 장수 프로젝트다.

루빈천문대의 또 하나의 장점을 보자. 3일에 한 번씩 관측한 자료를 비교해 새롭게 나타나거나 사라지는 천체, 특이한 움직임을 보이는 천체를 발견할 수 있다. 이러한 대상이 되는 천체에는 우리에게서 아주 가까운 태양계 내의 소천체들부터 비교적 가까운 우주의 초신성, 아주 먼 우주의 감마선 폭발 등이 포함된다. 3일 사이에 특별한 현상이 나타났다가 사라지는 경우가 아예 없지는 않겠지만, 우주적인 관점에서 바라보면 3일은 실시간 모니터링이 이루어진다고 봐도 무방하다. 즉, 루빈천문대가 가동되기 시작하면 우리는 남반구 하늘에서 일어나는 거의 모든 일을 파악할 수 있게 된다.

루빈천문대와 같은 서베이 관측의 효용성은 자체적으로도 훌륭한 관측 자료이므로 다양한 연구를 할 수 있지만, 이를 통해 흥미로운 천체나 천문 현상을 발견하고 더 좋은 망원경으로 후속 관측을 할 근거를 제공한다는 것이다. 앞서 말했던 20~30미터급 차세대 망원경 및 우주망원경과의 효율적인 분업이다. 이러한 일이 원활하게 이루어지려면 숨은 업적을 찾듯 서베이 자료에서 재미있는 요소를 많이 발견할 필요가 있다.

그런데 루빈천문대가 남반구 하늘에서 관측할 것으로 예상되는 천체의 개수는 약 200억 개의 은하, 170억 개의 별 그리고 600만 개의 태양계 내 소천체다. 또한 하룻밤 사이에 약 1000만 개의 변광 천체를 발견할 것으로 기대된다. 이렇게 관측된 자료는 하루에 약 20테라바이트의 영상으로 저장되어 최종적으로 15페타바이트의 분량이 될 예정이다. 정말 막대한 양이다. 많아도 너무 많다. 관측이 시작되면 루빈천문대 전담팀뿐 아니라 전 세계의 천문학자들이 이 어마어마한 자료를 활용하기 위해 달려들어 새로운 연구 결과를 발표할 것이다. 그럼에도 매일매일 쌓이는 자료를 100퍼센트 활용하기란 거의 불가능하며 중요하지만 놓치는 부분이 생기게 된다.

그렇기에 천문학자들은 일반 대중, 시민 과학자의 도움을 필요로 한다. 이것이 멋진 점 중 하나다. 루빈천문대에서는 주니버스Zooniverse 플랫폼을 통해 시민 과학자들의 참여 가능성을 열어두고 있다. 그 기초가 되는 작업은 앞서 SDSS 자료를 활용해 진행되었던 은하 분류 프로젝트인 갤럭시 주Galaxy Zoo가 될 것으로 보인다. 루빈천문대에서 관측한 은하 영상을 보고 세세한 특징을 살피며 은하의 형태를 구분하는 프로젝트로, 1시간 내외의 간단한 안내만 받으면 누구라도 수월하게 우주 연구에 도움을 줄 수 있다. 국내에서도 고등과학원이 운영하는 '모두의 은하 연구소'가 진행되고 있으니 향후 각 자료들의 결과를 비교하는 일도 의미 있는 연구가 될 것으로 예상된다.

이보다 심화 연구를 하고 싶다면 루빈천문대의 원본 자료raw data를 공식적으로 다룰 수 있는 국내외 기관에 문의해보는 것이 좋다. SDSS의 경우 모든 자료를 대중에 공개하고 있으나, 루빈천문대는 협력 단체를 모집하여 기관과 담당자를 지정해 자료를 다루도록 한다. 아쉽지만 권한이 없는 개인이 직접 원본 자료를 열람할 수 없다. 하지만 국내에도 여러 기관에 속한 천문학자들이 참여하기 때문에 자신이 과학자가 아니더라도 참신한 아이디어와 의지만 있다면, 이들을 통해 언제든 연구를 할 기회가 열려 있다. 예를 들어 매일 관측된 자료를 살펴보며 기존에 발견되지 않았던 새로운 유형의 천체를 찾아보는 일도 훌륭한 첫걸음이 될 것이다.

루빈천문대는 2025년 5월, 첫 관측을 앞두고 있다. 최고의 재료를 얻기 위한 10년의 야심 찬 여정이 곧 시작된다. 그리고 이 재료는 정해진 주인이 없으며 누구나 활용 가능하다. 열매를 이용해도 좋지만 뿌리와 줄기가 새로운 풍미를 줄 수도 있다. 가만히 기다리며 신선한 재료로 조리되는 다양한 요리를 즐기기만 해도 무척이나 즐거운 일일 것이다. 하지만 우주에 관심이 있다면 이번에는 자신의 입맛에 맞는 요리를 직접 해보는 것은 어떨까?

천왕성과 해왕성 다시 보기

김예은   천문학

2023년 4월, NASA는 제임스웹우주망원경의 최고 성능 근적외선 카메라를 이용해 천왕성의 새로운 모습을 촬영했다(39쪽 위 사진 참고). 중앙에 빛나는 왕관 같은 극관polar cap, 중앙 왼쪽 상단의 역동적인 폭풍, 기존 우주망원경으로는 발견하기 어려웠던 푸르거나 주황색의 선명한 얼음 고리 13개, 푸른 별처럼 찍힌 14개의 위성까지(현재까지 발견된 천왕성의 위성은 모두 27개다). 이토록 화려한 천왕성의 자기소개를 접한 우리는 감탄할 수밖에 없었다.

그리고 2024년 1월, 태양계 막내 행성인 해왕성에 대한 색다른 의견이 제기되었다. '푸른 진주' 해왕성의 색깔을 35년 동안 잘못 알고 있었다는 것이다. 보이저 2호가 해왕성 근처에서 촬영해 보낸 사진은 해왕성의 활발한 대기 특징을 보다 확실하게 나타내기 위해 명암비(흰색으로 출력할 때와 검은색으로 출력했을 때 밝기 차이)를 높여 보정한 것이었다.

당시 과학자들은 해왕성 사진에 '실제 해왕성은 더 연한 하늘색일 수 있습니다'라는 내용을 포함시켰지만 어느새 설명은 사라지고, 해왕성은 천왕성보다 훨씬 짙은 색의 푸른 행성으로 여겨지고

제임스웹우주망원경으로 촬영한 천왕성. 극관과 13개의 고리가 보인다. 천왕성과 가장 가까이에 있는 제타 고리까지 포착되었다. 이는 반사율이 낮은 암석과 먼지로 이루어져 기존 우주망원경으로는 관측이 어려웠다.

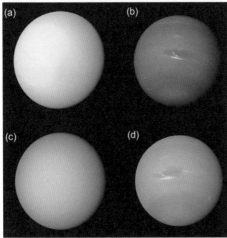

(a)와 (b)는 보이저 2호가 1986년과 1989년에 촬영을 하고, 천문학자들에 의해 보정된 천왕성, 해왕성의 사진이며 (c)와 (d)는 옥스퍼드대학교 연구진이 허블우주망원경의 관측 사진을 이용해 개발한 실제 색상 변환 모델로 보정한 천왕성과 해왕성의 사진이다.

말았다. 옥스퍼드대학교 연구진은 허블우주망원경의 광시야 카메라로 관측한 사진을 사용해 해왕성의 실제 색상 변환 모델을 개발했다. 이를 통해 해왕성의 실제 색깔에 가깝게 새로이 보정해보니, 해왕성은 천왕성과 비슷한 옥색 행성임을 발견하게 되었다.

아득히 먼 곳에 있는 얼음 거대 왕들에 대한 새로운 탐구 일지는 이렇게 계속해서 쓰이는 중이다. 아득히 먼 곳에 있는 천왕성과 해왕성에 대한 지속적인 관측과 연구가 필요한 이유다.

'마지막' 행성의 최초 발견자들

프리랜서 음악가로 활동하며 수많은 작품을 작곡하고, 음악과 깊은 교감을 이어나갔던 프레더릭 윌리엄 허셜Frederick William Herschel, 1738~1822은 30대 중반, 로버트 스미스Robert Smith의《광학의 완전한 체계A Complete System of Optics》를 읽고 천문학에 빠져들게 된다. 먼 우주의 빛을 담기 위해 허셜은 직접 구리, 주석 등을 합해 거울을 만들었다. 공부에 왕도가 없듯이 완벽하게 만들기까지 많은 실패를 거듭했고, 마침내 허셜은 자신이 만든 고품질 거울을 담은 망원경을 제작했다. 6.2인치(15.7센티미터) 구경의 뉴턴식 반사망원경이었다. 당시 최고의 천문학자들이 모인 그리니치천문대에서 사용하던 것보다 우수한 품질이었다. 무려 5787배의 배율에, 뛰어난 분해능을 가졌다. 그 당시, 세계에서 가장 좋은 망원경이었다고 말해도 지나치지 않을 것이다.

1781년 3월 13일 자정이 되기 직전, 허셜은 영국 바스에 있는 집의 뒷마당 정원에서 자신의 망원경으로 별의 시차(관측자의 위치에서 본 천체의 방향과 어떤 표준점에서 본 천체의 방향 차이)를 측정하고 있었다. 그러던 중 이상한 천체를 발견했다. 흐릿했기에 허셜은 혜성이라고 생각했다. 사실 그 천체는 허셜이 발견하기 전에 이미 천문학자들에게 수차례 관측되었던 '별'이었다.

그리니치 왕립천문대 제1대 왕실천문관 존 플램스티드John Flamsteed가 1690년 무렵 '고정 별(붙박이별)' 목록을 업데이트하면서 그 천체를 '34 Tauri(황소자리 34번 별)'로 분류했다. 1712년과

1715년에도 플램스티드에게 이것은 혜성이 아닌 별이었다. 그의 후임 제임스 브래들리 역시 1748년, 1750년, 1753년에 관측을 했다. 하지만 두 사람은 그 별이 붙박이들 사이를 움직이는 천체라는 것을 깨닫지 못했다.

존 플램스티드가 처음 관측하고 90여 년이 지나 허셜이 보았을 때 이 천체는 쌍둥이자리 위에 있었고, 매일 밤 아주 조금씩 쌍둥이자리를 지나갔다. 허셜의 동료이자 영국 천문학의 수장인 마스켈린 Nevil Maskelyne은 유럽의 동료 천문학자들에게 그의 관측 자료를 자세히 연구할 것을 요청했다. 혜성이 가지는 뚜렷한 꼬리가 없고, 쌍둥이자리를 가로지르는 움직임이 있으며 혜성의 타원궤도가 아닌 원궤도(실제로는 타원율이 작은 타원궤도)로 공전함을 어필했다.

허셜은 비로소 혜성이 아닌, 새로운 행성을 찾아냈음을 깨닫게 되었다. 그것도 인류 역사상 최초로! 고대인에게 전혀 알려지지 않았던 (그 당시 기준으로는) 태양계의 마지막 행성이었다. 행성을 발견한 그는 단숨에 아마추어 천문학자에서 유명 인사가 되었다. 온 세상에 자랑하고 싶었을 것이다. 새로운 행성을 어떤 이름으로 불러야 할지 많은 고민을 하지 않았을까?

그는 사심을 담아, 당시 영국의 국왕이었던 조지 3세의 이름을 따서 '조지의 별Georgium Sidus'이라고 했다. 행성에 자신의 이름을 새길 수 있었던 조지 3세는 허셜과 그의 여동생 캐럴라인에게 '국왕의 천문학자'와 '국왕의 천문학자 조수'라는 칭호를 주었다. 물론 당시 영국과 사이가 좋지 않던 프랑스에서는 그 행성을 심플하게 '허셜'이라고 불렀다.

이후 독일 천문학자 요한 보데Johann Elert Bode의 제안으로 '뉴'행성의 이름 논쟁은 마침표를 찍게 되었다. 바로 안쪽에 있는 토성이 사투르누스Saturnus의 이름에서 비롯되었으니, 새 행성은 사투르누스의 아버지인 우라노스Ouranos로 정하자는 의견이었다. 이로써 제우스, 제우스의 아버지인 사투르누스, 제우스의 할아버지이자 사투르누스의 아버지인 우라노스까지 삼대가 모였다(우라노스를 일본에서 천왕성이라고 번역했고, 우리나라에서도 같은 이름으로 부른다).

지동설과 천왕성의 발견으로 온 세상에 천문학 열풍이 불었을 것이다. '신상'이 나오면 유튜버들이 제품을 먼저 구해 사용해보고 후기를 빠르게 전달하는 경쟁을 벌이듯 당시 천문학자들도 천문학 열풍의 중심이었던 천왕성 관측과 연구에 재빠르게 달려들었으리라 추측해본다. 그러던 중 천문학자들은 직접 관측한 천왕성의 위치와 궤도에 오류가 있음을 발견했다.

태양의 중력에 의해 회전하는 행성이라면 뉴턴의 만유인력 법칙에 맞는 궤도를 돌아야 하는데, 관측상의 궤도가 규칙적인 불규칙성을 가지고 있었던 것이다. 게다가 시간이 지날수록 만유인력 법칙이 설명하는 궤도와 더욱 멀어졌다. 영국의 젊은 수학 천재 애덤스John Couch Adams와 프랑스 수학자 르베리에Urbain Jean Joseph Le Verrier는 천왕성의 이상한 궤도를 보고 천왕성 너머에 미지의 행성이 있을 것이라고 아니, 있어야만 한다고 생각했다.

두 사람은 천왕성을 잡아당기는 미지의 행성 플래닛XPlanet X를 찾아 나서게 된다. 1845년 애덤스는 이 유령 행성이 있을 곳을 찾아낼 복잡한 계산식을 영국 왕실천문학자 제임스 찰리스James Chalis에게 보냈지만 왕실 천문대에서는 이를 진지하게 받아들이지 않았다. 한편, 파리천문대 대장인 물리학자 프랑수아 아라고Dominique François Jean Arago는 르베리에가 수개월 동안 복잡한 계산에 답을 내릴 수 있도록 격려했다.

결국 르베리에는 애덤스보다 이틀 앞서서 천왕성의 궤도를 간섭하는 플래닛X의 위치를 계산한 결과를 발표했다. 1846년 8월 31일이었다. 같은 해 9월 18일에 베를린천문대 대장 요한 고트프리트 갈레Johann Gottfried Galle에게 보냈고 편지가 도착한 9월 23일 밤, 갈레와 그의 연구팀 소속 베를린대학교 학생 다레스트Heinrich Ludwig d'Arrest는 염소자리와 물병자리 사이에서 플래닛X를 발견했다.

놀랍게도 르베리에의 결괏값에서 1도 어긋난 위치였다. (천왕성을 발견한 허셜이 자기 마음대로 이름을 붙였던 것처럼) 르베리에는 곧바로 새 행성에 자신의 이름을 붙였다. 하지만 역시 프랑스에서만 그렇게 불렀다. 프랑스와 영국 사이에서 플래닛X의 위치를 누가 먼저 계산했는지 분쟁이 있었다. (하지만 애덤스와 르베리에는 만나서 이야기를 나누고, 곧 친구가 되었다.) 그렇지만 결국 해왕성의 발견은 두 사람의 공동 업적으로 받아들여지고 있다.

재미있는 이야기를 덧붙이자면, 해왕성이 발견되기 이전부터 일부 천문학자들은 천왕성 뒤에 있는 행성 하나만으로는 그 운동을 정확하게 설명할 수 없다고 주장했다. 천왕성 너머에 2개의 행성이 있어야만 한다고 말했다. 그리고 1930년 미국 천문학자 톰보Clyde William Tombaugh가 30년 동안 어마어마하게 노력한 끝에 해왕성 너머에서 (한동안은 행성이었던) 명왕성을 발견했다.

1781년 허셜이 천왕성을 관측한 망원경은 뉴턴식 반사망원경이었고, 1846년 르베리에와 애덤스가 해왕성을 발견하기 위해 사용했던 물리법칙은 뉴턴의 만유인력이었다. 보이지 않던 우주가 아주 크게 확장되던 최초의 순간에는 늘 뉴턴이 있었다.

보이저가 보여준 거대 얼음 행성

우리의 우주를 넓혀준 두 행성을 더욱 면밀하게 조사하기 위한 여정이 1977년 여름, 미국에서 탐사선 보이저Voyager(장거리 여행자)와 함께 시작되었다. 약 27억 2090만 킬로미터, 43억 4825만 킬로미터를 가야 하는 미션이 기다리고 있었다.

보이저는 1호와 2호로 이루어진 쌍둥이 탐사선이다. 1호는 1977년 9월 5일, 2호는 1977년 8월 20일, 케네디우주센터에서 발사되었다. 쌍둥이 가운데 보이저 2호는 1979년 7월 9일에 목성, 1980년 11월 12일에 토성에 가까이 접근했다. 이후 1986년 1월 24일 천왕성 상공 10만 7000킬로미터에, 1989년 8월 25일 해왕성 상공 4950킬로미터에 최근접했다.

보이저 2호는 천왕성과 해왕성, 이 두 행성의 모습과 위성, 자기장, 고리, 대기, 내부 구조에 대한 수천 장의 사진 및 방대한 데이터를 전송했다. 이를 통해 천왕성의 대기는 주로 수소와 헬륨으로 구성되어 있고, 천왕성의 아름다운 청록색은 메테인에 의한 것임을 알게 되었다. 이와 더불어 새로운 위성 11개와 고리 2개를 발견했으며 이곳의 고리가 토성의 것과는 꽤나 다르다는 사실이 밝혀졌다. 그리고 천왕성의 자전축이 98도 기울어진 점이 알려져 모두들 깜짝 놀랐다(이로 인해 천왕성은 '게으름뱅이 행성'이라는 별명을 갖게 된다). 누워서 공전하는 이 행성의 자전주기가 17시간 14분이고, 지구에서 약 40년이 흐르는 동안 천왕성은 1년이 채 지나지 않으며 그간 쭉 밤이라는 것도 알 수 있었다.

보이저 2호가 촬영한 천왕성은 옥색 진주 같은 모습이다. 45쪽 위 사진은 천왕성의 남반구인데, 둥근 모습의 경계에 있는 어두

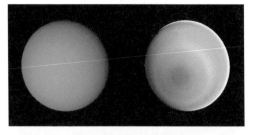

⋯ 천왕성 남반구의 두 가지 모습. 왼쪽은 가시광선으로 촬영한 것이고 오른쪽은 미묘한 성분 차이를 과장해 표현했다.

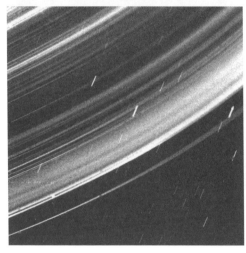

⋯ 광각 카메라로 촬영한 천왕성의 고리. 먼지 입자가 고리를 이루고 있다.

운 그림자 너머가 바로 42년 동안 밤인 북반구다. 차가운 대기에 있는 메테인이 햇빛의 붉은 빛을 모두 흡수해 청록색을 띤다. 45쪽 위의 오른쪽 사진은 천왕성 남극의 미묘한 성분 차이를 과장해 표현한 것이다. 천문학자들은 천왕성의 대기가 위도에 따라 이러한 형태로 정렬했을 거라고 추측했다. 보이저 2호는 광각 카메라를 이용해서 천왕성의 고리를 촬영했는데(45쪽 아래 사진 참조), 작은 먼지 입자가 촘촘하게 고리를 이루고 있음을 확인할 수 있다. (긴 노출 시간으로 함

45

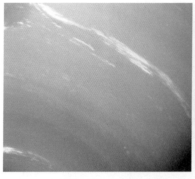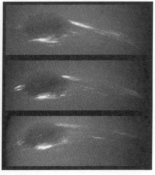

‡ 해왕성의 구름과 대흑점. 대기 중에 파동이 있음을 보여준다.

⋯ 보이저 2호가 떠나기 전에 촬영한 마지막 사진. 테두리의 붉은색은 실제 색이 아니라 해왕성의 대기에 있는 메테인이 흡수하는 파장의 빛깔이다.

께 촬영된 별 자취도 확인할 수 있다.)

1986년 2월 25일, 천왕성을 떠난 보이저 2호는 약 3년 6개월 후 해왕성 상공 약 4950킬로미터에 도착했다. 해왕성 고리를 처음으로 촬영했고, 대기에서 대흑점Great Dark Spot(해왕성 대기에서 부는 폭풍)과 위성 6개를 추가로 찾았다. 해왕성의 자전주기는 16시간 6.7분이며, 목성보다 최대 3배 센 강력한 바람이 불고, 위성 트리톤의 표면에 얼음 화산이 많이 존재함을 보았다.

동쪽에서 서쪽으로 길게 뻗은 구름과 폭풍인 대흑점의 구조물은 해왕성의 대기 중에 파동이 있음을 보여주었다. 구름과 폭풍은 수 시간에서 수십 시간 만에 형성되고 사라짐을 알게 되었다. 46쪽 아래 사진은 보이저 2호가 성간 우주로 끝없는 여정을 떠나기 전에 마지막으로 찍은 것이다. 다른 사진과는 다르게 빨간색이 보이는데 이는 해왕성이 진짜로 붉게 물든 것이 아니라 해왕성의 대기에 있는 메테인이 흡수하는 파장의 빛깔이다.

허블우주망원경이 포착한 오로라

보이저 2호의 뒤를 이어 1990년 4월 24일 우주로 발사된 허블 우주망원경이 두 행성을 소개해주었다. 지름 2.4미터의 거울을 이 용해 빛을 모으는 이 망원경은 지구 상공 약 540킬로미터에서 가시 광선 및 자외선 관측을 통해 수십억 킬로미터 떨어진 두 행성을 더욱 자세하게 탐사했다.

허블우주망원경은 지구에서 약 27억 킬로미터 떨어진 천왕성 에서 자기장으로 발생하는 오로라를 포착했다. 태양에서 온 고에너 지 입자가 자기력선을 따라 천왕성의 상층 대기로 쏟아지면, 이윽고 천왕성의 대기를 구성하는 성분과 반응하는데, 이때 오로라가 발생 한다. 흥미로운 점은 천왕성의 자기장은 자전축에 대해 59도 기울어 져 있기 때문에 오로라가 극지방에서 멀리 떨어져 보인다는 것이다. 또한 메테인 얼음 결정 구름과 북극 지방을 가득 채운 안개를 촬영했 다(48쪽 아래 사진 참고). 8년 동안 이루어진 천왕성의 운동으로 고리 의 모습이 다르게 보이는 것은 덤이다.

지구에서 약 43억 킬로미터 떨어진 해왕성 관측도 주목할 만하 다. 1994년 10월 10일(좌측 위), 10월 18일(우측 위), 11월 2일(중 앙 아래)에 촬영해 비교해봄으로써 해왕성이 역동적인 대기를 가지

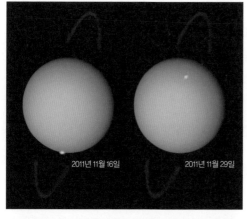

2011년 11월 16일   2011년 11월 29일

↞ 천왕성의 오로라. 특이하게도 천왕성의 자기장은 자전축에 대해 59도 기울어져 있어, 극지방에서 멀리 떨어진 곳에서 오로라가 발생한다. 가시광선과 자외선 영역으로 관측한 오로라(허블우주망원경, 2011년)와 적외선 영역으로 관측한 희미한 고리(제미니천문대, 2011년)를 결합한 것이다.

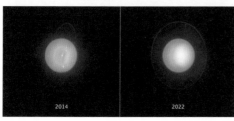

2014   2022

↞ 천왕성의 메테인 얼음 구름(2014년)과 북극 지방 안개(2022년). 천왕성의 끊임없는 운동으로 2028년이 되면 극관과 고리 시스템을 정면으로 볼 수 있게 된다.

고 있음을 밝혔다(49쪽 맨 위 사진 참고). 이러한 극적인 기상 변화는 해왕성 내부 열원과 매우 차가운 구름 사이의 온도 차이 때문에 발생하는 것이라고 추측한다.

가시광선 영역에서 촬영된 49쪽 사진(가운데 왼쪽)을 보면 화살표가 가리키는 밝은 구름 같은 것이 있다. 지름이 약 4800킬로미터인 대흑점, 바로 해왕성 남반구의 거센 폭풍이다. 해왕성의 폭풍은 지구와 다르게 고기압 시스템에 기반한 현상이며 반反사이클론(바람이 시계 방향으로 도는 것)이다. 이러한 대흑점의 형상은 파란색

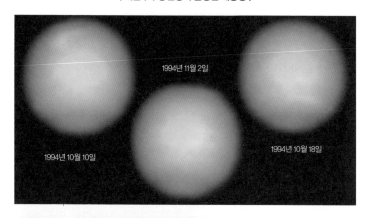

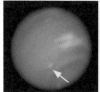

허블우주망원경의 광시야 행성 카메라(WFPC2)로 촬영된 해왕성의 역동적인 대기. 수일에서 수십일 사이에 구름이 사라지고, 발생하는 모습이 보인다.

21세기에 관측한 첫 번째 대흑점. 가시광선 영역(왼쪽)보다 파란색 파장 영역(오른쪽)에서 대흑점의 두드러진 형상을 확인할 수 있다.

북반구에서 포착된 대흑점. 2018년에 발견된 이후 수년간 사라지지 않았다.

파장에서 가장 잘 드러난다(49쪽 가운데 오른쪽 사진). 이는 21세기에 처음으로 관측한 대흑점이다. 몇 년 뒤, 이번에는 북반구에서도 대흑점이 포착되었다. 북쪽 대흑점Nothern Great Dark Spot, NGDS이라 불리며 2018년에 발견된 이후 수년간 사라지지 않았다.

제임스웹우주망원경으로 본 유리구슬

크기는 커지고 무게는 가벼워진 차세대 우주망원경, 제임스웹. 육각형 거울 18개로 이루어진 구경의 크기는 허블우주망원경의 2.7배인 6.5미터. 심우주를 관측하기 위해 적외선을 이용한다. 그럼 적외선으로 관측한 행성의 모습은 어떨까?

제임스웹우주망원경이 본 해왕성의 첫 모습은 빛나는 투명한 유리구슬 같았다. 1989년 보이저 2호가 해왕성을 통과할 때 관측했던 것과는 완전히 다른 새로운 형상이다. 해왕성의 대기를 가득 채운 메테인은 내부에서 방출되는 적외선을 강하게 흡수하기 때문에 적외선으로 촬영한 해왕성의 표면이 밝게 빛나지 않고, 어둡게 보인다.

극지방에서 밝게 빛나는 것은 구름으로, 대기 상층부에 떠 있어 메테인 대기와 만나지 않아 태양 빛을 훨씬 많이 반사한다. 특히 태양 활동이 활발해지는 시기에는 강한 자외선이 방출되며 해왕성에 더 많은 구름이 발생함을 알게 되었다. 그리고 해왕성의 고리 5개 중 4개를 선명하게 포착할 수 있었다.

한편, 51쪽 사진의 왼쪽 상단에 아주 밝게 빛나는 천체는 별이 아니고, 위성 트리톤이다. 해왕성의 위성 가운데 가장 크고, 표면이 얼음으로 덮여 태양 빛을 70퍼센트 이상 반사하고 있다. 그리고 다른 위성들과는 다르게 해왕성 주변을 역행한다.

50

┊ 2022년 9월 21일, 제임스웹우주망원경이 본 해왕성의 모습.

천왕성, 해왕성 탐사의 내일

천왕성과 해왕성은 가스 행성인 목성, 토성에 비해 무거운 원소의 비율이 높기 때문에 '얼음 거대 행성'이라 불린다. 과학자들은 가스 행성과 암석 행성이 어떻게 형성되었는지 이해하고 있지만, 얼음 거대 행성의 형성에 대해서는 잘 모른다. 다른 별 주위의 외계 행성을 발견하게 되면서 알게 된 사실은, 신기하게도 많은 외계 행성의 일반적인 유형이 바로 얼음 거대 행성이라는 점이다. 따라서 우리 태양계와 다른 항성계를 이해하기 위해서는 얼음 거대 행성에 대한 지속적인 연구와 탐사가 필요하다.

ESA는 2010년, 전 세계 과학자 120명의 서명을 받아 천왕성 궤도선 UP_Uranus Pathfinder_(천왕성 개척자) 개발을 제안했다. 예산은 4억 7000만 유로(약 6580억 원)였으며, NASA와 공동 개발 계약을 맺고 팀을 꾸렸다. 발사체는 아틀라스V_Atlas V_나 대형 로켓 SLS를, 항법은 금성과 토성의 중력도움을 받는 플라이바이를 이용하고, UP가 약 13년 동안의 우주 비행을 거쳐 천왕성 주위로 날아가 공전하며 천왕성의 중력장과 자기장, 위성을 정밀하게 측정한다는 방향성을 세웠다. 그러나 우선순위에서 밀려 계획대로 실행되지 못했다.

그 뒤, 다시 한번 ESA의 천왕성 탐사 계획이 등장했고 천왕성 탐사선 MUSE_Mission to Uranus for Science and Exploration_의 개발이 진행 중이다. MUSE의 임무는 천왕성의 대기, 내부, 위성, 고리 및 자기권을 연구하는 것이다. 아리안6_Ariane 6_ 로켓에 궤도선과 대기 진입선을 싣고 2026년 9월 중 발사 예정이나 지연 가능성이 있다(지연될 시 발사 날짜는 2029년 11월로 변경될 수 있다고 한다).

MUSE는 약 16.5년 동안 우주를 여행해 마침내 천왕성 궤도에 진입할 것이다. 궤도선은 약 2년 동안 이심률이 큰 타원으로 천왕성 주위를 공전하며 중력 데이터를 수집할 예정이다. 이후 약 3년 동안 주요 위성인 미란다, 아리엘, 움브리엘, 티타니아, 오베론을 저공비행 하며 탐사할 것이다. 대기 진입선은 천왕성의 대기 열역학적 모델링을 위해 우주선에서 분리되어 초속 21.8킬로미터로 고도 700킬로미터의 천왕성 외부 대기에 진입한다. 그리고 자유낙하로 하강하며 약 90분 동안 대기를 측정하고자 한다.

그렇다면 NASA에는 어떤 프로젝트가 있을까? 천왕성 탐사선 UOP_{Uranus Orbiter and Probe}를 개발하고 있다. 이 계획은 미국국립과학원_{National Academy of Sciences}에서 제시한 '행성과학 10년 계획_{2023~2032} _{Planetary Science Decadal Survey}'에서 최우선 순위 임무로 선정되었다. UOP는 궤도선과 대기 진입선을 이용해 천왕성의 형성 과정, 고유한 궤도, 위성과 고리, 특이한 자기장과 내부 구조의 특성을 포함해 천왕성에 대한 주요 의문들을 해결하는 데 초점을 맞출 예정이다. 특히 천왕성에서 거대한 얼음을 발견하는 것이 가장 큰 목표다. 최대 42억 달러(약 5조 1933억 원)가 소요될 전망이다. 스페이스X의 대형 발사체 팰컨헤비_{Falcon Heavy}를 활용하면 충분히 천왕성까지 보낼 수 있을 것이며, 자금이 순조롭게 투입된다면 2031년에 발사되어 2044년에 천왕성 궤도 진입이 가능할 것이다.

한편 중국국가항천국_{CNSA}은 2022년 국제우주대회_{International Astronautical Congress, IAC}에서 톈원 4_{Tianwen-4} 미션을 발표했다. 2030년경 목성과 천왕성을 각각 살펴볼 두 탐사선을 창정 5호_{Long March 5}(톈궁우주정거장의 모듈을 '로켓 배송'한 발사체)에 실어 보내는 계획이었다. 주로 목성과 목성의 위성 탐사에 집중하려는 프로젝트로 보인다.

태양과 지구 거리의 30배나 되는 먼 곳에서 태양을 공전하는 해왕성에 대한 탐사 계획은 아쉽게도 공식적으로 승인된 임무는 없고 NASA, ESA 및 학술 단체가 제시하는 개념만 존재한다(2024년 2월 기준). 그중 NASA의 해왕성 탐사선 NO_{Neptune Odyssey}의 개념은 천왕성 탐사선의 임무와 닮아 있다. 궤도선과 대기 진입선을 SLS로켓에 싣고 발사(2033년), 목성의 중력을 이용해 12년 동안 해왕성까지 비행하는 것과 대기 진입선은 약 37분간 해왕성의 대기로 하강하며 대기 구성을, 궤도선은 4년간 해왕성과 위성 트리톤을 연구하는 것이다.

인류는 '모르는 것'에 대한 탐구를 이어나가며 '깨달음'의 파도를 만끽한다. 아득히 먼 곳에 있어서 우리 손이 닿기까지 많은 연구, 기술 개발, 자본과 기다림이 필요한 얼음 거대 행성 탐사지만, 이 탐험은 이제까지 알 수 없었던 참신한 정보를 선물해줄 것이다. 태양계 '막둥이' 행성을 향한 인류의 긴 여정이 성공적으로 이루어져 색다른 사진과 신비로운 깨달음의 파도를 맞이할 수 있기를 소망한다.

화성 샘플 회수 프로그램

박대영   우주과학

매우 특별한 주장을 하려면 매우 특별한 증거가 필요하다.

_칼 세이건

35억 년 전, 지구와 화성은 물로 가득 찬 행성이었다. 물은 생명의 원천이다. 그 물속에서 생명체가 탄생해 지구는 수십억 년 동안 번성했다. 그리고 오늘날 다양한 생명이 숨 쉬는 푸른 행성이 되었다. 하지만 화성은 달랐다. 물이 증발하면서 황량하고 메마른 사막으로 변했다. 이제 화성에서 생명의 흔적을 찾는 것은 거의 불가능해 보인다. 그러나 35억 년 전 물이 넘쳤던 시절, 화성에도 생명체가 존재했을까? 우리가 찾고자 하는 것은 바로 그에 대한 증거다. 그리고 이제 증거를 찾아 지구로 가져오는 거대한 여정이 시작된다.

화성을 향한 눈

오랫동안 인류는 화성을 불길한 행성으로 여겼다. 이름도 호전적인 전쟁의 신 마르스Mars에서 따왔다. 그러나 천체망원경이 발달

55

하면서 화성은 단순한 전쟁의 상징이 아니라 매우 특별한 행성으로 다가왔다. 1877년, 이탈리아 천문학자 조반니 스키아파렐리Giovanni Schiaparelli가 화성 표면에서 '운하'처럼 보이는 선을 발견하면서 화성에 고등 문명이 존재할지 모른다는 상상력에 불이 붙었다. 그때부터 화성은 생명의 흔적을 찾아야 할 신비로운 대상으로 떠오르기 시작했다.

1965년, NASA 마리너 4호는 5억 2000만 킬로미터를 날아 최초로 화성 근처에서 촬영한 22장의 사진을 지구로 보냈다. 사람들은 고대 문명이나 운하의 흔적을 기대했지만, 사진 속 화성은 척박하고 황량한 사막뿐이었다. 인류가 품었던 화성에 대한 환상은 산산이 부서졌다. 하지만 이는 화성 탐사의 끝이 아니라 출발이었다.

1971년, 소련의 마르스 3호는 인류 최초로 화성 표면에 착륙하며 여러 새로운 사실을 밝혀냈다. 화성의 대기는 대부분 이산화탄소로 이루어져 있으며 밀도는 지구의 1퍼센트에 불과했다. 또한 거대한 먼지폭풍이 화성 전체를 뒤덮을 정도로 격렬하다는 사실도 알게 되었다. 비록 생명이 넘치는 곳은 아니었지만 이후 탐사 활동은 과거 화성에 풍부한 물이 존재했을 가능성을 제기했고, 생명체의 흔적을 찾을 수 있다는 우리의 희망은 커졌다. 아이러니하게도 태양계에서 지구와 가장 닮은 행성은 바로 이 황량한 화성이었다.

인류가 지구 밖 다른 천체에서 샘플을 가져온 것은 1969년 아폴로 11호 임무가 처음이었다. 아폴로프로그램을 통해 우주 비행사들은 달에서 총 382킬로그램에 달하는 암석과 토양 샘플을 지구로 가져왔다. 이 샘플들은 달의 형성과 지질학적 역사를 밝혀내는 데 중요한 단서를 제공했으며, 다른 천체에서 물질을 회수하는 탐사의 기초를 마련했다. 1970년, 소련의 루나 16호는 무인 탐사선으로는 최초로 달에서 원격으로 샘플을 회수하는 데 성공했다. 루나 16호가 채취한 달 토양 101그램은 유인 탐사 없이도 샘플을 회수할 수 있다는 중요한 성과를 남겼고, 이는 이후 더 복잡한 행성 탐사에 적용될 기술적 진보의 시작이었다.

이러한 기술은 점차 소행성 탐사로도 확장되었다. 일본의 하야부사 1호는 2010년 소행성 이토카와에서 샘플을 채취한 뒤 지구로 귀환해 인류 최초의 소행성 샘플 회수라는 이정표를 찍었다. 이어 하야부사 2호는 2020년 소행성 류구에서 더 많은 샘플을 채취해 지구로 가져와 원격 샘플 회수 기술의 완성도를 높였다. 2023년에는 NASA 오시리스-렉스OSIRIS-REx 미션으로 소행성 베누에서 샘플을 지구로 가져오는 데 성공했다. 이 미션은 원격 샘플 회수의 기술적 정점으로, 소행성 탐사에서 얻은 경험과 기술은 화성 샘플 회수라는 더욱 야심 찬 목표를 위한 밑거름이 되었다.

화성 샘플 회수 프로그램의 탄생

화성 샘플 회수에 대한 아이디어는 1970년대부터 제안되었으나 본격적인 논의는 1990년대에 들어서며 활발해졌다. 과학자들은 샘플을 직접 분석하는 일이 화성의 과거 환경, 물의 존재, 그리고 생명체 존재 가능성을 밝히는 데 결정적인 역할을 할 것이라는 공감대를 형성했다. 하지만 기술적 한계와 천문학적인 비용, 복잡한 국제 협력 문제 등으로 인해 실제 프로그램을 시작하는 데는 많은 시간이 필요했다. 2000년대에 이르러 NASA와 ESA는 공동으로 화성 샘플 회수 임무를 구체화하기 시작했으나 화성에서 샘플을 채취해 지구로 가져오는 계획은 여러 번 수정과 검토 과정을 거쳤다. 특히 탐사선

간의 연계, 안전한 샘플 회수, 지구 귀환 과정 등 많은 기술적 과제가 있었다.

마침내 2020년대 초반에 NASA와 ESA는 화성 샘플 회수를 위한 협력안을 공식 발표하면서 'Mars Sample Return'이라는 이름으로 구체적인 계획을 확정했다. 이 프로그램은 NASA의 퍼서비어런스Perseverance 로버가 화성에서 샘플을 채취하고, 이를 ESA의 지구 귀환 궤도선이 지구로 다시 가져오는 복잡한 다단계 임무로 구성되었다. 이렇게 오랜 시간에 걸쳐 화성 샘플 회수 계획은 점진적으로 진척되었으며, 지금의 프로그램은 과거의 다각적인 논의와 수많은 기술적 한계를 넘어 탄생한 결실이다. 앞으로 이 임무는 인류가 화성에 대해 품은 가장 심오한 질문에 답할 열쇠를 제공할 것으로 기대되고 있다.

화성 샘플 회수 프로그램Mars Sample Return, MSR은 세 가지 주요 임무로 나누어진다. 첫 번째는 화성 현지에서 샘플을 채취하고 보관하는 임무, 두 번째는 수집한 샘플을 회수해 화성 궤도로 올려 보내는 임무, 세 번째는 궤도에서 샘플을 포집해 지구로 귀환시키는 임무다.

첫 번째 임무는 NASA의 '마스 2020Mars 2020' 프로그램에 포함된 퍼서비어런스 로버에 의해 진행되며, 퍼서비어런스는 이미 화성에서 샘플을 수집해 보관 중이다. 두 번째 임무는 샘플 회수 착륙선Sample Retrieval Lander, SRL 담당이다. SRL은 퍼서비어런스가 수집한 샘플을 화성 표면에서 회수해 화성 이륙 발사체Mars Ascent Vehicle, MAV를 통해 궤도로 발사하는 역할을 한다. 세 번째 임무는 지구 귀환 궤도선Earth Return Orbiter, ERO의 일로, ERO는 화성 궤도에서 MAV가 방출한 샘플을 포획한 후 안전하게 지구로 귀환시키는 역할을 한다.

앞서 언급했듯 화성 샘플 회수 프로그램은 NASA와 ESA가 역

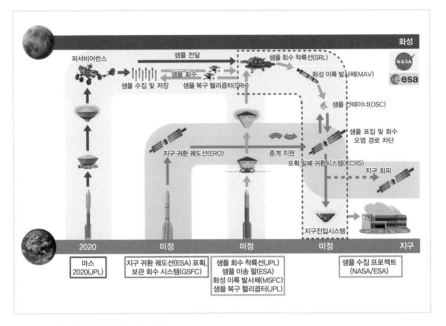

↑ 화성 샘플 회수 프로그램.

할을 나누어 담당하는 국제 협력 프로젝트다. 이 프로그램은 세 번째 임무인 지구 귀환 궤도선 발사를 2027년, 두 번째 임무인 샘플 회수 착륙선 발사를 2028년에 진행하고, 2033년에 샘플을 지구로 귀환시키는 것을 목표로 하고 있었다. NASA는 외부 전문가들로 구성된 독립 검토 위원회Independent Review Board, IRB를 통해 프로그램의 예산과 일정에 대한 평가를 진행했는데, IRB는 프로그램의 예산이 과소 책정되었을 뿐 아니라 계획된 일정이 실현 불가능하다고 결론지었다. 또한 궤도 샘플 시스템Orbiting Sample, OS에 대한 기술적 문제도 해결되지 않았음을 지적하며 발사 일정을 2030년 이후로 연기할 것을 권고했다. 그럼에도 IRB는 MSR 프로그램의 과학적 가치를 높이 평가했고, 특히 퍼서비어런스 로버가 수집한 화성 샘플을 반드시 지구로 회수해야 한다고 강조했다.

첫 번째 임무: 퍼서비어런스의 샘플 수집과 저장

퍼서비어런스는 소저너Sojourner, 스피릿Spirit, 오퍼튜니티Opportunity, 큐리오시티Curiosity를 잇는 소형 SUV 크기의 최신 탐사 로버다. 2020년 7월에 발사되어 2021년 2월 18일 예제로Jezero 크레이터에 착륙해 화성의 지질학적 분석과 생명체 존재 가능성을 탐사하고 있다. 예제로 크레이터는 과거 강과 호수가 형성되었을 것으로 추정되는 곳이며, 과학자들은 이 지역을 화성 생명체의 흔적을 찾기 위한 최적의 장소로 생각한다. NASA와 ESA가 공동 추진 중인 화성 샘플 회수 프로그램에서 퍼서비어런스는 샘플을 수집하고 임시 보관하는 첫 번째 임무를 맡고 있다.

먼저 탑재된 마스트캠-ZMastcam-z라는 고해상도 카메라를 사용해 샘플 채취 장소를 탐색한다. 이 카메라는 화성 표면을 3D로 촬영하고, 넓은 지역을 파노라마 방식으로 기록해 과학자들이 샘플 채취에 적합한 지점을 찾을 수 있도록 도와준다. 이후 슈퍼캠SuperCam은 레이저를 이용해 암석과 토양의 화학 성분을 분석하여 샘플의 채취 가치를 평가한다. 이 과정이 끝나면 퍼서비어런스는 픽슬PIXL과 셜록SHERLOC으로 샘플의 미세한 화학 성분과 유기물질의 흔적을 탐지한다. 필요한 경우 림팩스RIMFAX라는 지하 탐사 레이더를 활용해 화성 표면 아래의 지질학적 특성을 파악한다.

샘플 채취가 결정되면 약 2미터 길이의 로봇 팔로 암석과 토양을 직접 수집한다. 퍼서비어런스는 화성의 대기, 암석, 토양을 수집

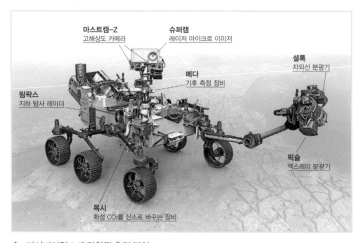

마스트캠-Z
고해상도 카메라

슈퍼캠
레이저 마이크로 이미저

셜록
자외선 분광기

메다
기후 측정 장비

림팍스
지하 탐사 레이더

픽슬
엑스레이 분광기

목시
화성 CO₂를 산소로 바꾸는 장비

⁝ 퍼서비어런스에 장착된 측정 장치.

하기 위한 샘플 튜브 38개와 오염 물질을 기록하기 위한 위트니스 튜브witness tubes 5개를 가지고 있다. 2021년 8월 6일, 첫 수집 이후 2024년 7월 21일까지 총 25개의 샘플을 채취했으며, 이 중 15개는 퍼서비어런스 내부에 보관하고 있다. 나머지 10개는 복제 샘플이며 퍼서비어런스에 문제가 발생해 샘플을 회수 착륙선으로 직접 전달하지 못할 경우를 대비해 화성 표면에 지그재그로 두었다. 위트니스 튜브는 현재까지 3개가 화성 표면에 배치되었으며 샘플 튜브와 달리 밀봉하지 않고 열린 상태로 보관 중이다. 이는 샘플 채취 중 발생할 수 있는 오염을 감지하기 위한 목적이다.

또한 메다MEDA라는 기후 측정 장비를 사용해 샘플이 채취된 당시의 기후 조건을 기록한다. 메다는 화성 대기의 온도, 풍속, 습도, 먼지 농도 등을 측정해 샘플이 수집된 환경에 대한 중요한 데이터를 제공한다. 현재 퍼서비어런스는 예제로 크레이터 서쪽 가장자리를

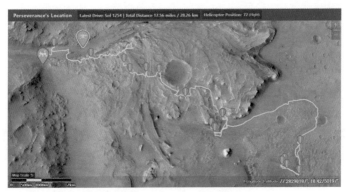

‡ 퍼서비어런스가 수집한 샘플 지도.

탐사 중이며 추가 샘플 수집이 진행될 예정이다.

두 번째 임무: 샘플 회수 착륙선

샘플 회수 착륙선, SRL은 퍼서비어런스 로버가 화성 표면에서 수집한 샘플을 회수해 지구 귀환 궤도선으로 안전하게 전달하는 역할을 맡고 있다. SRL에는 샘플을 회수하고 화성 궤도로 보내기 위한 화성 이륙 발사체, 샘플 이송 로봇 팔, 샘플 복구 헬리콥터, 샘플 컨테이너 등 다양하고 복잡한 장치가 탑재된다. SRL은 화성에 착륙한 후 약 1년 이내에 샘플 회수 작업을 완료하고 MAV를 통해 샘플을 궤도로 발사할 예정이다.

먼저 NASA의 화성 이륙 발사체, MAV를 살펴보자. 이는 SRL에서 가장 중요한 역할을 담당하는 소형 발사체로, 퍼서비어런스가 수집한 샘플을 화성 궤도로 올려 지구 귀환 궤도선이 이를 포획할 수 있도록 한다. MAV는 다른 행성에서 발사되는 최초의 소형 로켓이며, 2단 고체 로켓(SRM1과 SRM2)으로 구성되어 있다. 1단 로켓이 MAV를 화성 표면에서 이륙시키면 2단 로켓이 샘플 컨테이너를 정확한 궤도에 올리게 된다.

한때 MAV가 현지 자원 활용In-Situ Resource Utilization, ISRU 기술을 사용하여 화성 대기에서 이산화탄소(CO_2)를 추출해 메테인(CH_4) 같은 연료를 자체적으로 생산하는 개념이 검토되기도 했으나 현재는 지구에서 미리 준비한 고체 연료를 사용하는 방식으로 변경되었다. 이는 기술적 위험을 줄이고 신뢰성을 높이기 위한 선택이었다. MAV는 2028년 샘플 회수 착륙선에 실려 화성에 갈 예정이었지만 현재는 예산과 기술적인 문제 등으로 잠정 연기된 상태다.

그리고 눈여겨볼 것으로 ESA가 제공하는 샘플 이송 팔Sample Transfer Arm, STA이 있다. 이 로봇 팔은 퍼서비어런스가 수집한 샘플을 MAV에 적재하는 작업을 담당한다. 다중 관절 구조로 이루어져 여러 각도에서 샘플을 집어 올리고 이동시킬 수 있다. 다양한 센서와 카메라를 사용해 샘플을 정확하게 감지하고 안전하게 MAV로 옮긴다. STA는 정밀한 자동화 시스템을 갖추어 샘플을 처리하는 동안 오염이나 손상을 방지하며 빠르고 효율적인 작업이 가능하다.

그리고 화성 샘플 회수 프로그램에서 퍼서비어런스 로버가 정상적으로 작동하지 않을 경우를 대비해 백업 시스템으로 설계된 샘플 복구 헬리콥터Sample Recovery Helicopters, SRH도 살펴보자. SRH는 퍼서비어런스가 수집한 샘플을 회수 착륙선에 전달하지 못할 경우, 화성 표면에 배치된 샘플 튜브를 수거하는 중요한 역할을 한다. 기본 계획은 퍼서비어런스가 샘플을 SRL로 직접 전달하는 것이지만 로버에 문제가 생길 경우 SRH가 이를 대신하게 된다.

이 헬리콥터는 NASA가 인제뉴어티Ingenuity의 성공적인 테스트를 바탕으로 개발했다. 인제뉴어티 헬리콥터는 2021년에 화성에서 첫 비행을 성공적으로 마쳤는데 이를 계기로 NASA는 더욱 정교한 회수 임무를 수행할 수 있는 SRH를 설계했다. 인제뉴어티와 비슷한 크기지만 샘플 튜브를 회수하기 위한 로봇 팔이 추가되었고 지면에서 짧은 거리를 갈 수 있는 바퀴형 이동 장치도 탑재했다. 또한 퍼서비어런스가 배치한 샘플의 위치를 정확하게 탐지하기 위해 고해상도 카메라와 센서를 사용한다. SRH는 2대가 실릴 예정이며 각 헬리콥터는 퍼서비어런스가 배치한 샘플을 회수하기 위해 여러 차례 비행할 수 있다.

이제 샘플이 MAV에 적재되면 궤도 샘플 컨테이너Orbiting Sample Container, OSC로 옮겨져 안전하게 보관된다. OSC는 화성 궤도에서 샘플을 보호하는 밀폐 시스템으로, MAV가 샘플을 화성 궤도로 방출한 후 지구 귀환 궤도선에 의해 회수된다. 이때 OSC는 지구 대기권 진입 과정에서 발생하는 높은 온도와 진동을 견디도록 설계된 보호 시스템을 갖추고 있다.

만약 OSC를 성공적으로 회수한다면 인류는 처음으로 화성 샘플을 지구로 가져오는 역사적인 순간을 맞이할 것이다. 지구로 돌아온 샘플은 정밀한 실험실 분석을 통해 화성의 과거 환경과 생명체 존재 가능성을 연구하는 데 중요한 역할을 할 것이며, 이는 화성 탐사에 새로운 지평을 여는 대단한 사건이 된다.

세 번째 임무: 지구 귀환 궤도선

지구 귀환 궤도선, ERO는 ESA가 주도하는 화성 샘플 회수 임무의 주요 구성 요소로, 화성 이륙 발사체가 방출한 샘플을 화성 궤

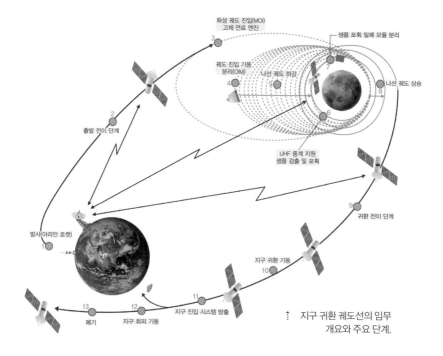

화성 궤도 진입(MOI)
고체 연료 엔진

3

샘플 포획 밀폐 모듈 분리

궤도 진입 기동
분리(OIM)   나선 궤도 하강

4   5   7   나선 궤도 상승

2   6   8

출발 전이 단계

UHF 중계 지원
샘플 검증 및 포획

발사(아리안 로켓)
1   9   귀환 전이 단계

지구 귀환 기동
10

13   12   11
폐기   지구 회피 기동   지구 진입 시스템 방출

⋮ 지구 귀환 궤도선의 임무
  개요와 주요 단계.

도에서 포획하여 지구로 안전하게 귀환시키는 역할을 한다. ERO는 장거리 비행이 가능하도록 고체 연료 엔진과 태양광 발전 추진Solar Electric Propulsion, SEP을 결합한 하이브리드 추진 시스템을 사용한다. SEP는 144제곱미터 크기의 대형 태양전지판에서 전력을 공급받는데 이는 장거리 비행을 효율적으로 수행할 수 있게 한다. 이 시스템은 연료 소비를 최소화하여 ERO가 화성 궤도를 순항하고 지구로 돌아오는 장기 임무를 할 수 있도록 설계되었다.

ERO의 샘플 포획 시스템은 MAV가 방출한 샘플 컨테이너를 포획하는 정교한 장치다. 화성 궤도에서 정확한 속도와 위치를 유지하면서 샘플 컨테이너를 안전하게 회수할 수 있도록 설계되었다.

MAV가 화성 궤도에 샘플을 올려놓고 떠나면 ERO는 이를 포획하여 지구로 귀환하게 된다. 특히 샘플 컨테이너는 농구공 크기로, 약 5000만 킬로미터나 떨어진 지구에서 원격으로 제어하려면 매우 정밀한 작업이 필요하다. 샘플 포획 후, ERO는 NASA에서 개발한 지구 귀환 캡슐Earth Entry Capsule에 보관하여 지구로 가져올 예정이다.

화성 표면과 지구 간 통신 중계 역할도 ERO가 수행한다. 퍼서비어런스와 샘플 회수 착륙선 간의 통신은 UHF 단거리 통신망을 통해 이루어지며, 지구와의 통신에는 X-밴드 주파수가 사용된다. ERO는 지구와의 원활한 장거리 통신을 유지하기 위해 고출력 안테나와 정밀한 항법 시스템을 탑재했다. 이를 통해 MAV가 방출한 샘플의 상태와 위치를 실시간으로 지구에 전달할 수 있으며, 지구에서 수신된 명령을 정확하게 이행하는 역할도 한다.

ERO는 샘플 회수 착륙선보다 약 1년 먼저 발사되는데, 화성에 도착한 후 저궤도에 진입해 MAV가 방출하는 샘플 컨테이너를 포획할 준비를 한다. 샘플을 회수한 후, ERO는 다시 화성 궤도를 이탈하여 지구로 귀환하는 긴 여정을 시작한다. 이 과정에서 ERO는 장거리 통신과 정밀한 항법을 유지하며 샘플을 안전하게 지구로 귀환시킨다. 이는 지구-화성 간 최초의 왕복 비행이 된다.

마지막으로 ERO는 행성 보호 관점에서도 중요한 역할을 한다고 볼 수 있다. 지구로 가져오는 샘플이 혹시 모를 외계 생명체나 화성의 유해 물질을 포함할 가능성에 대비해 샘플은 철저하게 격리된 상태로 운반된다. 이는 샘플이 돌아왔을 때 지구 환경에 영향을 미치지 않도록 보장하는 꼭 필요한 기술이다. 이 시스템은 앞으로의 우주탐사에서 행성 간 샘플 귀환 임무를 수행하는 데 중요한 기술적 모델을 제시할 것이다.

화성 탐사의 새로운 장을 열다

MSR의 과학적 의의는 단순히 화성에서 지구로 샘플을 가져오는 데 그치지 않는다. 이 샘플들은 지구의 첨단 실험실에서 분석되어 화성의 생명체 존재 가능성뿐 아니라 지질학적 변화, 과거 물 순환 그리고 행성 기후 변화에 대한 중요한 정보를 제공할 것이다. 특히, 가져온 샘플을 지구에서 다양한 방법으로 분석함에 따라 과거 화성에 물이 존재했는지, 생명체가 살 수 있었는지에 대한 구체적인 증거를 살펴볼 기회가 된다. 이를 바탕으로 우리는 화성뿐 아니라 태양계 내 다른 행성의 생명체 존재 가능성에 대한 새로운 통찰을 얻게 될 것이다.

그러나 MSR 프로그램은 여러 가지 기술적, 재정적 한계도 동반한다. 샘플을 가져오기 위한 다단계의 복잡한 임무는 다양한 탐사 장비의 협력을 필요로 하며 그 과정에 실패 가능성도 존재한다. 샘플 회수 착륙선, 화성 이륙 발사체, 지구 귀환 궤도선 같은 탐사 장비가 서로 연계해 임무를 수행해야 하며 이 모든 시스템이 실패 없이 작동해야 한다. 또한 이러한 대규모 국제 협력 프로그램은 막대한 재정적 부담이 있고 일정이 지연되거나 계획이 변경될 가능성도 상존한다.

그럼에도 MSR 프로그램은 화성 탐사의 새로운 장을 여는 데 중요한 역할을 할 것이다. 샘플을 지구로 가져와 연구하는 경험은 미래 유인 화성 탐사를 위한 기술적 기초를 제공한다. 또한 샘플을 오염 없이 안전하게 보관하고 분석하는 과정에서 발전한 행성 보호 기술은 향후 다른 행성이나 위성에서의 샘플 회수에도 필요한 기준을 확립하게 될 것이다.

MSR 프로그램은 과학과 기술의 진보를 이끄는 긴요한 임무다. 비록 기술적 난관과 재정적 어려움이 존재하지만 이를 통해 인류는 화성뿐 아니라 다른 태양계 행성 탐사에 대한 새로운 통찰을 얻게 된다. 그리고 이 임무는 미래 우주탐사와 화성 거주 가능성 연구에 큰 기여를 할 것이다.

NASA 디스커버리 프로그램과 소행성 탐사

안인선 　　　　　　　　　　　　　　　　　　　　우주과학

두 번째 달

2024년 8월 7일, 크기 10미터 정도 되는 소행성 2024 PT5가 지구로부터 60만 킬로미터 떨어진 곳에서 발견되었다. NASA가 자금을 지원하는 '소행성 지상 충돌 최종 경보 시스템' 아틀라스Asteroid Terrestrial-impact Last Alert System, ATLAS의 남아프리카공화국에 설치된 장비에 포착된 것이다.

아틀라스는 지구근접천체Near Earth Object, NEO 중 지구에 영향을 주는 소행성을 자동으로 감지해 크기와 경로 등을 측량하고 조기 경보를 한다. '최종 경보 시스템'이라는 이름이 붙여진 이유는 너무 작아서 충돌 임박 시점에 발견할 수밖에 없는 소행성들에 대해 충돌 예상 지역을 추정해, 해당 지역의 사람들을 대피시키는 데 필요한 최소한의 시간을 확보하는 것을 목표로 하기 때문이다. 2013년 첼랴빈스크 운석 낙하 사건과 같은 피해를 막기 위해 구축된 경비 시스템이다. 이 시스템이 발견한 소행성 2024 PT5는 지상 충돌의 가능성은 없지만 매우 흥미로운 경로가 예상되어 관심 대상이 되었다.

69

2024년 9월 29일
B

달의 궤도

지구

달

A
2024년 8월 7일

C 2024년 11월 25일

미니문 기간 동안 2024 PT5는 지구로부터 344만~401만 킬로미터 거리 범위에서 움직인다.

A: 지구에 57만 킬로미터(지구—달 평균 거리의 1.5배)까지 접근한 10미터 크기의 소행성 2024 PT5를 최초 발견.

B: 2024 PT5가 지구 중력에 포획되어 초속 1킬로미터로 공전하는 미니문 기간 시작.

C: 56.6일 동안 미니문이던 소행성이 태양 주위를 공전하는 정상적인 경로로 진입.

‡ 지구에 일시적으로 포획된 2024 PT5의 플라이바이 궤도.

지구와 비슷한 공전궤도 영역에서 태양을 돌던 이 소행성은 지구의 중력에 끌려 거의 두 달 동안 말발굽 모양으로 지구 주위를 공전한다고 밝혀졌다. 이 궤도 요소를 관측한 자료와 그로부터 계산해낸 운동 특성을 정리한 미국천문학회의 연구 노트가 발행되었다. 제목은 〈2개월의 미니문A Two-month Mini-moon: 2024 PT5 Captured by Earth from September to November〉이다. 이에 따르면 2024년 9월 29일부터 11월 25일까지는 지구에 천연 위성이 하나가 아니라 둘인 셈이다.

이런 일이 희귀한 것은 아니다. 제3의 천체가 지구로부터 450만 킬로미터 이내 거리에서 시속 3540킬로미터보다 느린 속도로 움직이면서 지구 중력장에 포획되어 단기적으로 지구 주위를 공전하게 되는 일을 미니문 사건mini-moon event이라고 한다. 그리고 지금까지 관측적으로 확인된 미니문들을 두 가지로 분류한다. 70쪽 그림과 같이 일시적으로 포획된 2024 PT5의 플라이바이 궤도를 그린 미니문으로 1991 VG, 2022 NX1이 있었고, 좀 더 긴 기간 포획되어 완전한 궤도를 그린 2006 RH120과 2020 CD3가 있었다.

대부분 미니문들은 이번에 발견된 2024 PT5보다 작기 때문에 너무 어두워서 천문학자들이 연구용으로 사용하는 망원경이 아니라면 관측하기 어렵다. 이런 상황이라면, 우리가 발견하지 못하는 미니문이 늘 존재했던 게 아닐까 하는 생각을 해볼 수 있다.

화성의 수상한 달

너무 작아 관측이 힘든 달이라도 모행성에 가까워지면 보일 것이다. 지구의 반만 한 화성은 이런 작은 달을 2개나 거느리고 있다. 지구의 달은 꽤나 커서 거대 행성의 주요 위성들과 함께 '태양계 5대 위성'에 들어간다. 이와 달리 화성의 두 위성, 포보스Phobos와 데이모스Deimos는 서울보다 작고 울릉도보다는 큰 정도이며, 찌그러진 감자 모양이다. 작은 위성 데이모스는 가장 긴 축이 약 15킬로미터에 불과하고, 화성으로부터 평균 거리 2만 3000킬로미터에서 30시간에 한 번꼴로 공전한다. 따라서 보름달이 되어 가장 밝을 때 화성 표면에서 바라보면 지구에서 보이는 금성처럼 밝은 별같이 빛난다.

조금 큰 포보스는 화성 지면으로부터 6000킬로미터 떨어진 곳에서 공전하고 있지만, 아담한 크기 덕분에 60배 이상 멀리에서 지

구를 공전하는 달의 3분의 1 정도로 보인다. 24시간에 화성 둘레를 세 번씩 돌면서 궤도를 유지하지만, 100년에 약 1.8미터씩 화성에 가까이 끌려가고 있다. 결국 포보스는 5000만 년 내에 화성의 조석력으로 쪼개져 잔해 고리가 되거나 화성에 충돌하게 될 운명이다.

　　작은 소행성 같은 모양을 한 화성의 두 위성은 1877년에 관측 천문학자에게 발견되었다. 그리고 화성 궤도를 도는 탐사선들이 고해상도 이미지로 촬영한 것이나 표면에서 반사되는 입자들의 세기를 측정한 자료들을 통해 연구된다. 둘 다 표면이 석탄보다 검고 어두우며 수천 개의 크레이터에 덮여 있고, 탄소질 소행성과 유사한 물질로 구성된 것이 알려졌다.

　　그렇다면 화성과 목성 사이의 소행성대에서 튀어나온 작은 소행성이 화성의 중력에 포획되어 위성으로 자리 잡게 되었을까? 이런 추론이 가능하기 때문에 적지 않은 천문학자가 이에 대한 증거를 찾고 있다. 그러나 미니문 현상에 의해 포획되는 경우 매우 복잡한 궤도를 갖기 때문에 현재 포보스와 데이모스의 이심률이 아주 작은, 원에 가까운 안정적인 타원궤도를 설명하기에는 어려움이 있다.

이들의 기원에 대한 또 다른 이론은 지구의 달 형성 이론과 같이 화성 형성 과정 중에 다른 천체와 충돌이 일어나고, 이때 떨어져 나간 화성과 충돌 천체의 일부가 화성 주변에서 떠돌다가 뭉쳐져 만들어진 위성이라는 것이다. 만약 그렇다면 포보스와 데이모스는 소행성 기원 물질보다는 화성의 물질과 유사한 특징을 지니고 있을 것이다.

2020년 7월 우주탐사에 도전장을 내민 아랍에미리트연방은 화성으로 궤도선 '희망Hope'을 일본 발사체에 실어 발사했다. '희망'은 2021년 2월 화성 궤도 진입에 성공해 2만 2000~4만 4000킬로미터 사이에서 타원궤도를 그리며 공전하고 있다. 화성의 대기와 기후를 연구하기 위한 기존 임무를 수행하면서, 작은 위성 데이모스 근접 촬영을 시도했다.

그 후 2023년 3월 데이모스에 104킬로미터까지 접근하여 적외선 여러 파장대에서 고해상도 촬영에 성공하고, 한 달 뒤 유럽 지구과학 연합회의에서 공개했다. 선명한 데이모스의 사진과 함께 이 화성의 달이 모행성의 표면 물질과 같은 구성을 보인다는 관측 결과였다. 포획된 소행성이 아니라 화성과 함께 형성되었다는 이론에 무게를 더하는 결과이긴 하지만, 추가 연구가 필요하다.

일본 우주국JAXA의 화성 위성 탐사Martian Moons eXploration, MMX는 이름처럼 화성의 두 달을 탐사하는 프로젝트다. 2026년 발사 예정으로, 약 1년 후 화성 궤도에 진입한 다음, 포보스의 준정지궤도로 이동하여 과학적 데이터를 모으고, 표면에서 샘플을 채취할 계획이다. MMX 탐사선은 포보스에서 수집한 물질을 가지고 2031년 지구로 귀환하여 최초로 달 이외의 태양계 위성의 물질을 가져오는 임무를 수행한다.

이는 일본 우주국이 이전에 소행성의 물질을 채취하고 지구로 귀환하는 하야부사 임무를 성공시킨 경험과 기술을 바탕으로 설계, 추진 중인 우주탐사다. MMX 탐사선이 포보스의 샘플을 지구로 가져다준다면, 천문학자들은 화성 기원의 운석과 소행성 기원의 운석 물질을 포보스의 샘플과 비교 분석할 것이다. 그러면 포보스가 화성에 일어난 거대한 충돌 후 남겨진 파편인지, 화성의 중력에 의해 포획된 소행성인지 알아낼 수 있다. 이것은 태양계의 행성 화성과 더 나아가 다른 별 주위 행성들의 형성 과정을 보여주는 큰 그림의 중요한 한 조각을 획득하는 것과 같다.

최고의 가성비를 자랑하는 디스커버리프로그램

포보스와 데이모스가 어떻게 형성되었는지 이해하는 것은 수년간 행성과학 연구자들의 중요한 목표였기 때문에 NASA의 디스커버리프로그램Discovery Program으로 지원받을 수 있었다. 독립된 임무 형태는 아니지만, 일본 우주국의 MMX 탐사선에 탑재되는 기기 중 하나를 개발하겠다는 연구 제안이 '기회 임무missions of opportunity'라는 디스커버리프로그램에 선정된 것이다.

연구 책임을 맡은 존스홉킨스대학교 응용물리학 연구실은 감마선과 중성자를 측정해 포보스의 원소 구성을 볼 수 있는 분광계 장비 MEGANE_{Mars-moon Exploration with GAmma rays and Neutrons}를 개발하여 제작 완료했다. 그리고 MMX 시스템과 통합해 운영 점검 후 우주선에 탑재할 수 있도록 2024년 3월 일본 우주국으로 보냈다.

기회 임무는 과학 장비나 하드웨어 구성품에 대한 자금을 지원해 NASA가 아닌 다른 기관에서 주도하는 임무에 참여할 수 있게 한다. 또한 탐사선의 원래 목적에서 변경된 확장 임무에 대한 자금 지원을 통해 새로운 과학 연구에 탐사선을 재활용할 수 있게 하는 프로그램이다. 2004년 스타더스트_{Stardust} 탐사선은 혜성 81P/Wild의 핵에서 성간 먼지와 먼지 입자를 수집하여 2006년 지구로 샘플을 귀환시키는 데 성공했다. 이 스타더스트 탐사선은 2011년에 확장 임무로, 딥 임팩트_{Deep Impact} 탐사선이 2005년에 충돌 실험을 수행한 혜성 템펠1_{Tempel 1}에 근접 비행해 충돌 이후 변화를 조사했다. 이 확장 임무_{New Exploration of Temple1, NExT}가 대표적인 기회 임무 후자의 경우다. 임무가 확장되기 이전의 스타더스트, 딥 임팩트는 디스커버리 프로그램으로 진행된 독립된 형태의 임무들_{standalone missions}이다.

디스커버리프로그램은 NASA의 대규모 주력 행성과학 탐사 프로그램을 보완하기 위한 것이다. 더 많은 소규모 임무를 통해 뛰어난 성과를 달성하려는 목표를 가지고 1993년 의회의 승인을 받으면서 시작되었다. 이 프로그램은 NASA가 자원과 개발 시간을 제한하고, 과학자와 공학자가 팀을 이루어 집중적인 행성과학 임무를 설계해 제안하도록 한다.

사전에 정해진 임무를 위해 탐사 장비를 제작하고 운영할 입찰자를 찾는 기존의 프로그램과 다르게 모든 과학 주제에 대해 열어놓고 연구 제안을 받은 다음, 동료 평가를 통해 선정하는 방식이다. 선정된 임무의 책임 연구자_{principal investigator, PI}는 주로 과학자가 담당하고 산업체, 대학 또는 연구소가 협업하게 된다. 이와 같이 획기적인 방식의 디스커버리프로그램은 NASA 우주탐사 임무의 효율을 무자비하게 향상시켰다.

연구자들은 경쟁을 통해 더 저렴하면서 더 짧은 기간에 진행 가능한 방법을 찾아내기 위해 노력하게 되었고, 그 결과 새로운 기술 개발과 뚜렷한 과학적 성과를 주도하고 있다. 디스커버리프로그램이 단일 임무에 지원하는 비용은 대략 할리우드 영화 한 편의 제작비와 맞먹는다. 같은 비용으로 영화 대신, 사상 처음으로 미지의 세계를 탐험하게 되는 것이다.

프로그램의 특성 덕분에 디스커버리 임무는 행성, 위성, 혜성 및 소행성 등 작고 비교적 가까운 천체를 집중적으로 탐사하는 경우가 많다. 달과 금성, 화성을 대상으로 각각 두 번씩 임무가 선정되었고 그 외 수성, 태양풍, 외계 행성을 탐사하는 임무가 각각 한 번씩 있었다. 그리고 지금까지 선정된 디스커버리 임무 중 나머지 7번이 모두 소행성과 혜성을 대상으로 하는 탐사다.

2017년에 13, 14번째로 선정되어 각각 2021년과 2023년에 지구를 출발해 현재 진행 중인 디스커버리 임무 두 가지가 모두 소행성 탐사다. 가장 최근인 2021년에 정해진 것은 금성 탐사선 베리타스VERITAS와 다빈치DAVINCI다. 이 15, 16번째 디스커버리 임무는 지구와 가장 닮았지만 다르게 진화한 금성을 입체적으로 탐사해 행성의 진화와 대기 형성의 비밀을 풀어내고자 2031~2032년 발사를 준비하고 있다.

미지의 세계를 향하는 두 탐색자

현재 탐사 목표인 소행성들을 향해 비행하고 있는 루시Lucy와 프시케Psyche 탐사선은 이전에 가본 적 없는 세계로 과감하게 도전하여 획기적인 과학을 밝혀내는 NASA 디스커버리 임무의 대표라고 할 수 있다. 태양계 행성의 형성 과정을 이해하는 데 도움이 될 새 퍼즐 조각을 찾아줄 임무들이기 때문이다.

먼저 출발한 루시가 도전장을 내민 탐사 대상은 목성 궤도의 트로이 소행성들이다. 이 소행성들은 목성이 12년에 한 번 태양을 공전하는 궤도 위에서 목성과 태양으로부터 동일한 거리를 유지할 수 있는 두 지점에 자리한다. 이곳은 두 중력체 힘의 균형으로 안정적으로 머무를 수 있는 라그랑주 점이다.

트로이 소행성의 한 무리는 목성을 앞서고 나머지 한 무리는 뒤따른다. 이들은 바깥쪽 외행성, 즉 목성, 토성, 천왕성, 해왕성을 형성한 원시 물질의 잔재이며 목성의 현재 궤도보다 훨씬 더 멀리에서 생성되었을 것으로 추정된다. 태양계 외곽에서 들어오는 혜성들과 화성-목성 궤도 사이의 주소행성대Main Asteroid Belt 소행성들로부터 얻을 수 있는 정보의 간극을 메우고, 태양계의 역사를 해독하는 데 중요한 단서를 보유한 천체인 것이다.

바위나 얼음보다 금속이 풍부한 소행성을 탐사하는 일도 이전에 없던 탐험의 기회다. 그래서 탐사선 프시케는 태양계에서 지금까지 알려진 것 중 유일하게 금속이 풍부한 소행성 16 프시케를 향해 가고 있다. 이 임무에는 현대 기술로 닿을 수 없는 천체의 중심 물질, 핵core에 대한 탐사가 가능하리라는 희망이 있다. 16 프시케가 태양계 형성 초기 큰 충돌에 의해 외부 층이 벗겨진 미행성(별이 태어날 때

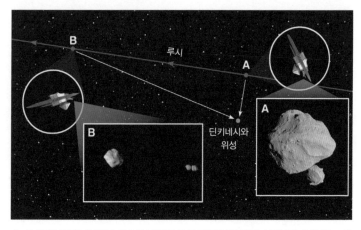

‡ 루시 탐사선의 궤적(빨간 선)과 6분 간격으로 두 지점에서 촬영한 소행성 딘키네시와 그 위성의 사진.

그 주위를 둘러싼 원시 행성계 원반을 이루는 소천체들로, 원시 행성의 씨앗 또는 재료)의 핵이라고 가정해보는 것이다. 이에 따르면 주소행성대 바깥쪽에서 5년에 한 번꼴로 태양을 공전하는 소행성을 탐사함으로써 지구의 핵에 대해 간접적으로 알 수 있으며, 행성 형성 초기 내부층의 분화 과정에 대한 정보를 얻게 된다.

원래 탐사선 루시의 첫 임무는 2025년, 주소행성대의 소행성 도널드조핸슨Donaldjohanson을 근접 비행하는 것이었다. 그런데 루시 임무를 수행하는 팀은 2023년 1월, 탐사선이 고속 비행 중에 소행성 표적을 지속적으로 추적하고 이미지화하는 시스템을 테스트하기 위해 추가 임무를 계획했다. 2023년 11월 1일, 주소행성대의 소행성 1999 VD57을 추적 촬영하는 근접 비행 임무를 수행함으로써 과학 임무에 앞서 유사한 조건에서 루시의 동작을 평가하는 것이다.

소행성 1999 VD57은 딘키네시Dinkinesh라는 이름이 붙었고, 탐사선이 딘키네시를 지나치기 몇 주 전, 소행성의 밝기가 시간에 따라 변하는 것을 관측한 루시 팀원들은 딘키네시에 위성이 존재할 수 있다는 예측을 하게 되었다. 첫 번째 이미지 관측을 통해 딘키네시가 근접 이중 소행성계close binary system of asteroids임이 확인되었고, 큰 소행성의 크기가 최대 790미터, 작은 소행성이 약 220미터로 분석되었다. 이는 지금까지 근접 탐사가 이루어진 주소행성대 소행성 가운데 가장 작은 것이라는 의미였다.

딘키네시 이중 소행성계에 가장 가까이 접근했을 때 루시 탐사선은 초속 4.5킬로미터로 비행하고 있었다. 고속 비행 중에 스쳐 지나가는 소행성을 자율적으로 추적하는 시스템의 터미널 추적 카메라T2CAM 성능이 확인되었다. 뛰어난 추적 관측 결과 덕분에 딘키네시의 모양을 3차원적으로 파악하게 되었을 뿐 아니라 예상치 못한 발견도 하게 되었다.

78쪽 사진은 루시의 장거리 정찰 영상 장치L'LORRI가 소행성과 가장 가까웠던 지점, 430킬로미터 거리에서 촬영한 장면(A)과 그로부터 1500킬로미터를 더 비행한 후 촬영한 딘키네시와 위성의 모습(B)을 보여준다. 빠른 속도로 지나쳐 뒤돌아 바라보는 관점에서 전체 모습을 드러낸 딘키네시의 위성은 꼭 닮은 2개의 작은 소행성이 접촉된 상태로, 눈사람 같은 형태였다. 가까이에서 보지 못했던 독특한 형태의 이중 소행성계를 또렷한 이미지로 관측하게 된 루시팀 과학자들은 예상하지 못한 질문 꾸러미를 선물로 받았다.

루시는 이제 지구로 돌아와 중력도움을 얻어 바깥쪽으로 날아가서 2025년 4월, 첫 번째 과학 탐사 대상인 주소행성대의 소행성을 만나게 된다. 테스트 비행과 같은 방식으로 근접 비행 탐사를 수행하고 목성 궤도까지 날아가, 2027년에 목성을 앞서는 트로이 소행성군에 들어간다. 특별한 트로이 소행성 유리바테스Eurybates를 근접 비행하며 탐사하고, 이후 2028년 말까지 다양한 비교 대상이 될 3개의 소행성계를 더 만나는 경로를 따라 비행한 다음, 세 번째로 지구를 향해 돌아온다.

지구를 스치며 도움닫기 해서 최고 속도를 얻은 루시가 이번에는 목성을 뒤따르는 트로이 소행성군으로 빠르게 날아간다. 2033년 3월에는 트로이 소행성 패트로클루스Patroclus와 그의 위성 메노에티우스Menoetius를 만나 마지막 과학 탐사를 수행할 것이다. 12년에 걸친 루시의 대장정은 최다 천체 조우인 동시에 첫 트로이 소행성 탐사로서, 트로이 소행성에 대한 모든 것이 최초의 발견이 된다. '루시'라는 이름의 화석이 인간 진화에 대한 고유한 통찰을 제시한 것처럼 루시 임무도 행성 기원에 대한 우리의 지식을 확장시킬 것이다.

한편, 2023년 10월 발사 후 100일 동안, 탐사선 프시케의 세 가지 과학 기기를 포함한 시스템을 점검한 결과는 성공적이었다. 프시케는 지구의 대기권을 벗어나 우주로 들어가면서 효율 높은 미래형 전기 추진기를 작동하고 있는데, 이 추진기는 제논xenon의 대전된 원자 또는 이온이 내는 푸른빛을 뿜는다. 손을 4분의 3 정도 쥐는 정도의 압력을 가하는 부드러운 추력으로 탐사선은 화성 궤도 너머에서 항해 중이다.

나선형 궤적을 따라 프시케는 화성으로 돌아갈 것이고 2026년 5월에는 화성의 중력도움을 받아 소행성대를 향해 빠른 속도로 날아갈 예정이다. 목적지는 지구보다 태양에서 약 3배 더 먼 곳을 공전하는, 가장 넓은 부분이 173마일(280킬로미터) 정도 되는 감자 모양의 소행성 16 프시케다. 2029년에 바위나 얼음보다 금속이 더 풍부한 소행성 프시케의 궤도에 진입하면, 이후 약 2년 동안 소행성 주위

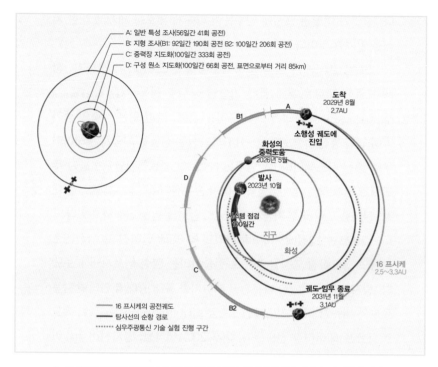

A: 일반 특성 조사(56일간 41회 공전)
B: 지형 조사(B1: 92일간 190회 공전 B2: 100일간 206회 공전)
C: 중력장 지도화(100일간 333회 공전)
D: 구성 원소 지도화(100일간 66회 공전, 표면으로부터 거리 85km)

도착
2029년 8월
2.7AU

소행성 궤도에
진입

화성의
중력도움
2026년 5월

발사
2023년 10월

시스템 점검
100일간

지구

화성

16 프시케
2.5~3.3AU

궤도 임무 종료
2031년 11월
3.1AU

── 16 프시케의 공전궤도
── 탐사선의 순항 경로
······ 심우주광통신 기술 실험 진행 구간

┆ 프시케 탐사선의 소행성 프시케 탐사 임무 개요. 태양계 평면에 대해 수직 방향 위에서 내려다본 그래픽으로, 소행성 프시케로 향하는 프시케 탐사선의 나선형 궤적과 임무의 주요 이정표가 표시되어 있다.

를 공전하게 된다. 탐사선에 탑재된 자기측정기, 감마선 및 중성자 분광기, 다중 스펙트럼 영상 장치가 작동하여 이미지를 촬영하고, 표면을 지도화하고, 소행성의 구성에 대한 데이터를 수집한다.

과연 이 소행성이 초기 행성을 구성하는 블록인 미행성이 태양계 형성 초기 격렬한 충돌로 인해 바깥층이 벗겨져 나가고 노출된 핵인지, 아니면 지금까지 본 적 없는 분화를 거치지 않은 금속 성분이 특별히 많은 새로운 유형인지 확인할 데이터를 지구로 보내올 것이

81

다. 결과가 어떻든 프시케 임무는 우리에게 새로운 세계에 대한 지식을 안겨줄 것이다.

또한 프시케는 화성의 중력도움을 받으러 가기 전까지, 항해 도중에 새로운 우주 통신 기술인 심우주 광통신Deep Space Optical Communications, DSOC을 테스트한다. 이는 질량, 부피 또는 전력의 증가 없이 전파 통신 기술보다 10~100배 향상된 성능을 제공하는 레이저 우주 통신 시스템이다. 이 임무는 NASA의 제트추진연구소JPL가 주도해 프시케 탐사선에 비행용 레이저 송수신기flight laser transceiver를 제작, 설치했고 발사 후 지금까지 DSOC 관련 실험을 진행하고 있다.

2023년 12월에 지구-달 거리의 약 80배 떨어진 곳에서 15초 분량의 초고화질 영상을 지구로 전송하라는 명령을 프시케에 보냈다. 탐사선은 근적외선 다운링크 레이저를 통해 광대역 인터넷 다운로드와 비슷한 비트 전송률인 1초당 최대 267메가비트Mbps의 속도로 테스트 데이터를 전송했다. 이후 2024년 4월, 탐사선이 7배 이상 멀어진 2.2억 킬로미터가 넘는 거리에서 다시 한번 동일한 데이터를 다운링크 하도록 했다.

거리 증가에 따라 데이터 전송 속도가 떨어지는 점을 고려한 목표치를 훨씬 뛰어넘는 최대 25메가비트의 속도로 데이터가 전송되었다. 더 나아가 테스트 데이터를 지상에서 프시케로 전송해 수신 성능을 점검하고, 수신한 데이터를 다시 다운링크 하도록 하는 왕복 실험을 진행하여 데이터가 24시간 이내에 4.5억 킬로미터를 오가는 것을 확인했다.

다양한 실험을 통해 우주 레이저 통신의 정밀도를 제어하는 기술을 점검하고, 실제 심우주의 막대한 거리에서 발생하는 성능 저하의 특성을 분석했다. 이제 심우주의 대상을 추적하고 정밀하게 지향하는 기술이 검증되어 태양계 탐사에 적용할 수 있는 시점이 임박했다. DSOC 기술은 고화질 이미지와 비디오 등 양적으로 증가하는 탐사 데이터와 운항 및 생명 유지를 위한 실시간 정보를 더 빠르게 송수신하는 것을 가능하게 해준다. 이는 유인 탐사 범위를 화성으로 확장하는 밑거름이 될 것이다.

주요 우주탐사국들의 소행성 탐사 계획은 더딘 것처럼 보이지만 꾸준하게 이루어져 어느새 성큼 나아가고 있다. 앞선 경험을 바탕으로 한층 진보된 태양계 탐사에 도전장을 내미는 모습은 특히 인상적이다. 최근 지구 근접 소행성 99942 아포피스Apophis를 탐사하려던 계획이 예산 확보에 실패하며 좌절의 경험을 한 우리나라 과학자들도 끊임없이 새로운 도전을 이어가길 바란다. 디스커버리프로그램과 같이 재원 규모가 크지 않더라도 획기적인 아이디어로 승부하는 우주탐사 계획이 우리에게 필요하지 않을까.

생명과학

CHAPTER 2

X와 Y, 염색체 이야기
인공 합성물을 분해하는 미생물

future science trends

이영주   생명과학

2023년 8월, Y염색체가 전부 해독되었다는 소식이 들려왔다. 이로써 완전한 의미의 게놈 프로젝트(인간 유전체 프로젝트)가 완성되었다고들 한다. 생명의 유전암호를 알고 싶다는 생각은 게놈 프로젝트를 통해 실현되었다. 1990년에 시작한 이 프로젝트는 2003년, 종료가 선언될 때까지 약 90퍼센트의 인간 염기 서열을 읽어내는 데 성공했고, 이후 미처 밝히지 못한 부분에 관한 연구가 진행된 바 있다. 이번 장에서는 Y염색체 완전 해독을 기념해 성염색체에 대한 포괄적인 이야기를 풀어보려고 한다. 또한 Y염색체 해독이 어떤 의미를 갖는지도 함께 살펴보자.

성염색체는 무엇일까?

염색체는 DNA의 모음이다(DNA가 히스톤이라고 하는 작은 단백질을 8개 감아 뉴클레오솜이라는 단위를 만들고, 이것이 또 엄청나게 꼬여서 염색체를 만든다). 그리고 DNA 중 단백질 생산을 암호화하는 정보가 담긴 부분을 유전자라 한다. 참고로 모든 DNA 염기 서열이 유전정

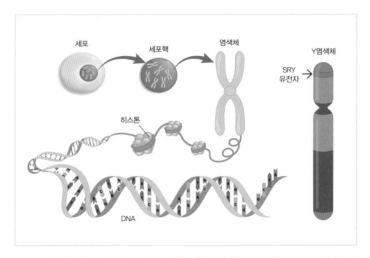

⋮ DNA와 염색체. DNA가 히스톤이라고 하는 작은 단백질을 8개 감아 뉴클레오솜이라는 단위를 만들고, 이것이 또 엄청나게 꼬여서 염색체를 만든다.

보를 암호화하는 것은 아니다. 대부분의 염기 서열은 단백질을 암호화하지 않는 '정크DNA junk DNA'다(단백질을 암호화하지 않고, 이름이 '정크'라고 해서 완전히 쓸모없는 것은 아니다. 최근 연구에 따르면 정크DNA가 질병 유발과 일부 유전자 발현을 조절하는 데 중요한 역할을 한다는 사실이 속속 밝혀지고 있다).

　이제 본론으로 들어가서, 성별은 어떻게 결정될까? 인간의 염색체는 23쌍, 총 46개다. 이 중 23번 1쌍의 염색체가 성염색체다. 잘 알려져 있듯 생물학적 의미의 남성은 XY, 여성은 XX의 성염색체 조합을 가진다. 상염색체는 모양과 크기가 비슷한 1쌍의 상동염색체들로 이루어져 있지만, X와 Y염색체는 모양과 크기가 다르다. 현미경으로 보면 놀랍게도 X염색체가 Y염색체보다 약 3배 크다.

　X염색체가 Y염색체보다 훨씬 크므로 가진 유전자의 양이 많을

것이라고 쉽게 예상해볼 수 있다. 실제로 X염색체에는 다양한 유전자가 존재한다. 그러나 놀랍게도 성 결정과 관련 있는 유전자는 거의 없다. 성 결정은, 특히 '남성'에 관한 결정은 Y염색체상에 있는 성 결정 부위, SRY의 유무에 의해 결정된다. SRY유전자는 Y염색체상에만 존재한다. SRY유전자가 존재하면 남성, 없으면 여성이 된다. 이러한 결과에서 유추하면 성염색체에는 성별 결정 유전자만 존재하는 건 아닐 것이다. 성 결정뿐 아니라 암 발병이나 각종 유전 질환과 관계가 있을지 모른다. 이 때문에 성별 결정에 관한 것이 아니더라도 모든 염색체 해독은 인류에게 중요한 의미가 있다.

성염색체 이상 질환

X염색체에는 많은 유전자가 있다. 실제로 인간의 전체 유전자 중 약 5~10퍼센트가 X염색체상에 있다고 알려질 정도다. 그렇다면 X염색체가 2배나 많은 여성에서 유전자 과다 발현으로 어떤 문제가 일어나거나, 반대로 남성에서 X염색체 부족으로 필요한 유전자가 충분히 발현되지 못해 문제가 발생하지는 않을까?

1948년, 캐나다의 머레이 바Murray L. Barr는 그의 제자 버트램Edwart G. Bertram과 함께 스트레스가 신경계에 미치는 영향에 관한 연구를 수행하다가 특이한 현상을 관찰했다. 그들은 고양이의 신경세포에 전기 자극을 주었을 때 어떠한 변화가 나타나는지 알아보기 위해 세포를 염색해서 관찰했다. 그들은 세포핵의 한쪽 구석에서 유독 진하게 염색되는 부분을 발견했는데, 특이하게도 이러한 현상은 암컷 고양이의 세포에서만 관찰되었다. 이 부분은 발견자 바의 이름을 따서 바소체Barr body라고 하며, 염색질 구조가 응축되어 있어서 더욱 진하게 염색된다.

염색체는 구조가 풀어져야 단백질합성으로 갈 수 있는 다음 단계인 '전사'가 이루어질 여지가 생긴다. 전사를 위한 효소와 물질이 결합할 수 있기 때문이다. 하지만 바소체처럼 응축된 상태에서는 유전암호를 전사할 수 없고, 단백질이 발현되지 않는다. 즉 유전자가 발현되지 않는 것이다. 따라서 X염색체의 응축은 유전암호를 불활성화하기 위한 수단이 된다.

암컷 포유류에서는 수컷보다 2배 많은 X염색체의 차이를 상쇄시키기 위해 발생 단계에서 세포 내의 두 X염색체 중 하나를 무작위로 불활성화시킨다. 이것을 'X염색체 불활성화'라고 한다. 두 X염색체 중 무작위로 하나의 스위치를 골라 꺼버리는 것이다. 바소체는 사람에게서도 관찰할 수 있으며, 1960년대에는 올림픽에서 성별 판정을 위해 바소체의 존재 여부를 검사하기도 했다.

X염색체 불활성화로 인한 재미있는 현상이 있다. 바로 삼색 고양이다. 고양이의 털색은 다양한데 검정, 하양, 주황의 세 가지 털을 모두 가지면 삼색 고양이라고 한다. 이 고양이의 99.9퍼센트는 암컷이다. 즉, 길거리에서 삼색 고양이를 마주친다면 자세히 살펴보지 않아도 아마 암컷일 것이라는 뜻이다. 그 이유는 고양이의 털색을 결정하는 유전자가 X염색체상에 있기 때문이다.

주황 또는 검정색 털을 결정하는 유전자는 고양이의 X염색체상에 존재한다(흰색을 결정하는 유전자는 다른 염색체에 있다). 수컷 고양이는 X염색체를 하나만 가지기 때문에 검정 또는 주황색 중 한 가지 색 털만 발현될 수 있다. 이와 달리 암컷 고양이는 X염색체가 2개이므로 각각 주황, 검정을 결정하는 유전자를 모두 가질 수 있다. 이렇게 서로 다른 두 유전자가 모두 있어야 삼색 고양이가 태어난다.

암컷 고양이에서는 X염색체 불활성화에 의해 모든 세포가 가진 X염색체 2개 중 1개가 무작위로 비활성화된다. 주황 털 유전자가 발현되지 못한 부분에서는 검정색 털이, 검정 털 유전자가 발현되지 못하는 부분에서는 주황색 털이 자라는 것이다. 이렇듯 삼색 고양이는 X염색체 2개에 각각 다른 털색을 결정하는 유전자가 모두 있어야 가능한 일이다. 하지만 자연계에서 일어나는 일이 종종 그렇듯 아주 드물게 수컷 삼색 고양이가 나타난다. 실제로 유기 동물 공고 사이트에 올라온 수컷 삼색 고양이는 '로또 고양이'로 여겨져 금방 집사를 찾을 수 있었다고 한다. 수컷인데 삼색이라니, 어떻게 된 걸까? 바로 XXY염색체 조합을 가진 고양이기 때문이다.

사람에게도 성염색체 수 이상으로 인한 유전 질환이 존재한다. 대표적인 예로는 X염색체를 하나만 가지는 터너 증후군, X염색체를 3개 가지는 초여성 증후군, XXY를 가지는 클라인펠터 증후군, XYY를 가지는 초남성 증후군(제이콥스 증후군) 등이 있다. 유전 질환으로 분류되기는 하나, 상염색체 이상 질환에 비하면 이들은 상대적으로 덜 치명적인, 완화된 증상을 가진다. 질병에 따라 완벽한 무증상은 아닐 수 있으나(각자 특징적인 증상이 있다), 대부분은 생존에 치명적이지 않아 일반적인 수명만큼 살 수 있다. 심지어 자신의 유전 질환을 모르고 살다가 성인이 되고 난 후 임신 계획을 세우면서 알게 되는 경우도 많다. 성염색체 유전 질환이 상대적으로 생존에 덜 치명적이라면, 성염색체의 유전암호를 해독하는 일은 그다지 중요하지 않은 걸까?

인간의 손에 쥐어진 '진짜' 생명의 설계도

20여 년 전, 인간은 생명의 설계도인 유전자지도를 손에 넣었다. 게놈 프로젝트를 통해서 말이다. 앞서 설명했듯 이 프로젝트는 1990년에 시작해, 2003년 완료가 선언되었다. 해당 기간 동안 수십 개국에서 수백 명의 과학자가 참여했으며, 30억 달러 이상의 비용이 소요되었다. 이들이 밝히려고 한 것은 무엇일까?

잘 알려졌다시피 지구상의 모든 생명체는 A, G, C, T 네 가지 염기의 구성으로 이루어진 유전암호를 가지고 있다(생물 종마다 몇 쌍의 염기가 어떤 순서대로 나열되어 있느냐가 다를 뿐이다). 게놈 프로젝트는 인간 한 명의 전체 염기 서열을 알아내고자 한 것이다. 이를 통해 인간 유전자지도를 얻게 되면 수명을 연장하고 질병을 극복하는 열쇠를 찾을 수 있으리라 기대했다.

그렇다면 목적을 달성했을까? 우리는 원하던 대로 생명의 설계도를 손에 쥐게 되었지만, 염기 서열을 해독했다고 해서 그 의미를 다 알게 된 것은 아니었다. 책을 가졌어도 쓰인 언어를 모르면 해석되지 않는 것처럼 말이다. 이후 전 세계 여러 과학자에 의해 DNA의 각 부분이 무엇을 암호화하는지 많이 밝혀졌으며, 아직도 연구가 진행되고 있다.

20여 년 전 게놈 프로젝트에서는 Y염색체의 염기 서열을 온전히 밝혀내지 못했다. Y염색체는 인간이 가진 22쌍 상염색체와 1쌍의 성염색체를 통틀어 크기가 가장 작지만, 당시 절반 정도의 염기 서열만 알아냈다. 염색체의 크기가 가장 작다면 염기의 수도 적을 텐데 왜 모두 밝혀내지 못한 걸까? 이에 대한 답은 Y염색체 염기 서열의 특징과 시퀀싱(염기 서열을 읽어내는 것) 절차를 살펴보면 이해

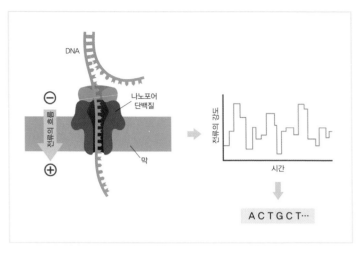

DNA

나노포어
단백질

전류의 흐름

막

전류의 강도

시간

A C T G C T…

⁝ Y염색체 해독에서 사용한 나노포어 시퀀싱. 나노 사이즈의 작은 막에 DNA 단일 가닥을
통과시키면서 염기 서열을 읽는 방식이다.

할 수 있다. 다른 염색체에도 동일한 염기 서열이 반복되는 부분이
존재하지만, Y염색체는 반복되는 부분이 훨씬 더 많다.

시퀀싱은 긴 DNA 조각을 작은 절편으로 나누어 부분부분 복사
본을 만드는 과정을 거친 다음, 각각의 염기 서열을 알아내고 이를
순서에 맞게 연결한다. 이 과정에서 반복되는 부분이 많으면 정확한
위치를 찾기가 어렵다. 예를 들어 한 권의 책을 여러 장으로 나누어
순서를 맞출 때 각 장의 문장이 많이 중복되지 않으면 순서를 찾기
쉽지만, 같은 문장이 수백만 번 반복된다면 순서를 알기 어려울 것
이다. 마치 퍼즐에서 비슷한 모양이 반복되면 전체를 완성하기 어렵
듯이 말이다. 그렇다면 염기 서열을 해독하는 어떤 비법이라도 찾아
낸 걸까?

이번 Y염색체 해독에는 나노포어 시퀀싱Nanopore sequencing이라는

기술을 활용했다. 나노 사이즈의 작은 막에 DNA 단일 가닥을 통과
시키면서 염기 서열을 읽는 방식이다. 갑자기 혜성처럼 등장한 최신
기법은 아닌데, 개념은 1990년대에 나왔으나 정확도를 높이고 상
용화되기까지 오랜 시간이 걸린 것이다.

작은 구멍(나노포어)이 존재하는 막에 전류를 흘려주면, 용액에
존재하는 이온이 이동하고 전류가 흐르게 된다. 만약 이온이 흐르는
중 구멍을 통해 어떠한 물질(예를 들어 DNA)이 통과하면, 이온의 흐
름을 방해하므로 전류가 감소한다. 전류가 감소하는 정도는 통과하
는 물질의 종류에 따라 달라질 수 있다.

구조적으로 음전하를 띠는 DNA(DNA 구조에 인산기가 존재하기
때문에 전기적으로 음성을 띤다)는 전류가 흐르면 양극(+) 쪽으로 이동
하며 구멍을 통과한다. 이때 막을 통과하는 염기의 종류에 따라 달
라지는 전류의 세기를 측정하여 프로그램으로 분석하면 어떤 염기
인지 알 수 있게 되는 것이다. 이 방법을 이용하면 DNA를 작은 절편
으로 나누어 각각 염기 서열을 분석한 후 합치던 기존 방식에 비해
훨씬 긴 염기 서열(10만 개 이상)을 한 번에 읽을 수 있게 된다.

Y염색체 해독 연구의 의미

이 연구는 2편의 논문을 통해 발표되었다. 하나는 40대 코카서
스 인종 남성 한 명의 Y염색체 전체 염기 서열 해독 결과에 관한 것
이며, 다른 하나는 다양한 인구 집단에 속하는 남성 43명의 Y염색체
해독 비교 결과에 관한 것이다. 연구진은 3000만 개 이상의 염기쌍
서열을 새로 밝혀 총 6246만 29개의 Y염색체 염기쌍을 완성했다.
그리고 염기 서열에서 단백질합성을 암호화하는 41개의 유전자를

새로 찾아냈다.

기존 게놈 지도의 정확도를 높이고, 정보를 업데이트한 셈이다. 또한 연구팀은 특이한 점을 발견했는데, Y염색체에 존재하며 정자 형성에 관여하는 TSPY라는 유전자의 수가 개인에 따라 다르다는 것이다. 이 차이가 개인의 정자 생산 능력에 영향을 미칠 수 있다고 추정한다. 물론 이 부분은 추가 연구가 필요하다.

최근 여러 연구에 따르면 Y염색체는 질병 및 수명과 관계가 있다. 많이 알려져 있듯 남성보다 여성의 평균수명이 길다. 과거에는 이러한 차이를 흡연, 음주 등 생활 습관의 차이 때문으로 추측하기도 했다. 하지만 연구 결과들을 종합해보면 Y염색체가 그 원인일 수 있다. 세포는 수명을 다하면, 세포분열을 통해 새로운 세포로 교체된다. 사람이 나이가 들수록 새롭게 교체된 세포에서 Y염색체가 소실되는 경우가 보인다. 특히 혈구같이 교체 주기가 짧은 세포에서 Y염색체 소실이 잘 일어난다. Y염색체가 소실된 사람은 그렇지 않은 사람에 비해 심장병으로 사망할 확률이 30퍼센트 높아진다는 연구 결과도 있다.

미국 버지니아대학교 케네스Kenneth Walsh 교수 연구진이 《사이언스》에 게재한 논문에서는 Y염색체 소실과 심장병 사망률 간 관계를 언급했다. 해당 연구에서는 Y염색체를 일부 제거한 골수세포를 이식받은 쥐에서 심장 질환과 관계 있는 증상이 발생하는 현상을 관찰했고, 생존율 또한 감소하는 것이 확인되었다. 또한 다른 연구에서는 Y염색체에 존재하는 유전자가 대장암의 전이와 관련 있음을 밝혀, Y염색체가 암의 발병 및 치명률과도 관계가 있을 것으로 추측되고 있다.

Y염색체 염기 서열을 모두 밝혀내는 과정을 통해 '진짜' 게놈

지도를 얻게 된 것은 어떤 의의가 있을까? 우선 Y염색체의 염기 서열을 완전히 해독함으로써 인간 유전 연구의 정확성을 높일 수 있다. 이전에 알려진 Y염색체의 역할 중 남성의 생식과 관련한 질병을 더 정밀하게 연구할 수 있을 뿐 아니라 위에서 언급한 심장 질환, 암 등 여러 질병과의 상관관계를 밝히는 데 중요한 중간 다리를 할 것으로 기대된다. 또한 다양한 인종과 개인별 변이를 더 깊게 이해하고, 나아가 인류의 진화 연구에 큰 역할을 할 가능성이 열린 것으로 기대해볼 수 있지 않을까?

인공 합성물을 분해하는 미생물

강민지   생물학

미생물의 발견

미생물은 학자마다 조금씩 정의하는 바가 다르지만, 보편적으로 미생물이란 맨눈으로는 보기 어려울 정도로 '작은 생물'들을 칭한다. '미미하다'에 쓰이는 한자와 같다. 그저 작은 것이 아니라, 정말 작다는 의미다. 영어로도 아주 작은 '마이크로micro'와 '생물 organism(유기체)'을 합쳐서 '마이크로오가니즘'이라고 부른다. 따라서 세균, 아메바 등 장비 없이 맨눈으로 관찰이 어려운 생물 모두 미생물의 범주에 속한다.

미생물의 존재는 과거 흑사병 같은 전염병과 연관해 인식되었다. 전파 가능한, 눈에 보이지 않는 물질이 있다고 여겨진 것이다. 병에 걸린 사람과 함께 지낸 이들도 곧 같은 증상이 나타났기 때문에 전염성에 대해 궁리하게 되었다. 특히 흑사병이 유행했던 시절 의사들은 환자를 대면하기 전에 챙이 넓은 모자와 긴 부리가 달린 마스크를 착용하고 장갑을 낀 채 진료했다. 하지만 눈으로 직접 미생물을 발견할 수 있는 장비가 존재하지 않았기에 이 가설을 직접 뒷받침하

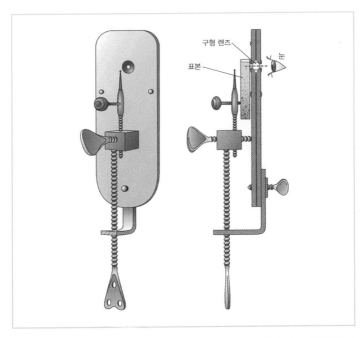

구형 렌즈

눈

표본

‡ 레이우엔훅의 17세기 현미경. 두 판 사이 작은 홈에 구형 렌즈를 배치했다. 표본은 작은 나사로 렌즈 앞에 고정되었고, 관찰자는 눈을 렌즈에 가까이 대고 현미경을 빛에 비춘다. 중간에 튀어나온 나사로 거리를 조절하며 초점을 맞추었다.

는 근거는 찾지 못했다.

그러던 중 미생물을 처음으로 발견한 사람은 안톤 판 레이우엔훅Anthony van Leeuwenhoek이라는 직물 상인이었다. 레이우엔훅은 유리 구슬을 통해 직물의 구조를 살펴보다가 나중에는 빗물을 관찰하기 시작했다. 놀랍게도 구슬을 통해 본 빗물에서 움직이는 작은 생물체들을 발견하게 되었고, 왕립학회에 공식적으로 보고하며 살아 있는 미생물을 알린 첫 인물로 기록되었다.

당시에도 현미경이 있었으나 최대 30배 배율이었던 데 비해,

레이우엔훅이 구슬을 사용해 만든 간이 현미경은 최대 270배까지 확대 관찰이 가능했기에 매우 혁신적이었다.

생태계에서 분해자란?

생태계는 크게 대기, 물, 토양 등 비생명적 요소와 동물, 식물 등 생명체로 나뉜다. 그리고 이들 사이에서 끊임없이 물질 순환이 일어난다. 이 모든 상호작용을 하나의 체계system로 보며 이를 생태계ecosystem라고 한다. 여기서 다시 생명체들 사이의 관계를 생태사슬, 생태그물, 생태피라미드 등의 방법으로 나타낸다. 이 중에서 가장 보편적으로 사용하는 것은 생태피라미드이며 크게 분해자, 생산자, 1차 소비자, 2차 소비자, 최종 소비자로 나뉜다.

먼저 생산자는 말 그대로 에너지, 영양분을 스스로 생산할 수 있는 개체다. 주로 식물이 여기에 해당된다. 태양 빛과 물을 받아들여 필요한 영양분을 직접 합성한다. 이 과정이 흔히 이야기하는 '광합성'이다. 그다음 1차 소비자는 스스로 영양분을 만들지 못하기 때문에 영양분을 소비하는 개체다. 초식동물을 생각하면 된다. 생산자를 섭취함으로써 영양분을 얻고, 생명을 유지한다.

2차 소비자는 다시 1차 소비자를 섭취하여 영양분을 얻는다. 식성에 따라 1차 소비자와 생산자를 모두 섭취할 수 있는 생물도 있다. 최종 소비자는 해당 생태계의 상위 포식자를 의미한다. 마지막으로 분해자는 동식물의 사체 및 배설물 등을 말 그대로 분해하는 생물이다. 생명이 다한 생물들을 자연계로 되돌리는 중요한 역할을 한다. 이렇게 자연으로 돌려보내지면 다시 생산자에 필요한 영양분이 된다. 분해자는 지렁이처럼 관찰이 가능한 생물도 있으나 보통 눈으로 보기 힘든 미생물이 대다수다.

기술의 발달로 만들어진 인공 합성물

플라스틱은 열이나 압력으로 소성변형을 시켜 성형할 수 있는 고분자화합물을 통틀어 이른다. 최초의 플라스틱으로 만들어진 물품은 당구공이다. 원래 당구공은 상아가 재료였는데 19세기 중반 미국과 유럽 상류층에 당구가 유행하면서 수요만큼 공을 제작하기 어려운 상황이 되었다. 1863년 당구공 제조업체들은 1만 달러의 상금을 걸고 상아를 대체할 재료를 찾기 시작했다.

이를 본 미국의 발명가 존 웨슬리 하이엇_{John Wesley Hyatt}은 대체 물질을 개발하기 위해 연구하기 시작했고 수년의 실험 끝에 나무에서 채취한 장뇌를 재료로 세계 최초의 천연수지 플라스틱인 셀룰로이드를 개발했다. 셀룰로이드는 열을 가하면 성형이 자유로웠으며, 식으면 상아처럼 단단해졌다. 다만 탄성이 떨어져 당구공을 완전히 대체하지는 못했으나 이외에도 주사위, 필름, 단추 등 다양한 용도로 쓰이게 되었다. 이후 20세기 초 화학자 베이클랜드_{Leo Hendrik Arthur Baekeland}가 포름알데히드와 페놀 결합 반응으로 만든 최초의 합성수지 플라스틱 '베이클라이트_{bakelite}'가 세상에 나오게 되었다.

이렇게 개발된 플라스틱이 지금은 환경오염의 주범이 되고 있다. KAIST 이상엽 교수팀의 분석에 따르면 현재 플라스틱은 연간 약 4억 600만 톤이 생산되고 있으며, 1950년부터 지금까지 63억 톤 이상의 막대한 폐기물이 발생했고, 이 중 약 1억 4000만 톤의 플라스틱 폐기물이 수중 환경에 축적된 것으로 파악된다고 한다. 최근에는 5밀리미터 이하의 미세플라스틱 문제까지 대두되어 매우 심각한 상황이다.

미생물이 플라스틱을 분해할 수 있을까?

미생물은 기본적으로 물질을 분해한 산물로 먹고 살기 때문에, 모든 천연물질을 분해할 수 있다. 그러나 인공 합성 물질의 경우에는 이야기가 달라진다. 플라스틱을 분해하는 대사 경로 또는 효소가 없거나, 있어도 활성이 낮다. 그렇기에 플라스틱을 분해하더라도 속도가 매우 느리다. 1974년 폴리에스터를 분해하는 곰팡이가 보고된 이후 플라스틱을 분해할 수 있는 미생물은 2020년 4월까지 436종 정도로 추정되며, 절반 이상은 2010년대 이후에 발견되었다.

2016년 일본에서 플라스틱 가운데 페트를 분해하는 새로운 미생물과 이 미생물에서 얻을 수 있는 페트 분해 효소에 대해 세계 최초로 보고되었다. 이를 시작으로 다양한 플라스틱을 분해할 수 있는 미생물을 찾는 연구가 전 세계적으로 더욱더 적극적으로 진행되고 있다.

새로운 미생물 발견과 관련된 사례로, 2023년 5월 스위스연방 산림·눈·환경 연구소Swiss Federal Institute for Forest, Snow and Landscape Research, WSL의 보고가 있다. 알프스산맥 고지대와 그린란드 및 스발바르 등에서 섭씨 15도에서도 각종 플라스틱을 분해하는 세균과 곰팡이를 발견했다는 것이다. 또한 같은 해 국내에서 전남대학교 연구팀이 비닐봉지의 주성분인 폴리에틸렌을 분해하는 미생물을 발견해 학계에 알렸다. 광주위생매립장 지하 10미터 토양에서 발견된 신규 미생물인데, 연구팀은 폴리에틸렌과의 반응을 통한 폴리에틸렌 화학적 변화 양상을 분석했다.

101

이미 만들어진 플라스틱을 분해하는 것은 물론, 역으로 분해가 쉬운 플라스틱을 만드는 방법도 많은 연구가 진행되고 있다. 흔히 이야기하는 '생분해성 플라스틱'은 자연 상태에서 이산화탄소와 물로 분해되어 해로운 물질을 남기지 않는다. 이 플라스틱은 주로 식물성 원료가 소재가 된다. 그중에서도 가장 널리 알려진 것은 폴리락틱산Polylactic Acid, PLA인데, 옥수수나 사탕수수 전분을 발효시켜 만든 젖산으로 만들어진다. 인체에 흡수되어도 분해, 배출이 쉽다는 장점이 있으나 수분이나 열에 약하다는 점 때문에 활용이 매우 한정적이다.

이를 보완하기 위해 개발된 것이 바로 PLHPoly Lactate 3-Hydroxy propionate다. PLH는 젖산과 3HP3-Hydroxypropionic acid를 중합해 만들어진 플라스틱이다. 3HP는 식물의 포도당에서 추출한 비정제 글리세롤을 미생물로 발효시켜 생산한 원료다. 이를 활용하여 생산한 PLH는 유연성이 뛰어나 가공 후에 투명도를 유지하면서도 기계적 물성 구현이 가능하다는 장점이 있다. 다만 미생물 발효로 만들어지기에 대량생산이 어렵다는 점 때문에 상용화가 어려운 상태였으나, 최근 3HP 양산 기술을 확보한 LG화학이 GS칼텍스와 협업하여 PLH를 활용한 시제품 제작을 본격적으로 추진 중이다.

또한 CJ제일제당에서는 2022년부터 네이처웍스와 협력해 친환경 플라스틱 개발을 추진하고 있고, 해양 생분해 소재이자 친환경 고분자인 PHAPolyhydroxyalkanoate를 직접 생산하여 제품에 활용한다. KAIST 이상엽 교수 연구팀에서는 시스템 대사공학을 이용해 PHA를 생산하는 균주 개발에 성공해 화제가 되었는데, 상용화된다면 PHA 생산 단가가 매우 비싸다는 점을 어느 정도 해소해줄 전망이다.

플라스틱을 포함한 쓰레기 처리 방법에 대해서 연구하는 것은 물론 중요하다. 그러나 가장 필요한 일은 최대한 적게 사용해서 처음부터 버리는 수량을 줄이는 것이다. 특히 플라스틱 비중이 높은 일회용품은 철저히 '사용' 행위를 기준으로 두었을 때의 명칭이다. 버린 이후 분해까지의 과정을 생각하면 말 그대로 1회 사용 물품으로 보기는 어려울 것이다.

화학

future science trends

반도체용 유리 기판

손석준   재료화학

기록에 따르면 신데렐라는 원래 유리 구두를 신은 적이 없다고 한다. 은회색 빛이 나는 고급 다람쥐 모피vair 실내화를 작가가 발음이 비슷한 유리verre로 오해하여 유리 구두로 적었을 가능성이 있다. 오랫동안 떠돌던 구전설화를 글로 옮긴 것이기 때문에 진위 여부는 확실하지 않지만, 그래도 무도회에서 멋진 드레스를 입고 반짝이는 유리 구두를 신는다면 화려한 '신데렐라 이야기'가 완성될 것임은 분명하다.

그런데 이 유리 구두를 안전하게 신을 수 있을까? 신발의 원래 목적은 발을 보호하는 것이다. 물론 최근 다양한 디자인의 신발을 보면 무지외반증을 일으키거나 발목, 무릎과 척추에 무리가 갈 수밖에 없는 것도 많다. 인체공학적 관점에서 신데렐라의 유리 구두를 신을 수 있는지 생각해보면, 먼저 떠오르는 단점이 통기성이나 투습성이 나쁘다는 것이다.

통기성을 높이기 위해 구멍을 송송 뚫을 수도 있지만 이렇게 하면 기계적 강도는 더욱 나빠질 게 분명하다. 통기성이 나쁘면, 마찰이나 체중에 의해 열과 땀이 많이 나는 발은 습진이나 무좀과 함께

해야 할지도 모른다. 무엇보다도 충격에 약한 유리로는 보통 사람의 동적 체중을 감당하기 어렵다. 그렇기에 장식용으로 쓰이는 신발을 빼면, 시장에서 보이는 투명한 구두는 모두 탄성이 있는 플라스틱으로 만들어진 것이다.

우리 삶 속 유리

영어로 글라스glass라 불리는 유리는 투명하고 빛나는 물질을 지칭하는 라틴어 '글래숨glaesum'에 기원한다. 우리가 흔히 말하는 유리琉璃는 산스크리트어인 '바이두랴vaidurya'에서 유래한 것으로 알려져 있는데, 이 단어가 라틴어의 '비트룸vitrum'으로 변형된 다음, 중국 한나라 때 벽유리璧琉璃라고 음역되었다고 한다.

유리는 사실 자연적으로도 존재하는데, 구석기시대부터 화살촉이나 단검 등을 만드는 재료로 사용되었던 흑요석obsidian, 벼락이 땅을 쳤을 때 광물질이 녹았다 굳어서 만들어지는 돌덩어리인 섬전암fulgurite 그리고 과거 운석 충돌에 의해 형성된 작고 검은 유리질 조각인 텍타이트tektite가 그것이다. 또 화산 분출 시 유리질 성분이 알갱이처럼 굳은 펠레의 눈물Pele's tears과 유리섬유 형태로 굳은 펠레의 머리카락Pele's hair도 있다.

재료적으로 유리는 '무정형 비결정의 과냉각된 액체non-crystalline amorphous supercooled liquid'지만, 결정질이어야만 고체가 된다는 개념만 버린다면 상온에서의 유리는 고체라 해도 문제가 없다. 유리의 대표적인 특성을 보면 투명하고 딱딱하며 외부 충격에 약하나, 화학적으로는 매우 안정하다. 이러한 독특한 성질로 인해 유리는 조금씩 조금씩 인간 문명의 이곳저곳으로 침투했고, 지금은 우리가 고개를 들었을 때 눈길이 닿는 곳 어디에나 유리가 있다. 유리에 관해, 어떤 역사가들은 세계를 바꾼 20가지의 과학 실험 중 16가지에서 유리가 결정적인 역할을 했다고 주장한다. 갈릴레오의 망원경, 레이우엔훅의 현미경, 에디슨의 전구 정도만 생각해도, 유리가 발전의 순간에 늘 함께했다는 데 동의하지 않을 수 없다.

사람이 유리를 만들기 시작한 때가 정확히 언제인지는 의견이 분분하다. 그나마 관련한 기록이 77년 로마의 역사학자 플리니우스Gaius Plinius Secundus가 저술한 《박물지Naturalis historia》에 나타난다. 중동 지역인 페니키아에서 무역상들이 강가 모래 위에 불을 피우다가 우연히 유리를 만들게 된 것이 시작이라고 한다. 이후 메소포타미아와 이집트를 중심으로 널리 퍼졌고, 기원후에는 시리아 지역에서 개발된 블로잉glass blowing 기술과 함께 로마제국으로 전해져 4세기에 본격적인 유리 제조 산업이 성장하게 되었다.

우리나라에서 유리 문화가 시작된 것은 신라시대로 추정한다. 이 시대에 발견되는 대부분은 로만글라스이며 로마에서 중국을 통해 유입된 것으로 보인다. 7세기 백제 무왕 때 유리를 제조한 도가니 및 유리구슬, 유리 조각들이 남아 있는데, 당시 어느 정도 제조 기술을 확보했다고 여겨진다. 그 이후의 기록은 찾아지지 않는다.

유리가 장신구를 넘어 인류 사회에 본격적으로 등장한 계기는 앞서 언급한 블로잉과, 현대에 들어 플로트 공정float process이라는 획기적인 기술이 개발되면서부터다. 블로잉 기술은 금속으로 된 대롱에 녹은 유리 덩어리를 묻히고 입으로 불어 성형하는 것을 말하는데, 이를 통해 훨씬 다양한 형태와 크기의 제품을 만드는 것이 가능했다. 하지만 가격은 여전히 비쌀 수밖에 없었고 유리 제품은 상류층의 전유물이었다.

109

한편 상대적으로 최근에 개발(1952년 특허)된 플로트 공정은 영국의 필킹턴사에서 일하던 직원들(알라스테어 필킹턴과 케네스 비커스태프)이 발명했다. 녹은 금속 주석 위에 용융된 유리를 띄워 평평하고 넓으며 다양한 두께를 가지는 판유리를 만드는 본격적인 방법이다. 이러한 혁신으로 인해 유리 제품의 가격이 떨어졌고, 일반인의 생활 속으로 확산되었다.

일반적인 유리라고는 할 수 없지만 유리섬유glass fiber도 아주 중요하며 많이 사용된다. 유리섬유는 실리카silica 기반 또는 기타 배합 유리의 얇은 가닥을 가공에 적합한 작은 지름의 많은 섬유로 압출·방사해 만든다. 사실 유리를 가열하여 가는 섬유로 만드는 기술은 수천 년 동안 이어진 것이지만, 현대에 사용되는 제조법은 미국의 공학자인 게임 슬레이터Games Slayter가 1933년에 발명한 것이다. 일반적인 유리섬유는 단열, 전기 절연, 방음, 고강도, 내열 및 부식 방지용 매트와 직물을 만드는 데 사용한다. 또한 다양한 소재, 특히 나무나 플라스틱을 보강할 때도 쓰인다.

유리의 주성분은 이산화규소(SiO_2)이며, 여기에는 석영이나 규사가 사용되는데, 두 가지 모두 거의 순수한 이산화규소로 이루어진 광물이다. 여기에 붕사·석회석·탄산나트륨 등을 가해 녹기 쉽게 하며, 강도나 내약품성을 높이기 위해 산화알루미늄·탄산바륨·탄산칼륨을, 굴절률을 높이기 위해 산화납 등을 가하기도 한다. 특성은 유리를 이루는 성분에 따라 다르며, 그에 따라 유리의 종류도 달라진다. 또 기술의 발전과 더불어 유리를 만드는 방법도 아주 다양해졌는데, 과거처럼 원료를 노爐에 녹여서 만드는 것뿐 아니라 기체 상태의 원료에 화학반응을 더해 제품으로 만들기도 한다. 유리의 용도는 판유리, 용기용 유리, 광학유리, 전자용 유리 그리고 코팅 유리

로 구분할 수 있다. 최근에는 특수한 기능을 가진 고기능성 유리도
개발되어 사용 중이다.

| 유리의 용도에 따른 분류 |

구분	전통 유리	고기능성 유리
판유리	· 건축용 판유리 · 자동차용 판유리 · 산업용 판유리 · 내열유리	· 스마트 윈도 · 단말기 기판 유리(휴대전화, 내비게이션 등) · LCD · OLED 기판 유리 · 태양전지용 기판 유리
용기용 유리	· 병유리 · 식기 유리 · 법랑 유리 · 공예 유리	· 고내열 결정화 유리 · 고강도 식기 유리
광학유리	· 안경용 유리 · 카메라 렌즈 · 광학렌즈	· 광학 필터 · 디지털카메라용 렌즈 · 포토크로믹 유리 · 레이저 유리
전자용 유리	· 형광등 유리 · 전구 유리 · 브라운관 유리	· 석영유리(포토마스크용) · 저온 소결 기판 · 저온동시소성세라믹(LTCC) 유리 · 광학디스크
코팅 유리	· 거울 · 반사 유리 · 미장 유리	· 전도성 코팅 유리 · 무반사 코팅 유리 · 적외선 차단 유리(Low−E 유리) · 박막형 태양전지

정보통신 산업과 유리 기판의 등장

정보통신Information and Communications Technology, ICT 산업은 크게 하드
웨어hardware, H/W와 소프트웨어software, S/W 그리고 그것들을 구현하는

휴먼웨어humanware, H/W로 구성된다. 휴먼웨어는 '기획자' 또는 '개발자'라는 근사한 이름을 달고 각각의 목적한 기능을 하는 제품이나 프로그램을 만든다. 소프트웨어는 주로 컴퓨터 언어 자체 또는 컴퓨터 언어로 프로그래밍된 코드의 집합체를 말한다.

요즘은 '책상 위에서 컴퓨터 프로그래밍만 잘하면 되는 것 아닌가'라는 인식이 있어, 그 방면의 인재를 양성하는 것만이 최선처럼 여겨지는 경향이 보인다. 그러나 하부구조를 형성하는 하드웨어가 그만큼 같이 발전하지 않았다면 정보통신 혁신은 불가능했을 것이다. 정보통신 분야는 기본적으로 디지털로 대변되는 전기신호의 향연인 것 같지만 그것을 물리적으로 구현하여 무언가를 작동시킬 수 없다면 세상의 변화가 아니라 찻잔 속의 태풍도 될 수 없었다는 것을 잊지 말아야 한다.

예를 들면 1946년에 만들어진 1만 8800개의 진공관을 가진 30톤짜리 컴퓨터 에니악Electronic Numerical Integrator, Analyzer and Computer, ENIAC을 생각해보자. 성능은 오늘날 문구점에서 1만 원 정도 하는 전자계산기보다 못했지만 개선에 개선을 더하여 오늘날의 '경박단소'한 초고속 고성능 컴퓨터와 통신 환경이 되었다. 알고리즘에 의한 디지털 상상력을 실체로 구현하려는 많은 과학자, 연구자, 공학자, 기술자의 피나는 노력과 성과를 알려주는 가장 대표적인 것이 무어의 법칙Moore's law이다. 의도하지는 않았지만 반도체 집적회로의 성능이 24개월마다 2배 증가하게 된 것은, 그러한 혁신과 발전을 이루려고 노력한 많은 연구자가 있었기 때문이다.

지금도 많은 이가 혁신의 병목이 되는 기술적 한계를 넘어 가볍고 안전하며 적정한 가격에 더 나은 성능을 가진 정보통신 제품과 서비스를 만들려고 연구한다. 단언컨대 정보통신 산업은 하드웨어와 소프트웨어의 상보적 협업을 통해 발전해나간다.

정보통신 산업에서 가장 중요한 재료라고 하면 당연히 실리콘 silicon(규소)이다. 물론 전도체로 구리, 금, 텅스텐 등이나 부도체로 플라스틱, 고무 그리고 구조체로 알루미늄, 마그네슘 등 다양한 재료가 사용된다. 하지만 실리콘은 반도체의 주재료로서, 무엇보다도 디스플레이 기판과 광섬유를 만드는 유리의 주성분으로서 정보통신 산업의 기저를 이룬다.

순수한 상태의 실리콘은 1842년(일부 책에는 1823년이라고 나온다)에 스웨덴의 화학자 옌스 야코브 베르셀리우스 Jöns Jakob Berzelius에 의해 처음 얻어졌다. 그런데 전자공학의 시대가 열렸다고 할 수 있는 해인 1947년에 만들어진 최초의 반도체 트랜지스터에는 저마늄 germanium이 사용되었고, 1970년대까지 주된 재료였다. 그러나 현재 반도체칩의 대부분은 실리콘 기판으로 만들어진다. 실리콘은 고온 성능 안정성, 가공 용이성이나 실제 매장량(지각에 27.6퍼센트 분포) 등에서 저마늄보다 월등하기 때문이다.

실리콘은 원소 상태로는 존재하지 않고, 이산화규소나 규산염 형태로 존재하는데, 앞서 언급한 바와 같이 바로 유리의 주성분이다. 불순물이 많은 일반적인 모래로는 좋은 품질의 유리를 만들기에 곤란하고, 주로 실리카 함량이 높은 고순도의 모래를 녹여 정보통신 산업에 쓰이는 유리를 만든다. 판유리의 경우 전통적인 플로트 공정으로는 요구 기준을 만족할 수 없어 대부분 오버플로 다운드로 공정 overflow downdraw process•으로 제작이 되며, 다양한 후처리 과정이 추가

• 퓨전 공정(fusion process)이라고도 한다. 원래 1960년대에 코닝사에서 자동차 앞 유리를 제조하기 위해 고안한 방식이지만, 나중에 평면 스크린 디스플레이 시장에 공급하기 위해 다시 도입되었다. 녹은 유리를 끝이 막힌 긴 홈통으로 보내면서 양쪽으로

된다. 참고로 반도체칩 구조 내에도 부도체로 사용되는 유리가 존재하는데, 이는 고온에서 기판의 실리콘을 산화시켜 형성하거나 가스상의 재료를 합성해 유리 구조를 만든다.

정보통신 산업에서 판유리라고 하면 주로 디스플레이용 유리를 의미했다. 디스플레이 산업에서 생산성을 높이려면 대면적 판유리가 필요하다. 동일한 공정으로 넓은 면적의 유리판을 만들어 필요에 따라 잘라 쓰면 되니 말이다. 그러나 깨지기 쉬운 유리의 가장 큰 약점은 면적이 커지고 두께가 얇아질수록 더욱 악화되었고, 게다가 유리 표면이 높은 편평도를 갖기 어려웠으므로, 이를 극복하기 위한 다양한 시도가 이루어졌다. 가장 대표적으로 표면의 경화 속도를 증가시키거나 표면에 존재하는 이온의 화학적 교환을 통하여 압축응력을 갖게 하는 것이다.

최근에는 디스플레이뿐 아니라 반도체 회로 기판으로 유리를 사용하려는 시도가 이루어지고 있다. 유리 기판glass substrate에 대대적으로 투자하겠다고 알린 대기업만 해도 삼성전기, SKC 앱솔릭스, 인텔, 코닝 등이 있다. 시장조사 업체 마켓앤마켓에 따르면 세계 유리 기판 시장 규모는 2028년 11조 원 이상으로 커질 전망이라고 한다. 유리 기판이 대체 무엇이기에 전자 부품 업체들이 큰돈을 들여 개발에 나섰는지 이유를 알아보자.

그 전에 먼저 기존에 사용하던 인쇄회로기판Printed Circuit Board, PCB에 대한 이해가 필요하다. 전기회로가 단순할 때는 일반적으로 피복에 둘러싸인 구리 도선을 이용해 전자 부품을 납땜해 사용한다. 그

넘치게 한 후 다시 홈통 아래에서 녹은 유리가 만나게 하여 굳히면 넓은 유리판이 형성된다. 플로트 공정에서 용융된 주석과 유리 표면이 접촉되는 과정을 없애 훨씬 평평하고 얇은 유리를 만들 수 있는 강점이 있다.

·· 다층 PCB 기판의 단면 사진.

러나 회로가 복잡해지면 모든 구리 선을 손으로 이리저리 연결하는 것은 사실상 불가능하며, 설사 고생 끝에 연결하더라도 오류 발생이나 신호 간섭 문제를 배제할 수 없다. 과학자들은 이를 해결하기 위해 인쇄회로기판을 도입했다. 플라스틱 기판에 구리 층을 도금하고 광식각 과정을 통해 구리 선을 남긴 후 부품이 들어갈 부분에 구멍을 뚫어 납땜하는 형식으로 회로를 형성했다. 이후 계속되는 반도체칩의 고집적화 및 회로의 초복잡화는 양면 기판, 다층 기판을 도입해 해결했다.

여기서 더 나아가 여러 가지 기능의 전자소자들이 한 반도체칩 내로 들어가는 시스템 온 칩System-on-Chip, SoC● 기술이 보편화되고, 이제는 SoC로 함께 만들기 어려운 다른 종류의 여러 반도체칩도 기판

● 하나의 칩에 여러 시스템을 집적시킨 '단일 칩 시스템 반도체'로, 여러 가지 전자 부품의 기능을 칩 하나로 해결할 수 있다. SoC는 단일 면적에 제조되는 소자 수가 많아지고 패키지가 단순해진다. 따라서 생산 비용을 대폭 줄이면서 신뢰성을 높이고, 제품 크기도 줄일 수 있는 장점이 있다. 칩을 별도로 장착할 때 발생하는 노이즈 문제도 해결할 수 있고, 칩 간 정보 교환을 위해 소요되던 전기 사용량도 감소한다.

위에 한 패키지로 올라가는 이종집적heterogeneous integration 첨단 패키징 기술인 CoWoSChip-on-Wafer-on-Substrate도 등장했다. 따라서 요구되는 기판의 사이즈도 계속 커지고 있으며, 정보 통로인 회로 구성의 난도는 거의 극한에 다다른 상황이라 우선적으로 이를 타개하기 위해 인터포저interposer(중간 기판)가 도입되었다.

인터포저는 칩과 기판 사이에 살짝 덧대는 부품으로 플라스틱이나 실리콘을 사용한다. 먼저 사용된 플라스틱 인터포저는 고온에서 휨warpage 현상에 취약한데, 특히 다양한 기능의 많은 반도체를 함께 담기 위해 면적이 커지고 있는 기판 공정에서 큰 약점이 된다. 게다가 미시적으로는 표면이 울퉁불퉁하여 미세 회로를 새기는 데도 곤란한 문제가 있다. 이를 개선하기 위해 플라스틱 대신 실리콘으로 된 인터포저의 도입을 시도했는데, 성능은 매우 좋지만 관련 설비 구축과 운영 비용이 너무 비싸다는 약점이 있다. 그래서 대안으로 유리 기판이 업계의 주목을 받게 된 것이다.

유리 기판용으로 사용될 후보군 유리의 특성은 실리콘과 매우 유사하다. 표면이 매끄러워 초미세 선폭으로 회로 작업이 더 쉽고 기판 두께 자체를 아주 얇게 할 수 있으므로, 이상적으로는 인터포저를 없애거나 다른 부품을 유리 기판 안으로 넣을 수 있어 제품 경량화도 기대할 수 있다. 또한 유리의 열팽창계수는 실리콘과 비슷하여 대면적의 플라스틱 기판을 사용할 때 우려되는 휨 현상을 상대적으로 억제할 수 있다.

한편 유리 기판이 실리콘 기판보다 나은 특성도 있는데, 실리콘보다 덜 단단해서 적당한 유연성을 가져 상대적으로 파손 우려가 적고 열전도율도 150배 정도 낮아 발열 관리가 쉽다. 게다가 유리가 주는 광학적 선명도는 광신호 전송을 위한 도관으로 사용할 수도 있

← 개발 중인 유리 기판.

다. 무엇보다 실리콘 기판이나 인터포저보다는 재료나 필요한 공정의 구축 비용도 저렴하므로, 향후 생산 기술이 확보되면 가격 면에서 상당히 유리해질 것이 당연하다.

그러면 유리 기판을 실제로 구현하기 위해서는 어떤 어려움을 극복해야 할까? 일단 어떤 유리 조성으로 모재母材을 만들지 결정할 필요가 있다. 앞에서 설명한 것과 같이 기판에 요구되는 다양한 특성(편평도, 강도, 열전도도, 열팽창계수, 유연성, 미세한 회로 형성의 용이 등)을 만족하는 최적의 모재 조성 및 생산 방법을 찾아야 한다. 또 기계적, 화학적 처리를 통해 표면 강도 및 구리의 적층이 원활한 표면 특성을 구현하는 것이 가능해야 하며, 향후 다층으로 했을 경우 고려해야 할 유리 기판 간 접합 방법, 미세 회로의 안정성 검증 등도 필요하다.

유리 기판을 적층하고 층간 연결을 하기 위해 뚫어야 하는 구멍 크기의 조절과, 구멍 크기에 따라 그 구멍에 구리를 충실히 채우고 안정적으로 유지할 수 있는지도 검증되어야 한다. 무엇보다도 다양한 전자 부품을 기판 위에 올려놓고 조립했을 때 발생할 수 있는 다양한 경우의 수를 확인해야 한다. 연구실에서는 작은 면적의 기판으로 실험하겠지만, 궁극적으로는 대면적 기판으로 대량생산을 했을 때 나타날 수 있는 수율 또는 불량률의 문제도 관건이다. 기판에 올라가는 모든 부품의 가격이 기판보다 비쌀 테니, 부품들이 조립되기 전에 각 공정 단계에서 기판의 불량률을 실시간으로 확인하는 장비들도 사전에 마련되어야 할 것이다.

정보통신 산업이 지속해서 발전함에 따라 다기능 고성능 컴퓨팅 수요도 함께 증가할 것이고, 차세대 패키징 공정·장비·기술의 확보 여부가 향후 반도체 시장에서의 성공을 결정할 것임이 분명하다. 특히 최근 정보통신 업계의 주요 화두인 고성능 컴퓨팅, 인공지능, 클라우드 컴퓨팅, 그래픽 프로세싱, 자율주행차 등에서 대면적 유리 기판의 수요는 계속 확대될 것이므로, 한동안은 최적의 유리 기판을 만들기 위해 수많은 실험실의 불이 꺼지지 않을 것으로 보인다.

나노 재료 맥신의 부상

손석준   재료화학

바닥에는 풍부한 공간이 있다.

이는 양자전기역학Quantum Electro-Dynamics, QED으로 노벨상을 받은 미국의 이론물리학자 리처드 파인먼Richard Feynman이 1959년 캘리포니아 공과대학교에서 열린 미국물리학회에서 한 강연의 제목이다. 내용은 통상적인 마이크로 단위의 물질세계보다 훨씬 작은 개별 원자나 분자를 가공하고 조작하는 과정에 대한 것이었다. 즉 당시까지의 물리학이 탐험하지 못한 엄청나게 작은 세계, 지금 표현으로는 '나노nano 세계'의 엄청난 가능성에 대한 언급이다. 물론 원자 내 세부 구조 등은 계속해서 탐험 중이었지만, 그때까지만 하더라도 '어중간한' 영역인 나노 세계를 관찰하거나 조작할 수 있는 도구가 그리 많지 않았기 때문에 다양한 학문 분야에서 곧바로 나노 세계에 대한 탐구가 이루어지지는 않았다.

나노 기술의 대부는 에릭 드렉슬러Kim Eric Drexler로 알려져 있다. 그가 1981년 미국과학아카데미 회보에 기고한 〈분자공학〉 논문이 나노 시대를 알리는 팡파르로 평가받기 때문이다. 또한 그는 5년 뒤

《창조의 엔진》이라는 책을 펴냈다. 그는 저서를 통해 처음으로 나노 기술에 대해 구체적으로 묘사하면서 "원자나 분자를 '인간에게 유용한 구조'로 조립하는 기계만 있다면 제조원가는 먼짓값에 불과하기 때문"이라며 희망적인 미래를 예견했다.

1981년에 원자 하나하나를 눈으로 확인할 수 있는 주사터널현미경Scanning Tunneling Microscope, STM●이 개발되면서 비로소 나노 기술은 본격적으로 연구되기 시작했다. 나노의 가장 큰 특징은 말 그대로 작은 크기다. 나노는 고대 그리스의 '난쟁이'라는 의미의 '나노스nanos'에서 유래되었다. 나노(nano-)란 10억 분의 1을 의미하며 1나노미터nm는 10억 분의 1미터로, 전자현미경으로 볼 수 있는 수준이며 원자 서너 개가 배열된 정도의 극히 미세한 크기다. 이는 머리카락 굵기의 약 10만 분의 1에 해당한다.

그런데 나노 기술이 단순히 나노 크기의 무언가를 만들어낸다는 것 자체에 중점을 두어서는 안 된다. 그보다도 나노 수준에서 또는 나노 수준으로 물질의 형태나 구조를 바꾸면 지금까지 존재하지 않았던 새로운 성질을 가지는 물질이 된다는 바를 인식하는 게 중요하다. 나노 물질은 마이크론 크기 이상의 벌크bulk 상태였을 때는 보기 힘들었던 양자 효과(일정 크기 이하에서 전자나 이온 등의 입자가 보이는 양자역학적 특성)를 보일 가능성이 있으며 특히, 부피 또는 질량 대

● 1981년 IBM 취리히 연구소의 게르트 비니히(Gerd Binnig)와 하인리히 로러(Heinrich Rohrer)가 처음으로 개발했으며, 이 둘은 그 공로로 1986년에 노벨물리학상을 받았다. 그들과 함께 에른스트 루스카(Ernst Ruska)가 공동 수상했는데, 그는 주사전자현미경(Scanning Electron Microscope, SEM)을 발명했다. STM은 전자의 양자역학적 터널링을 이용하는 장비로, 시료 표면에 수평한 방향으로는 0.1나노미터, 수직인 방향으로는 0.01나노미터 정도의 높은 해상도를 얻을 수 있어서 원자를 하나씩 본다거나 하나씩 움직이는 것도 가능하다.

비 표면적이 매우 커서 에너지 상태가 높으므로 새로운 물리적, 화학적, 광학적, 자기적, 전기적 성질 등을 나타내는 것이다.

나노 재료들의 등장

자연에는 엄청나게 많은 나노 물질과 나노 구조가 존재한다. 자연에 있는 모든 개체의 크기를 하나하나 인식하기는 절대 쉽지 않다. 기린의 키나 코끼리의 덩치를 정확한 숫자로 이야기하라면 당황스러워지고, 흔한 수박의 무게도 저울 없이 맞추라면 머리가 하얘진다. 하물며 고배율의 현미경으로 겨우 볼 수 있는 물질이나 구조는 인간의 인지 범위에서 한참을 벗어나 있다. 예를 들어 보통의 바이러스 크기는 대부분 20~300나노미터 영역에 해당하는데, 지난 몇 년간 우리를 괴롭힌 코로나바이러스도 평균 80~120나노미터의 지름을 가지고 있다.

실용적인 면에서 보면, 나노 구조 관련해 가장 대표적으로 언급되는 예가 연꽃잎이다. 연꽃잎 표면은 3~10마이크로미터 크기의 수많은 돌기로 덮여 있는데, 이 돌기들은 나노 크기의 소수성疏水性 물질로 덮여 있다. 따라서 연잎 위에 떨어진 물방울은 높은 표면장력 때문에 잎을 적시지 못하고 흘러내리게 되는 '연꽃잎 효과lotus effect'를 보인다. 이 효과는 이제 너무도 잘 알려져 각종 발수 제품에 활용된다. 또 다른 예를 들면, 게코 도마뱀은 발바닥에 있는 수백만 개의 미세한 나노 섬모(약 200나노미터 크기)를 이용해 벽과 천장에 붙어 자유롭게 이동한다. 물 위를 떠다니는 소금쟁이의 발에도 나노 크기의 털이 있어 자기 몸무게를 물에서 밀어내며 수면을 유유히 활주할 수 있다. 당연히 이런 구조들을 채용하여 비슷한 기능의 로봇을 만

‡ 주사전자현미경으로 관찰한 소금쟁이의 다리.

들려는 시도들이 있다는 것은 놀랄 일도 아니다.

　본격적으로 인간이 나노 세계의 새 장을 연 것은 탄소로 이루어진 나노 재료가 줄줄이 발견되면서다.● 맨 처음은 1985년 미국의 리처드 스몰리Richard Smalley와 로버트 컬Robert Curl, 영국의 해럴드 크로토Harold Kroto가 발견한 풀러렌Fullerene으로, 탄소 원자 60개가 자기 조립되어 축구공처럼 둥근 구조를 이룬 물질이었다(이 공로로 1996년 노벨화학상을 받았다). 1991년 일본의 이지마 스미오飯島澄男가 탄소 6개로 이루어진 육각형들이 균일하게 서로 연결되어 빨대 모양을 한 탄소나노튜브Carbon Nanotube를, 2004년 영국의 안드레 가임Andre Geim, 콘스탄틴 노보셀로프Konstantin Novoselov는 탄소 원자가 육각형의 벌집 모양으로 결합되어 한 층을 이루고 있는 물질인 그래핀Graphene을 발견했다(이 공로로 2010년 노벨물리학상을 받았다). 이후로 수많은 과학

● 언제부터 나노 물질을 인간이 의도적으로 사용했는지 정확히 알기는 어렵다. 예를 들어 4세기경 로마제국에서 승리의 축배를 들기 위해 사용된 리커거스(Lycurgus) 컵이 있는데, 멋진 장식의 이 화려한 컵은 아주 특이하다. 외부에서 빛을 쪼이면 컵 외부가 초록색으로 보이지만, 컵 내부에 빛을 비추면 붉은색으로 바뀐다. 현대 과학자들의 분석에 따르면, 이 컵의 주성분인 유리 속에는 나노 크기의 금 입자가 미세하게 고루 분산되어 있어서 빛이 들어오는 방향에 따라 색이 다르게 나타난다고 한다.

자가 나노 기술을 여러 방면에서 연구했으며, 일부 결과물은 상용화 시도도 이루어졌다.

2000년대에 접어들면서 우리 사회는 마이크로 기술의 시대에서 나노 기술의 시대로 바뀌었다. 생활용품에서부터 소재, 화학, 의료, 에너지, 환경, 디스플레이, 반도체 산업에까지 다양한 나노 기술들이 개발·적용되고 있다. 그런데도 여전히 뉴스에 새로운 나노 기술이나 물질이 등장해서 사람들의 관심이 식지 않게 만들고 있다. 디스플레이 퀀텀도트quantum dot(양자점, 수 나노미터의 반도체 결정으로 입자 크기에 따라 다른 색깔의 빛을 띤다)나 반도체 나노 공정(대만과 한국의 반도체 회사들이 트랜지스터 게이트의 폭이 더 작은 반도체를 만들기 위해 경쟁 중이다) 등이 있으며, 또 최근 10여 년간 여러 언론에서 '세상을 바꿀 꿈의 물질'이라고 언급이 되었던 '맥신MXene'이 있다.

2차원 나노 물질, 맥신

맥신은 미국 드렉셀대학교 유리 고고치Yury Gogotsi 교수의 연구팀(미셸 W. 바르소움, 마이클 나귑 등)이 2011년 《어드밴스드 머티리얼스Advanced Materials》 저널에 처음 보고한 2차원 나노 물질●이다. 맥

● 나노 물질은 일반적으로 0차원, 1차원, 2차원, 3차원 구조로 분류된다. 수학(기하학)에서 차원(dimension)은 공간 내에 있는 점의 위치를 나타내는 데 필요한 축의 개수다. 반면 과학이나 공학에서의 차원은 물질의 기하학적 특성(점, 선, 면, 입체 등)을 구분하기 위해 사용한다. 즉, 개체의 모양이 아주 작은 입자 같다면 0차원, 가늘고 긴 막대 또는 선형의 경우에는 1차원, 종이처럼 평면 모양이라면 2차원, 어느 정도 규모 있게 공간을 차지한다면 3차원이라고 지칭한다.
따라서 0차원 나노 물질이라고 하면 어느 방향으로나 수 개의 원자나 분자 길이 단위를 가지는 작은 입체 구조를 의미한다. 한 방향으로는 수 개의 원자나 분자 길이를 가지지만 그 직각 방향으로는 매우 긴 나노와이어나 탄소나노튜브 같은 것은 1차원 나

123

신이라는 이름은 위 연구자들에 의해 3년 뒤 명명되었다. 그런데 맥신은 특정 원소들로 구성된 한 가지 물질만을 지칭하는 것은 아니다. 맥신의 영문 이름에서 'M'은 전이 금속을, 'X'는 탄소나 질소(붕소를 넣으려는 시도도 이루어지고 있다)를 의미하며, '-ene'는 탄소 이중결합의 의미보다는 그래핀에서처럼 2차원 평면을 유지한다는 것을 뜻하는 접미어다. 정리하면, 맥신은 전이 금속층과 탄소층 또는 질소층이 층상으로 번갈아 쌓인 2차원 나노 물질군을 총칭한다.

'맥스 상$_{MAX\ phase}$'이라고 불리는 육방정계 층상 구조의 결정성 물질을 전구체$_{precursor}$로 하여 맥신이 만들어지는데, 'MAX'에서 'M'과 'X'는 맥신의 경우와 같고, A는 주기율표에서 13족(붕소, 알루미늄 등) 또는 14족(탄소, 규소, 저마늄 등) 원소를 가리킨다. 맥스 결정은 세라믹 물질임에도 연성도 있어 기계적인 가공이 가능하고 열과 전기전도성, 내산화성, 내열성이 우수하다. 또 가공을 위해 압력을 가해 형태를 변형하면 층상 구조가 서로 미끄러져 박리가 일어나는 등 금속과 세라믹의 특징을 함께 가진다. 그래서 맥스 자체도 다양한 분야에서 활용하려는 연구가 진행 중이며, 현재 70여 종 이상의 맥스 상이 만들어졌다고 한다.

한편, 맥스 결정에서 선택적으로 A만을 화학적으로 식각$_{etching}$하면, 그래핀과 유사하게 원자 몇 개 수준의 두께를 가진 맥신으로 분리가 되는 것이다. 따라서 다양한 맥스를 만들어낼 수 있다면, 이는 다시 맥신의 연구로 이어질 수 있다.

노 물질이라고 한다. 유명한 그래핀이나 얇고 평평해 어느 정도의 면적을 가지게 되는 나노플레이크는 2차원에 해당하고, 끝으로 나노 수준(어느 한 방향으로 길이가 약 100나노미터 이하)이지만 어느 정도의 부피를 가지는 나노 물질의 경우에는 3차원이라고 한다. 그러나 이러한 구분 방법이 칼로 무 자르듯 명확하지는 않다.

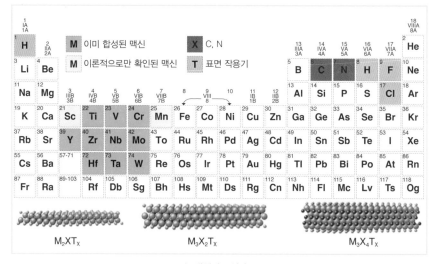

↕ 맥신의 조성과 구조.

맥신의 화학식은 $M_{n+1}X_nT_x$(n=1, 2, 3)로 표시되는데, X인 탄소층이나 질소층의 위와 아래를 전이 금속층 M이 덮고 있고, 전이 금속층은 표면에 노출되어 O, OH, F, Cl 등과 연결되는데 이를 $T_{surface\ termination}$(표면 작용기)로 표시한다. 현재까지 100종 이상의 조성과 고용체solid solution(M을 위한 전이 금속 원소들 간의 혼합을 의미)들이 실험적 또는 계산과학적으로 연구되었으며, M층과 X층의 다양한 조합을 통한 물질 특성의 조절 가능성과 산업적 응용 가능성을 확인하는 중이다. 그런데 맥신을 제조하는 데 중요한 공정 이슈가 하나 있다. A층을 제거하기 위해 불산(HF)을 사용하는 경우가 많은데 이는 환경적인 측면에서 향후 맥신의 대량생산을 어렵게 할 수 있다. 따라서 불소를 사용하지 않는 다른 제법에 관한 연구도 이루어지는 중이다.

맥신은 아주 특이하며 우수한 성질을 가졌고 조성이나 표면처리를 통해 특성의 제어가 가능하므로 향후 다양한 분야에서의 활용이 기대된다. 예를 들어 일반적인 벌크 금속보다 열이나 전기의 전도도가 매우 좋은데, 특히 물리적 변형에도 전도도가 유지되므로 이는 향후 전자 기기나 부품을 만드는 데 중요한 부분을 담당할 것으로 보인다.

또 기능적인 표면을 만들 수 있으므로 친수성親水性을 띠게 하거나 우수한 용매 분산성을 활용해 안정적인 콜로이드colloid용액을 형성할 수 있고, 다른 여러 물질과 조합도 가능하다. 맥신 개발 초창기에 처음으로 시도된 응용 분야가 에너지 저장과 관련한 것인데, 위에 언급한 맥신의 특성이 차세대 이차전지 전극의 소재로서 적합하다고 판단하여 시도했으며 상당히 의미 있는 결과를 얻기도 했다.

한편, 맥신은 상대적으로 두께가 얇음에도 전이 금속 탄화물이나 질화물 같은 높은 기계적 강도를 유지하여, 강화 재료로서의 잠재력도 있다. 그리고 다양한 환경에서 화학적으로 안정적이며, 부식에도 강해 내구성 또한 어느 정도 보장된다고 할 수 있다. 특히 넓은 표면적비와 다양한 분자의 흡수 및 반응 촉진 특성이 있어 센서, 촉매 및 필터링 재료로 응용도 가능하다. 무엇보다 전자기파에 대한 효율적인 흡수 능력은 스텔스 도장이나 아주 얇게 인쇄가 가능한 안테나, 전자 부품에서의 전자파 차폐 등 다양한 활용을 기대할 수 있다. 생명과학 분야에서는 암의 광열 치료photothermal therapy, 표적 진단, 투석, 신경 전극 등에 맥신을 이용해보려는 시도가 존재한다. 이외에도 계산과학적으로 예상되었던 자기적 특성이나 절연재도 실험적으로 확인된다면 그 활용의 지평을 더 넓힐 것으로 기대된다.

홍익대학교 김용석 교수가 과거 '특수재료학' 학부 강의에서

⫶ 전자현미경으로 촬영한 다양한 맥신의 구조(2만 배율).

학생들에게 주지시켰던 이야기가 있다.

많은 과학자가 (운이든 노력이든 간에) 새로운 재료를 개발하고 활용할 방법을 고민해왔다. 어떤 것은 성공적으로 우리 삶에서 그 역할을 하고 산업적으로 자리 잡기도 했지만, 여러 이슈로 인해 논문으로만 남게 된 재료도 많다. 산업적으로 실패한 재료라고 해서 당연히 무시해서는 안 되며, 성공해서 우리가 잘 알게 된 재료라 하더라도 처음 논문 발표 후 최소 10~30년간의 계속되는 도전(기초 및 응용 연구, 생산 및 측정 장비, 상품화 관련 기준과 법령의 정비 등)이 있었다는 것을 잊지 말아야 한다.

맥신도 이제 새로이 발걸음을 뗀 전도유망한 나노 물질이며, 특정 응용 분야에 확실히 자리를 잡기 위해서는 넘어야 할 산이 많

127

다. '꿈의 물질' 맥신이 우리 사회에 어떤 식으로 녹아들어 '현실의 물질'이 될지 관심 가지고 지켜보자.

1000원짜리 다이아몬드

정훈   물리학

    프랑스의 나폴레옹 3세는 알루미늄을 무척 좋아했다. 만찬 시 황제 자신은 알루미늄으로 된 식기를 사용하고, 상대적으로 지위가 낮은 이들에게 금이나 은으로 만든 것을 쓰게 했다고 한다. 과거에 알루미늄은 금보다 귀한 금속이었기 때문이다. 그런데 사실 알루미늄은 희소하지 않다. 지각에서는 산소, 규소 다음으로 세 번째 많은 원소다(네 번째는 철이다). 한마디로 흔해 빠진 원소라는 이야기다.

    그럼에도 한때 귀한 대접을 받았던 것은 원석에서 알루미늄만 쏙 뽑아내기(제련)가 기술적으로 매우 어려웠기 때문이다. 1884년 완공된 미국 워싱턴 기념탑의 꼭대기를 장식한 것은 약 2.8킬로그램의 알루미늄 피라미드인데, 당시로는 세계 최대 크기의 알루미늄 덩어리였다. 비용 측면에서는 말할 필요도 없거니와 그 정도 크기의 알루미늄을 만들어내는 공업력, 국력의 과시라고도 볼 수 있겠다.

    이렇게 '금값'이었던 알루미늄은 전기분해를 이용한 제련법이 발견되면서 값이 내려가기 시작해, 이후 십수 년간 가격이 1000분의 1 토막이 났다. 신기술 앞에서 알루미늄의 존귀함은 신기루처럼 사라졌다.

129

2024년 4월, 국내 연구진이 원가 몇천 원으로 다이아몬드를 만들어냈다는 뉴스가 보도되었다. 다이아몬드가 몇천 원이라니! 이번 발견으로 다이아몬드 역시 알루미늄처럼 그저 평범한 돌덩이 취급을 받는 날이 올까? 이 연구는 어떤 점에서 특별한 것일까? 일단 관련된 배경지식부터 차례대로 알아보자.

고압 고온, 고통의 시간을 모방하다

따지고 보면 '다이아몬드를 인공적으로 만든다는 것'은 그리 새로운 뉴스가 아니다. 이미 1950년대에 합성을 해냈다. 보통 미국 제너럴일렉트릭사에서 1954년에 발표한 것을 최초의 합성 다이아몬드로 본다. 연필심이나 다이아몬드나 모두 '탄소' 덩어리인 것은 같지만 배열이 다르다. 어려운 말로는 동소체라고 한다. 예를 들어 생명 유지에 필수인 산소 분자(O_2)와 폐에 꽂히는 비수인 오존(O_3)도 같은 산소 원자(O)로 이루어진 동소체다. 산소와 오존의 성질이 천양지차이듯 흑연과 다이아몬드 역시 그렇다.

같은 탄소라도 땅속 깊은 곳에서 높은 압력과 열을 받으며 고통의 시간을 보내면 다이아몬드가 된다. 제너럴일렉트릭사에서 다이아몬드를 만들어낸 방법도 이러한 지구의 방식을 모방했다. 이른바 HPHT_{High Pressure High Temperature} 방식이다. 이때 가한 압력은 6기가파스칼, 가열한 온도는 무려 섭씨 1500도에 이른다.

섭씨 1600도는 쉽게 감이 오는데(용광로의 온도가 1500도다) 기가파스칼이라는 단위는 조금 낯설다. 일기예보에서 자주 보는 1헥토파스칼의 1000만 배가 1기가파스칼인데, 6기가파스칼이면 대기압의 6만 배나 되는 압력이다(압력 밥솥이 2기압, 소방 호스가 10기압,

고압으로 유명한 심해가 1000기압 정도다). '압력'은 왠지 누르는 '힘'
인 느낌이다. 중력, 전자기력 같은 '힘'이라는 생각이 들지만, 정의
상 그렇지 않다. 예를 들어 100의 힘(중력)이 100의 면적(넓이)에
가해지면 100(힘)÷100(면적)=1, 압력은 1이다.

그렇지만 100의 힘이 1의 면적에 가해지면, 100(힘)÷1(면
적)=100, 압력은 100이 된다. 이처럼 압력은 단위면적당 얼마의 힘
이 작용하고 있는지 나타내는 값이다. 똑같은 힘을 주어도 좁은 곳
에 집중하면 압력은 엄청나게 올라간다. 다이아몬드 제조 시에도 고
압을 수월하게 만들어내기 위해 시료를 엄청나게 좁은 곳에 모으고
힘을 집중시켰다. 좁은 곳에 모아놓았으니 당연히 한 번에 많은 양
을 제작하기 힘들다.

만들어진 다이아몬드 중 최대 크기인 것의 너비가 0.15밀리미
터 정도였다고 한다. 1캐럿(0.2그램)의 10분의 1인 1부짜리 다이아
몬드도 지름이 3밀리미터는 되니까 사실 최초라는 데 의의가 있는
수준이었다. 귀금속으로 쓰일 수 있는 품질도 아니었다고 한다. 이
후 몇십 년 동안 기술이 발전했지만 들어가는 품이 크게 줄어든 것은
아니었다. 여전히 섭씨 1500도의 온도와 5기가파스칼의 압력을 가
해야 했다. 다만 무게 1캐럿 이상, 보석으로 쓰일 정도의 다이아몬
드는 만들어낼 수 있게 되었다.

랩 그로운 다이아몬드, 현대판 연금술

1980년대부터는 조금 다른 방식이 주목받기 시작했다. 이른
바 CVDChemical Vapor Deposition라는 것인데 반도체를 만들 때도 이런 공
정을 거친다. (과학적으로 정확한 비유가 아니지만) 냉장고에 성에가 끼

131

었을 때 시간이 지나면 점점 커진다. 공기 중의 수증기가 달라붙기 때문인데 마치 이런 모습과 비슷한 다이아몬드 제조법이 바로 CVD 이다.

씨앗이 될 얇고 작은 다이아몬드 판을 체임버에 넣고 탄소가 포함된 가스(메탄 등)를 흘려주어 씨앗 판에 탄소가 들러붙어 다이아몬드가 자라게 하는 것이다. HPHT와 비교했을 때, 여전히 고온 환경이 필요하지만, 압력 조건이 다르다. CVD 방식의 경우 통상 진공에 가까운 저압 환경에서 진행된다. 체임버는 성인 주먹 크기 정도인데 현재 기술로는 크기를 키우는 데 한계가 있다.

보통 인공적으로 만든 물건에는 '합성 착색료', '합성섬유', '인조 잔디' 등과 같이 합성이나 인조라는 단어를 붙인다. 이러한 관습대로라면 인간이 만든 다이아몬드는 합성 다이아몬드, 인조 다이아몬드라고 부르는 것이 맞겠지만 보석용 다이아몬드를 칭하기에는 왠지 어감이 좋지 않다. (비싸게 사면 안 될 듯한, '양식 광어' 같은 느낌이지 않은가?) 그 때문인지 보석으로 판매되는 합성 다이아몬드에는 보통 '랩 그로운Lab Grown'이라는 말을 쓴다. HPHT 방식, CVD 방식 모두 랩(실험실)에서 다이아몬드를 키워낸다. 이보다 함축적으로 제조 방법을 보여주는 단어는 없을 것 같다.

'랩 그로운'은 다이아몬드에만 국한되는 단어는 아니다. 최근에는 고기나 면섬유도 실험실에서 키우고 있다. 2024년 9월, 마이크로소프트 빌 게이츠의 벤처 캐피털이 투자한 스타트업도 바로 면섬유를 실험실에서 만드는 회사다. 랩 그로운 방식이 발전하는 세 가지 물품은 모두 공통점이 있다. 만들어지는 과정이 환경, 인권 등의 측면에서 많은 비판을 받는다는 점이다. 면 티셔츠 한 장을 만드는 데는 무려 2700리터의 물이 사용되며 전 세계 살충제의 6분의 1

이 면화 재배에 쓰인다. 또한 축산업의 온실가스 배출량이나 사육, 도축 과정의 문제점은 많이 알려진 사실이다.

다이아몬드 역시 채굴 과정에서 무분별한 개발에 따른 토양오염 및 탄소 배출로 인한 환경 파괴가 생기지만 랩 그로운의 경우 이런 점에서 보다 자유롭고 친환경적이라는 주장이 있다. 환경에 높은 가치를 부여하는 소비자를 사로잡을 수 있는 포인트다. (그러나 랩 그로운 다이아몬드도 결국 전기를 소모하며 환경에 이롭지 못하다는 주장 역시 존재한다. 미국 연방거래위원회는 친환경으로 자사 제품을 포장한 8개 업체에 경고장을 보낸 바 있다.)

어쨌든 '랩 그로운'은 '인공'이나 '합성'보다 거부감이 덜하고, 가치 소비를 하는 이들에게 어필하는 측면이 있다. 이미 관련 산업이나 기업의 수가 기하급수적으로 늘어나고 있는데, 현대판 '연금술'의 경쟁은 이미 시작된 듯하다. 그리고 이 가운데 국내 연구 성과가 신선한 충격을 만들어낸 것이다.

1000원짜리 다이아몬드

다시 처음으로 돌아가서 2024년 4월, 국내의 기초과학연구원 Institute for Basic Science, IBS 연구팀이 다이아몬드를 합성해낸 방법에 대해 알아보자. 일단 '랩 그로운'이다. 다른 점은 기존 방식 대비 정말 간단하게 만들 수 있다는 것이다.

HPHT는 고압 고온 환경을 긴 시간 유지해야 하며 손톱만 한 크기(1세제곱센티미터) 이상으로 다이아몬드를 만들기 어렵다. 기존 CVD 역시 고온, 저압 환경을 만들기 위해 복잡한 기구를 작동시켜야 하는데 다 비용을 치러야 하는 것들이다. 그리고 두 방법 모두 다

133

이아몬드를 만드는 데 비교적 긴 시간이 필요했다.

IBS 연구팀은 우리 일상생활 환경인 1기압에서 다이아몬드를 합성해냈다. 세계 최초다. 온도는 비교적 고온인 섭씨 1025도까지 높였다. 만드는 데 걸리는 시간은 혁신적으로 줄어들었다. 방식은 '달고나'를 만드는 것과 유사하다. 일단 흑연으로 만든 도가니에 기본 재료를 넣고 가열하면서 메탄가스를 불어넣는다(메탄은 탄소 원자 1개와 수소 원자 4개로 되어 있다). 이렇게 했더니 기본 재료가 녹은 액체 금속 합금 하부 표면에서 다이아몬드가 성장하기 시작했다는 것이다. 말로만 들으면 집에서 쉽게 만들 수 있을 듯한 착각도 든다. 방식이 간단해진 만큼 비용도 드라마틱하게 줄었다. 원가 몇천 원 수준이라고 한다.

사실 최적의 재료 배합을 위해 큰 노력이 필요했을 것이다. IBS 연구팀은 이를 위해 온도와 압력을 빠르게 조절해 액체 금속을 만드는 새로운 장치를 개발했다. 기존 장비들은 준비에 3시간이 넘게 걸렸지만 새로 개발한 장비는 15분이면 충분했다. 그 덕분에 온도, 압력, 액체 금속 합금 비율을 빠르게 변경해가며 다양한 실험을 수행할 수 있었다. 최적의 황금 비율 레시피는 바로 이렇게 탄생했다.

이 연구는 2017년 《사이언스》에 보고된 논문에서 시작되었다고 한다. 해당 논문은 액체 금속을 이용해 메탄가스에서 탄소와 수소를 분리할 수 있음을 보여주었는데 이에 IBS 연구팀은 '액체 금속에서 분리한 탄소로 다이아몬드를 성장시킬 수 없을까?' 하는 질문을 가지고 연구를 추진했다는 것이다. 이 연구팀의 제조 방법은 학술지 《네이처》에 매우 상세하게 실려 있다.

갈륨 77.75퍼센트, 니켈 11.00퍼센트, 철 11.00퍼센트, 실리

콘 0.25퍼센트

섭씨 1025도

1기압

IBS 과학자들의 연구가 누군가의 논문에서 시작되었듯 수많은 후속 연구가 이를 토대로 불붙으리라. 과학의 발전은 이렇게 다른 사람의 업적 위에서 피어난다. 과학계의 유명한 격언, "내가 더 멀리 보았다면 거인들의 어깨 위에 올라서 있었기 때문이다"가 떠오르기도 한다.

다이아몬드의 과학기술적 활용

'다이아몬드는 영원하다'라는, 유명 회사가 사용한 이 광고 문구는 사실이 아니다. 특정 조건에서 다이아몬드는 불에 타고 때에 따라서는 흑연으로 변할 수도 있다. 다이아몬드의 가치는 보석일 때보다 다른 곳에서 더욱 빛난다. 일단 열전도성이 타의 추종을 불허한다. 구리는 공기에 비해 1만 배 열을 잘 전달하는데 다이아몬드는 구리보다도 열전도도가 몇 배나 높다.

전기를 잘 통하지 않게 하는(절연체) 성질도 뛰어난데, 약간의 불순물을 첨가하면 반도체 소재로도 활용할 수 있다. 다이아몬드 반도체는 작동 속도나 효율성 측면에서 실리콘 반도체를 크게 앞서며 초강력 방사선에도 끄떡없다고 한다. 우주에는 강한 방사선이 있어 우주선에 쓰이는 반도체는 이를 잘 견디는 특성이 필요한데, 다이아몬드 반도체가 딱 맞지 않을까? 또한 양자 컴퓨터에도 활용될 수 있으며 국내에서는 KIST 등에서 관련 연구를 진행 중이다.

135

이렇게 매력 만점인 소재가 싼값으로 시장에 나온다는 것은 대단히 설레는 일이다. 앞서 이야기했던 알루미늄이 값싸지면서 현대 산업에서 얼마나 중요한 역할을 하고 있는지 생각해보라! 저렴한 다이아몬드를 활용해 인류의 과학기술이 한 발짝 진보한다면 그때는 정말 '다이아몬드는 영원하다'는 수식어가 아깝지 않을 것 같다. 국내 연구진의 성과가 그 시발점이 되기를 기대해본다.

과학기술

CHAPTER 4

future science trends

양자 컴퓨터가 온다

전성윤   물리학

어지러운 수

어머니는 언제부터인가 잘하지 못하겠다며 은행에 갈 일을 나에게 미루곤 하셨다. 어머니에게 은행 일은 고난이었다. 은행에 가고 오고 기다리고 하다 보면 반나절은 그냥 지나가기 일쑤였다. 돈을 이체하는 간단한 용무라도 순서를 기다리기는 매한가지였다. 긴 기다림을 이겨내야 마침내 은행원을 마주할 수 있었다. 은행원을 향한 짧은 걸음에 안도와 초조함이 따라붙었다. 일을 무사히 끝내고 나서는 직원에게 연신 고맙다는 인사를 건네며 돌아섰다. 그러곤 다시 집으로 향하는 먼 길을 내디뎠다.

텔레뱅킹은 어머니의 수고를 그나마 덜어주었다. 전화로 은행 일을 볼 수 있다는 점만으로도 고단하고 지루한 일상이 바뀌었다. 요즘은 스마트폰으로 어머니의 일을 대신 해드리고 있다. 차근차근 알려드렸어도 혼자서는 아직 낯설어하시니 옆에 꼭 붙어 앉아 안내해드려야 한다. 어머니는 안내에 따라 돋보기 너머 이런저런 암호들을 꾹꾹 눌러가며 경로를 이어간다. 가상의 은행에 접속하는 비밀번

호를 잊지 않으려 또박또박 눌러쓴 쪽지도 가져오고 마지막 관문에 이르러 서랍 깊숙이 있는 OTP를 꺼내 나에게 넘겨주어야 당신의 임무가 마무리된다. '비밀번호 한 번 누르면 되지, 이런 요상한 기계가 뭣에 필요하냐'며 괜한 핀잔도 덧붙여 건넨다.

누군가의 비밀번호를 도용하는 범죄를 막으려면 OTP와 같은 암호가 필요하다. 어머니가 숨겨둔 쪽지 속 비밀번호가 탄로 나더라도 OTP가 없으면 거래는 무용지물이다. OTP의 동그란 버튼을 한 번 누르면 6자리 번호가 나타난다. 그리고 시간이 지나면 번호가 바뀌는데, 어머니는 번호가 바뀌면 그게 맞는지 안 맞는지 어찌 알게 되느냐며 의아해하셨다.

인터넷뱅킹에 접속하고 최종 거래를 승인하려면 '나'만이 아는 비밀번호가 필요하다. 은행에 가야만 거래를 할 수 있었을 때는 통장과 신분증, 4자리 숫자가 '나'를 증명해주었다. 가끔은 도장도 챙겨야 했다. 인터넷뱅킹도 마찬가지여서 이미 등록한 '나'에 관한 정보와 비밀번호로 문을 두드려야 가상의 공간으로 입장한다. 그곳에는 소중한 '나'의 돈이 있고 그 돈을 다시 어딘가로 옮길 때 바로 또다른 비밀번호 OTP_{On Time Password}가 제구실을 한다.

시간에 의존해 비밀번호를 생성하는 기계를 흔히 OTP라 부른다. 은행에 인터넷뱅킹을 요청하면 개인마다 고유한 OTP를 발급하고 계좌를 만들어준다. 은행에서는 고객에게 제공한 OTP와 같은 방식으로 번호를 생성하는 알고리즘을 컴퓨터 장치에 구축한다. 그래서 은행은 인터넷을 통해 각종 금융 서비스를 제공하는 거대한 컴퓨터 시스템을 보유해야만 한다. 시스템은 고객이 OTP 버튼을 눌렀을 때와 같은 계산 과정으로 번호를 만들고 번호가 동일하면 거래를 승인한다.

140

알고리즘은 특정한 값을 통해 원하는 값을 이끌어내는 계산 과정이라 할 수 있는데, OTP 뒷면에 적힌 일련번호와 매 순간 바뀌는 시간을 특정한 값으로 변환해 계산한 뒤 6자리 숫자로 보여준다. 어찌 보면 OTP는 시간을 알려주는 시계와 함수가 적힌 쪽지, 함수를 연산하는 계산기가 들어간 작은 기계라 할 만하다.

OTP가 무선으로 신호를 보낸다고 오해할 수 있겠지만 전혀 그렇지 않다. 시간에 의해 암호화가 진행된다는 점을 떠올리기를 바란다. 은행이 보유한 컴퓨터 시스템 역시 동일한 시간에 동일한 함수로 계산을 거친다. 시스템에서는 이미 입력된 '나'의 OTP 일련번호에 시간을 더해 계산하고 그 결과가 OTP에 떠오른 6자리 숫자와 동일한지 여부를 판별한다. 동일한 시간에 도출한 번호를 비교해 거래를 승인하는 방식이다. 시간이 흐르면 인증 번호는 변경되므로 컴퓨터 시스템에서 계산한 번호와 일치시키려면 얼른 6개의 숫자를 빈칸에 집어넣어야 한다.

만일 누군가가 인증 번호를 훔쳐보더라도 걱정은 접어두어도 좋다. 멈추지 않는 시간이 변수라 몇십 초 후에 번호가 새롭게 나타나 안정성이 높다. 그렇지만 무엇보다 안정성을 신뢰할 수 있게 만드는 건 암호를 생성하는 함수에 있다. 함수는 OTP의 일련번호와 시간을 잘게 잘라 새로운 숫자와 문자로 배열해준다. 악의적인 해커로부터 자산을 보호하는 실질적인 비밀번호를 열거한다.

잘게 잘라 쪼개 재배열하는 계산 방식이라 해시hash함수라 이름 붙였다. 햄버거로만은 아쉬워 추가로 주문해 먹는 해시브라운은 잘게 다진 감자를 뭉쳐 노릇하게 튀긴 음식이다. 해시함수 또한 숫자와 문자를 쪼개서 다시 뭉쳐놓는 방식으로 암호를 생성한다. 예를 들어 '가나다라'를 해시함수에 넣으면 뜬금없어 보이는 'f35f97a0

43a07615fa8fec0b79eab44fa3a17fbd'를 내놓는다. 그리고 해당 암호를 십진법에 익숙한 우리를 위해 6자리 숫자로 바꿔준다. 6개의 수는 그냥 나타나는 게 아니다. 시간에 의해서 해시함수로 계산된 저 기다란 암호의 일부가 걸러진 다음 화면에 떠오른다.

해시함수를 거친 결과는 한정된 범위를 갖는다. 예로 든 기다란 해시값은 40자리에, 숫자와 알파벳으로 구성된다. '가나다라'가 아니라 'acdefg', 'a가b나c123'여도 동일한 방식으로 값이 나온다. 해시함수는 결과보다 입력할 수 있는 값이 훨씬 많도록 설정되어 있다. 그러다 보니 입력은 다르게 했는데 결과가 같을 수 있는 불상사가 발생한다. 물론 이런 경우가 흔하지 않지만 그럼에도 치명적인 오류를 잡기 위해 해시함수를 개선하고 있다. 그런데 어찌 보면 해커 처지에서 우연히 해시값을 알게 되더라도 본래의 비밀번호를 알기 힘든 상황이다. 겨우 해시값을 해독했는데 정작 입력값은 따로인 셈이다.

은행과 개인이 거래하는 해시 암호를 해독하기에는 경우의 수가 너무나도 많다. 인터넷에 공개된 간단한 해시함수 중 하나는 적어도 2를 80번 곱한 정도의 입력값으로부터 암호를 생성한다. 1,208,925,819,614,630,000,000,000개 중 하나로 암호를 만드니 거꾸로 그 암호를 해독하려면 적어도 1,208,925,819,614,630,000,000,000번을 한 번씩 입력해야만 한다. 불가능은 엄청난 수의 문제로부터 발생하며 사실상 컴퓨터는 수십 초에 지나지 않는 짧은 시간에 일일이 번호를 대입해 거꾸로 연산할 수 없다. 게다가 애초에 비밀번호가 비슷하더라도 해시값이 워낙 달라 거꾸로 추측하기는 더 힘들다. '가나다라'와 비슷한 '가나다랴'를 해시함수에 넣으면 '252730dbc739b14caa27f5d9bfbf6a6565f6e912'를 턱 하니 떨구는 식이다.

해시값의 반복되는 숫자나 문자로 비밀번호를 유추하기란 말도 안 되는 이야기다. 보통 비밀번호를 설정할 때 주로 쓰는 특수문자, 영문, 숫자로 10자리를 채워야 하는 조합은 훨씬 많은 경우가 발생하므로 해시함수는 역추적이 거의 불가한 방식이다. 게다가 시간이 지나면 새로운 해시값이 생성되니 그 짧은 시간에 암호를 알아내기란 불가능에 가깝다.

밀집한 회로

컴퓨터 바탕 화면에 문서를 작업할 수 있는 파일을 켜고 폭 17센티미터, 길이 15.7센티미터 안에 점을 찍어본 적이 있다. 문자 크기나 폰트, 줄 간격이라든지 하는 첫 조건은 그대로 두었다. 면적 안에 점을 찍어보니 2800개의 점이 늘어섰다. 다시 깨끗한 첫 장을 열어 같은 면적에 폰트 크기를 줄이고 앞뒤 글자 간격과 줄 사이 간격 역시 좁혀나갔다. 점의 밀도를 높일수록 시커먼 화면이 되었다. 검은 도화지처럼 인쇄된 종이를 스마트폰 카메라로 확대해 점의 상태를 관찰했다. 눈으로는 까맣게 보였는데 점들이 규칙적인 배열을 하고 있었다. 최대한 간격을 좁혀 점이 뭉개지지 않은 상태로 다시 인쇄하고 점이 얼마나 찍혔는지 세보았다. 대략 446만 개였다.

최신 스마트폰에는 150억 개에 육박하는 트랜지스터가 든 작은 장치가 있다. 트랜지스터는 전기신호를 켜고 끄는 방식으로 온갖 논리적인 연산을 수행한다. 새끼손톱만 한 작은 면적 안에 촘촘히 박힌 150억 개의 트랜지스터가 스마트폰을 작동하게 한다. 종일 쉼 없이 각종 프로그램을 돌리고 인터넷과 동영상, 게임을 가능하게 한다.

143

이러한 장치를 애플리케이션 프로세서application processor라 하는데 세간에 스마트폰의 뇌라 불린다. 스마트폰뿐 아니라 첨단 장비들이 점점 작아지고 얇아지면서 애플리케이션 프로세서의 성능은 덩달아 중요해졌다. 처리해야 할 정보의 양은 많아지는데, 배터리 용량과 크기에 한계가 있어 낮은 전력에서도 두뇌가 원활하게 동작하도록 고도의 기술이 필요하다. 더 많은 연산을 더 빠른 속도로 처리하는 기술 향상은 작고 가벼운 첨단 장비에 대한 소비 욕구를 더욱 가속시켰다.

문서에 찍었던 하나의 점을 하나의 트랜지스터라 여기고 애플리케이션 프로세서 하나에 들어 있는 트랜지스터 150억 개를 채우려 할 때 A4 용지는 3363장이 필요하다. 그저 검은 색종이에 불과해 보이나 분명 점들은 엉겨 붙지 않고 가지런하다. A4 한 장에 446만 개의 점보다 더 밀집하도록 넣어 인쇄해보면 점은 겹쳐서 구분하기 힘들어진다. 마찬가지로 트랜지스터를 하나의 장치에 마구잡이로 때려 넣을 순 없다. 전기신호는 음의 전하를 띤 전자가 일정한 방향으로 경로를 따라 흐르고 있어야 전달된다. 회로가 너무 가깝게 붙으면 상황은 곤란해진다. 전기신호가 엉뚱한 곳에 도달하게 된다. 전자가 경로를 벗어나 이리저리 건너뛰니 신호가 뒤틀리는 문제를 초래한다.

가정에서 사용하는 전자 제품은 전선으로 연결해 전기를 흐르게 한다. 전선 겉에는 말랑해 보이는 플라스틱으로 감쌌다. 전기를 흐르게 하는 요인인 전자는 플라스틱으로 둘러싼 전선 안에서 안전하게 흐른다. 플라스틱은 전기가 흐르지 않는 물질이다. 즉 전자가 자유롭게 흐르지 못한다. 나무나 종이, 섬유도 전자가 자유롭게 흐르지 않는 전기가 통하지 않는 물질이다. 이와 달리 전선은 금, 구리 등 금속으로 만든다. 전자가 자유롭게 흐르는 물질이다.

전자가 한 방향으로 흘러 밖으로 새지 않게 전기를 전자 제품에 공급하려면 플라스틱으로 전선을 보호해야 한다. 애플리케이션 프로세서에 새겨진 트랜지스터와 수많은 부품은 전선으로 연결된 반도체소자다. 반도체소자는 부품과 회로를 모아 규칙적으로 쌓은 집적회로라 좁은 곳에 밀도 있게 정렬되어 있다. 그런데 많은 양의 정보를 빠르게 처리하기를 원하는 자본주의의 욕구로 집적회로의 밀도가 높아지면서 회로 사이 틈에 쌓아 올린 벽이 갈수록 얇아지고 있다.

벽은 전자가 다른 곳으로 넘지 못하도록 막은 절연 물질이다. 플라스틱 껍질 대신 전기가 통하지 않게 하는 성질이 뛰어난 절연체를 사용한다. 절연용 재료는 부도체이고 열에 잘 견디며 변형이 적은 산화규소와 특정 산화물들이다. 밥솥과 전자레인지를 연결한 전선을 가까이 댄다고 전자가 넘나들 일이 만무하지만, 반도체에서는 가능하다. 좁은 곳에 부품과 회로를 과하게 모아놓다 보니 우리가 사는 세계와는 다른 물리 현상이 발현된다. 전자가 절연체를 뛰어넘는 양자역학 현상이 일어난다. 기껏 공들여 설계한 회로 사이를 전자가 비집고 다녀 신호를 방해한다. 집적회로가 복잡해지면서 본의 아니게 기술적 한계에 서서히 도달하고 말았다. 양자 현상으로 인한 난관에 봉착했다.

전자는 자신이 지닌 운동량으로는 넘지 못할 큰 벽을 아무렇지 않게 뚫고 지난다. 벽을 뛰어넘는 대신 쓱 통과해버리는 현상이다. 높이뛰기 선수가 슬금슬금 다가와 봉을 넘지 않고 아래로 지나버리는 우스꽝스러운 모습과 다르지 않다. 빛, 원자, 양성자, 전자 같은 아주 작은 입자는 딱딱하다 인식하고 있는 입자로도 존재하지만 어디든 스며들 것 같은 파동 현상으로도 실재한다. 절연층을 넘나드는

145

현상은 전자가 입자이면서 동시에 파동 현상으로 나타나기에 벌어진다. 적당한 두께의 절연층에서는 일어나지 않았는데 과도한 집적도로 인해 절연층이 줄면서 쓱 건너편에 전자가 존재할 확률이 높아지는 양자역학적 거동이 일어난다. 그리고 이러한 현상은 실재한다.

파동이 만든 컴퓨터

1800년경 눈과 빛, 색의 관계를 연구하던 영국의 과학자 토머스 영**Thomas Young**이 역사적인 실험을 실행에 옮겼다. 그는 아주 얇은 두 틈으로 빛을 쪼였다. 틈을 지난 빛은 건너편에 물결무늬를 남겼다. 빛이 파동의 성질을 지녔다는 결과였다. 빛은 알갱이처럼 운동하지만, 결코 그뿐이 아니다. 물결치는 파도처럼 밀려드는 현상을 함께 보인다. 커피 잔 한가운데 잔잔한 파도를 일으키면 벽면에 묻어나는 자국이 물결무늬다. 눈에 띄지 않을 수 있으나 분명 파동이 일어난 현상이다.

그렇다고 빛이 파동이라는 표현은 우리의 의식을 지배하는 현상에 매몰된 표현일 뿐 빛은 파동과 같은 현상을 보인다고 해야 또다른 오해를 막는다. 빛은 커피 자국이 일어나듯 파도처럼 밀려드는 현상으로 두 틈을 지난다. 그렇게 남긴 물결무늬는 밝고 어두운 패턴이 있다. 밝은 쪽에 빛이 몰려 있다. 이상하게도 2개의 틈을 지났는데 무늬는 2줄이 아니다. 패턴은 여러 줄로 나타난다. 밝고 어두운 여러 패턴이 생기므로 빛은 파동을 일으켜 자국을 남긴다고 여기고 있다. 참 신기하게도 전자 역시 그렇다. 전자도 두 틈을 지나면 이와 같은 패턴을 갖는다. 이 모든 현상은 빛과 전자가 입자이면서 동시에 파동 현상을 보이기 때문이며 무늬의 정체는 바로 빛과 전자가

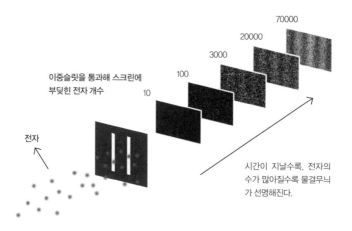

이중슬릿을 통과해 스크린에
부딪힌 전자 개수

전자

10

100

3000

20000

70000

시간이 지날수록, 전자의
수가 많아질수록 물결무늬
가 선명해진다.

⁝ 이중슬릿 실험(이해를 돕기 위해 빛 알갱이나 전자가 이중슬릿을 지나는 모습을 표현했을 뿐이다. 아
직 그 누구도 이 장면을 목격한 사람은 없다).

존재할 확률이다.

전자가 단단한 입자의 성질뿐이라면 두 틈을 지나면서 2줄의 무
늬가 나타나야 한다. 전자가 탁구공만 하면 그리될 것이다. 그런데
전자는 무척 작다. 어떤 원자 하나가 울릉도만 하다면 전자는 눈에 겨
우 보이는 모래 알갱이만 하다. 현대 기술로 아직 정확히 측정하지 못
했으나 어림잡아 그 정도라 할 수 있다. 이토록 작은 전자를 하나씩
두 틈을 향해 쏘아대면 처음에는 어딘가 한곳에 자국을 맺는다. 입자
처럼 행동해 하나의 구멍을 지나 그 건너편에 흔적을 남긴다.

그러다 개수를 늘려 계속해서 틈을 지나게 하면 어느새 물결무
늬를 흔적으로 새긴다. 앞서 말한 대로 입자이면서 동시에 파동 현
상을 일으킨다. 잘 생각해보면 두 틈을 지날 때 전자 하나가 분명 어
딘가 하나의 틈으로만 지난 듯한데, 결과는 2줄이 아니라 여러 줄의
자국이 나타난다. 물결이 일듯 동시에 2개의 틈을 지나 어느 한곳에

자국을 맺는다 할 수 있다. 틈을 지나는 순간 두 틈 모두에서 전자가 존재할 확률이 포개어 있다. 그러다 벽에 부딪히면서 존재를 드러낸다. 중첩은 전자가 두 구멍을 지나며 어디든 있을 때 나타나는 현상을 일컫는다. 전자가 입자라면 일어나지 않을 상황이다. 작고 작은 입자는 파동을 일으켜 우리에게 보여주는 데 더 적극적이다.

양자 컴퓨터는 중첩을 이용해 개발하고 있는 완전히 다른 연산 장치다. 반도체소자의 회로가 밀집해 일으킨 물리적 한계를 극복하리라 기대하는 컴퓨터다. 양자 현상으로 비롯한 반도체 구조의 한계가 나타나자 그럴 바에는 아예 양자 현상을 이용한 시스템을 만들려 하고 있다. 애플리케이션 프로세서의 작동 방식이 완전히 달라지므로 스마트폰의 활용 방식 역시 차이를 두게 된다는 의미다. 이제 컴퓨터는 다른 방식으로 나아갈 준비를 하고 있다.

실리콘 반도체소자를 기반으로 하는 컴퓨터의 과거와 현재 사이에 문제를 푸는 능력에 있어 특별한 차이는 없다. 본질적으로 트랜지스터를 이용해 알고리즘을 연산하는 계산 방식이 변하지 않았다. 과거의 컴퓨터와 현대의 컴퓨터가 맞닥뜨린 어려운 문제의 기준은 연산의 양에 달려 있었다. 얼마나 많은 양의 계산을 빨리할 수 있는가의 문제이지 현대의 컴퓨터가 풀 수 있는 문제를 과거의 컴퓨터가 풀 수 없었던 건 아니다. 과거에 해결할 수 없었던 이유는 현실적인 문제, 즉 계산해야 할 양에 비해 처리하는 속도가 지독히도 느려 당시에 풀 수 없었다는 데 있다. 그렇다고 나아지지는 않았다. 언론에서 말하듯 수만 년이 소요되는 엄청난 수의 문제는 지금까지 이어지고 있다.

중첩을 이용하는 양자 컴퓨터의 두뇌는 트랜지스터와 다른 방식으로 운영한다. 트랜지스터가 하나의 입력값에 대응해 결과를 내놓는다면, 양자 컴퓨터는 동시에 계산을 이끈다. 전자가 동시에 두 틈을 지나 결과적으로 어느 한곳에 위치하는 과정인 중첩을 이용해 계산하면 가능하다. 두 틈을 지나는 과정이 함수를 계산하는 과정이라 한다면 이론적으로 하나의 결론을 얻기 위해 동시에 모든 계산을 한꺼번에 할 수 있다. 계산해야 할 모든 경로를 물밀듯이 지나 중첩된 상태로 연산한다.

중첩의 결과는 벽에 부딪혀 위치를 점유하는 전자인 것처럼 원하는 계산 결과를 선택하면 어떤 경로를 지나서 왔는지 알 수 있다. 이와 달리 중첩이 일어난 상태, 즉 아직 전자가 어디에 부딪혔는지 확인하기 전이라면 어떤 계산을 거쳤는지 알 길이 없다. 왜냐하면 모든 경로에서 전자가 존재할 확률이 포개어 있기 때문이다.

그렇다면 암호화시킨 함수의 역순을 진행시킬 수 있는 알고리즘만 개발된다면 '나'의 비밀번호를 알아낼 수 있다. 회로에 연결된 트랜지스터에 값을 하나하나 연산해가며 암호를 역추적하지 않고 동시에 계산해내는 방식이라면 엄청난 수의 난관을 헤쳐 나갈 수 있다. 1,208,925,819,614,630,000,000,000,000개의 입력을 순식간에 해내는 놀라운 연산이 가능하다. 비밀의 문이 열린 곳을 특정해 문이 열린 쪽으로 다가가 열쇠를 뒤쫓을 수 있다. 수많은 열쇠를 일일이 뒤적거리지 않아도 된다.

초전도 양자 컴퓨터

은행은 '나'에게 인증서를 발급해준다. 은행과 '나' 사이 신용을 확인하는 수단을 만드는 절차다. 금융거래를 위해 해시함수와 더불어 한 가지 더 필요한 암호화 과정이다. 누군가 인증서를 위조해 침투하면 은행은 공인된 인증서인지를 판별한다. 판단을 가능하는 비밀 열쇠는 소수로 만든다. 나머지 없이 1과 자기 자신만으로 나뉘는 수로 만든 암호 체계다. 숫자 5는 소수다. 1과 5로 나뉜다. 449도 소수다. 1과 449로만 나뉜다. 암호화된 정보는 5와 449를 곱한 2245다. 열쇠는 5와 449인 셈인데 2245로부터 5와 449를 계산하는 과정은 꽤 어렵다. 큰 수로 갈수록 거꾸로 풀기 어려운 함수다.

공인 인증에는 이런 소인수분해를 이용하는 암호 체계를 활용한다. 침입자가 암호화된 정보 2245를 알더라도 계산 시간이 오래 걸려 열쇠인 5, 449를 금세 풀 수 없다. 그나마 아주 간단한 일곱 자릿수 1084801의 소인수를 찾아보면 알 일이다. 적어도 1부터 수백까지 한 번씩은 계산기를 두드려야 한다. 수백 자리의 수를 분해하는 데 10억 년이 걸리고 그것도 현재 가장 성능이 좋은 슈퍼컴퓨터여야 할 수 있는 일이다. 누군가 암호를 알아내더라도 현실적으로 불가능한 연산이다.

양자 컴퓨터는 소인수분해를 잘하는 컴퓨터 시스템이다. 양자역학 현상을 이용해 중첩된 상태로 문제를 해결해나간다. 역추적하기 위해 여러 갈래의 함수를 동시에 통과시켜서 열쇠를 획득하는 방식을 취한다. 슈퍼컴퓨터는 두 가지 가능성에 대해 하나씩 풀어나가 한 번씩 정보를 해석한다. 양자 컴퓨터는 파동 현상을 이용하기에 두 가지 정보를 동시에 계산한다. 네 가지 가능성 역시 매한가지다. 1000개의 경우라면 2를 1000번 곱한 경우를 한꺼번에 계산으로 옮긴다. 2019년 미국의 거대 IT 기업이 이런 방식으로 암호를 깼다. 낮은 수준의 소인수분해였으나 그래도 1만 년 걸릴 계산을 3분 20초 만에 해결했다고 한다.

그렇지만 언론에 소개된 양자 컴퓨터에 관한 기대는 오해의 소지가 있다. 기술적 난관이 있음에도 머리기사만 보면 암호 체계가 뒤흔들릴 수 있다고 여길 만하다. 실상은 아직 장애물이 산적해 있다. 우선, 중첩을 일으키는 양자 현상은 매우 민감한 조건이 필요해서 미세한 진동이나 주변의 신호로 오류가 일어날 가능성이 짙다. 커피 잔에 고요한 물결이 일어야 하는데 여기저기 콕콕 찔러 수면을 건드리면 물결무늬가 엉망이 된다.

 탁구공이 전자와 같이 양자역학 현상을 보이지 않는 까닭은 수많은 원자가 일으키는 파동이 얽히고설킨 혼선으로 발생한다. 어쨌든 탁구공도 원자들로 구성된 물질이니 파동이 일어나기 마련인데 그 원자들이 제각각 파동을 일으켜 서로를 간섭해 방해하는 꼴이다. 원자 하나로는 고른 물결파가 일지만 그 수가 늘어날수록 간섭은 심해진다. 이렇듯 외부로부터 발생한 잡음은 무늬를 생성하는 확률을 떨어뜨린다. 양자를 제어해 여러 틈에서 균일한 파동이 일도록 정교한 장치를 꾸밀 필요가 있다. 그래야 관찰 대상인 양자가 존재할 확률을 끌어 올린다.

 2020년 이래 초전도를 이용한 양자 컴퓨터가 정교함을 갖추고 우수한 성능을 뽐내고 있다. 초전도 현상은 어떤 물질이나 장치가 절대영도인 영하 273.15도에 이르러 저항이 '0'이 되는 상태다. 아무런 저항이 없으니, 전류가 거침없이 흐르고 무한히 지속하는 특징이 있다. 또한 온도가 낮아지면 입자의 운동이 저하되는 현상을 넘어 응축된 파동 현상이 발생한다.

 물은 수증기에서 물로 그리고 얼음으로 온도에 따라 물질의 형태가 달라진다. 온도가 낮아지면 물 입자가 운동을 멈추고 약한 힘으로 결합해 고체가 된다. 운동을 하지 않으니, 에너지가 점점 감소하는 경향으로 향한다. 초전도체를 구성하는 입자, 특히 무수한 전자들 역시 온도가 낮아질수록 움직임을 잃는다. 여기까지는 그렇다. 진짜는 절대영도에 가까워지면서 가장 낮은 에너지 상태로 내려앉을 때 일어난다. 전자들이 절대영도에 다가갈수록 운동성을 상실하며 파동성을 키워나간다. 그러다 완전히 에너지가 0에 도달하면 물질이 하나의 입자가 된 듯 파동을 일으키는 양자 물질로 전환된다. 물질이 양자화된 상태다. 탁구공이 하나의 원자가 되어 뚜렷한 물결파가 되는 상태로 비유할 수 있겠다.

초전도 양자 컴퓨터는 초전도체로 제작된 회로가 양자처럼 중첩을 일으켜 계산을 실행하는 플랫폼 중 하나다. 장치의 전체 형태는 샹들리에를 닮았다. 헬륨 저장 탱크로부터 어지러이 연결한 튜브는 초전도소자에 이어 절대영도로 향할 채비를 갖췄다. 헬륨 액체가 펌프를 통해 주입되고 1센티미터가 채 되지 않는 초전도소자를 차갑게 얼린다. 헬륨은 목소리를 가냘프게 만드는 재료이면서 우주에서 유일하게 얼지 않은 재료다. 헬륨은 절대영도에 이르러도 원자들이 가만있지 않고 운동한다. 그런 에너지에 힘입어 액체 상태를 유지한 채 튜브를 통해 소자로 흘러들어 초전도 상태로 안내한다.

알루미늄과 산화알루미늄으로 제작된 초전도 회로는 영하 273.14도, 절대온도로는 0.01K까지 낮춘 냉장고에서 거시적 양자 상태에 놓인다. 알루미늄이 초전도체가 되면서 트랜지스터를 집적한 애플리케이션 프로세서와 같은 양자 컴퓨터 소자가 완성된다. 초전도소자에 일렁이는 전자기파를 매개로 신호를 보내면 트랜지스터가 그러하듯 연산을 시작한다. 물론 파동을 이끌며 중첩된 상태를 유지하면서 막대한 계산을 수행한다.

이제 막, 걸음마

신호를 주고받을 수 있는 양자역학적 현상이 일어나는 입자라면 양자 컴퓨터의 후보에 오를 수 있다. 책상 위 컴퓨터가 비트라는 정보로 연산을 수행한다면, 양자 컴퓨터는 양자비트 또는 큐비트를 정보의 최소 단위로 해 연산에 임한다. 결국 암호를 해독할 수 있는 경우의 수를 확정 짓는 요소는 큐비트의 수다. 큐비트를 많이 생성할수록 연산량은 증가한다.

현재 한국표준연구원은 50큐비트를 목표로 연구를 진행 중이다. 한번쯤 들어봤을 세계적인 기업들은 400큐비트에 가까운 양자 컴퓨터를 선보였다. 그들은 초전도 양자 컴퓨터뿐 아니라 이온으로도 큐비트를 제작한다. 양전하를 띠는 이온을 전기장과 자기장에 가둬 레이저를 내리쫴서 신호를 조종한다. 옴짝달싹 못 하게 가둔 이온으로 신호를 만들기에 덫에 걸린 형국을 이름으로 내세웠다. 이온트랩Ion Trap 양자 컴퓨터라 부르며 헬륨이 필요하지 않은 대신 진공상태를 요한다.

빛이나 반도체로도 양자 컴퓨터를 구현하고 다이아몬드를 이용한 연구도 활발하다. 탄소로만 이루어진 다이아몬드에 탄소 원자 하나를 빼고 질소 원자를 넣어 전자의 양자역학적 현상을 활용한다. 초전도 양자 컴퓨터가 극저온을 유지하기 위한 장치가 필요하고 전력 소모가 많다는 점에서 빛이나 반도체 다이아몬드 양자 컴퓨터는 상온에서 심지어 진공 장치 없이도 작동한다는 장점이 있다. 그러나 아직 초전도 양자 컴퓨터가 성능에서 분명히 우위를 점하고 있고 다른 장치들이 분발하는 모양새다. 양자 컴퓨터는 1950년대, 방 하나를 가득 채워도 노래 한 곡 재생할 수 없었던 초창기 컴퓨터와 비견

153

되고 있다. 양자 현상을 방해하는 여러 요인으로 인해 오류가 빈번한 것도 해결 과제다. 금융, 바이오, 인공지능 등 응용 분야를 넓혀가는 청사진을 이제 막 펼치고 있다.

첨단 기술을 소개했지만 연산 알고리즘이나 양자 스핀과 얽힘에 관한 이야기들은 생략되었다. 전부는 아니어도 되도록 양자 컴퓨터가 어떤 일을 하고 왜 이 시대에 출현했는지를 소개하고자 했다. 기술이 어떤 일을 하는지 정확히 몰라도 얼개를 이해하는 정도가 사회의 변화를 읽는 시선을 갖출 수 있게 한다. OTP쯤은 잘 몰라도 은행 일을 볼 수 있다. 그러나 더 관심이 사라지면 도대체 양자 컴퓨터가 뭘 하겠다는 건지 알 수 없을지 모른다. 스마트폰이나 키오스크를 다루기 힘들어 두려움을 가지게 되듯 그때는 막연한 공포가 양자 컴퓨터와 같은 첨단 기술을 뒤덮을 수 있다. 첨단 기술이 사회를 변화시키는 큰 요인이라는 점에서 무뎌지지 않게 낯설어지지 않을 정도로 걸음을 내디딜 필요가 있다.

누리호와 차세대발사체

최정원   우주과학

우리나라의 로켓 개발

로켓은 사람을 실어 달에 보낼 수도 있고, 인공위성을 실어 원하는 궤도에 올려놓을 수도 있는 과학기술의 총 집합체다. 그러나 러시아-우크라이나, 이스라엘-하마스 전쟁에서처럼 인간에 해를 가하는 무기도 될 수 있다. 이처럼 로켓은 평화와 전쟁의 도구로, 양면성을 가지고 있다.

우리나라는 국방력 강화를 위해서 1970년대부터 군사용 로켓을 개발해왔고, 1980년대 말부터는 한국항공우주연구원을 중심으로 평화 목적의 로켓을 만들고 있다. 1993년부터 2002년까지 KSR-I_{Korea Sounding Rocket-I}, KSR-II, KSR-III라는 과학 로켓 발사를 순차적으로 성공시켰다. 이제 나로호 KSLV-I_{Korea Space Launch Vehicle-I}과 누리호_{KSLV-II} 탄생에 앞선 과학 로켓의 개발에 대해 살펴보자.

첫째, KSR-I은 우리나라 최초의 과학 로켓이다. 이는 고체 추진제를 사용하는 1단형으로 유도 제어 기능이 없는 로켓이었다. 당시 한국기계연구소 부설 항공우주연구소는 1990년에서 1993년까

155

지 28.5억 원을 투입해 길이 6.7미터, 지름 0.42미터, 무게 1.25톤의 소형 로켓을 만들었다. 1993년 6월에 처음으로 발사했는데, 최고 속도는 초속 989미터, 최고 고도는 39킬로미터, 비행 거리는 77킬로미터, 비행 시간은 190초였다. 우리나라 상공의 오존층을 관측하는 것이 목적이었고, 로켓에 부착된 센서를 이용해 오존층 수직 분포 상태를 직접 측정하는 과학 실험을 수행했다.

둘째, KSR-II는 우리나라 최초의 2단형 과학 로켓이다. KSR-I 에서의 기술을 축적해 1993년부터 1998년까지 52.4억 원을 들여 진보된 로켓을 개발했다. KSR-II는 길이 11.1미터(1단 3.6미터, 2단 7.5미터), 지름 0.42미터, 무게 2톤이었다. KSR-II는 KSR-I과 마찬가지로 고체 연료를 사용했다. 그러나 KSR-I과는 다르게 2단형으로 단 분리라는 새로운 기술이 적용되었고, 관성항법장치를 담아 조종 날개로 자세제어를 할 수 있도록 설계했다.

1997년 7월 첫 발사를 시도했으나 이륙 후 20.8초 만에 통신이 끊겨 20초 이후의 데이터를 수집하는 데는 실패했지만 예상한 지역에 로켓이 떨어져 비행은 정상적이었다. 나중에 실패 원인을 찾아본 결과 관성항법장치 속 2밀리미터 이하의 작은 전자 부품인 축전기(전기를 저장할 수 있는 장치)의 고장으로 데이터를 얻지 못한 것이었다. 그 후 문제의 부품을 보강한 후 1998년 6월에 발사를 다시 시도해 성공했다. 최고 속도는 초속 1542미터, 최고 고도는 137킬로미터, 비행 거리는 124킬로미터, 비행 시간은 364초였다.

오존층 센서와 이온층 센서를 장착해 우리나라 대기의 과학 관측 임무를 해냈다. 이 성공으로 관성항법장치를 이용한 자세제어 시스템, 화약을 사용한 단 분리 시스템, 2단 자동 점화 시스템 등 기술에 큰 진보가 있었다. 특히, 우주를 지구 표면에서부터 100킬로미

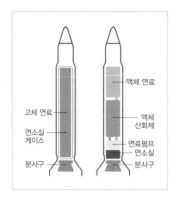

←⋯ 고체 추진 로켓과 액체 추진 로켓의 구조.

| 고체 추진 로켓과 액체 추진 로켓의 차이 |

	고체 추진 로켓	액체 추진 로켓
구조	고체 연료	복잡(각종 밸브류 등)
신속성	발사 준비 7일 미만 소요	발사 준비 30일 이상 소요
연료 효율	나쁨(저궤도·소형 발사 유리)	좋음(중궤도·정지궤도 발사 유리)
관리	연료 충전 상태로 저장 관리, 이동 및 취급 용이, 대량생산 용이	장시간 연료 주입, 연료 주입 후 장시간 대기 불가 지원 소요 과다
개발 제작비	저가	고가
기타	점화·재점화 불가 점화 후 추력 조절 불가	점화·재점화 가능 점화 후 추력 조절 가능

터 이상의 고도로 정의하는데, KSR-II는 우주로 보낸 첫 과학 로켓
이 되었다.

셋째, KSR-III는 우리나라 최초의 액체 추진 과학 로켓이다.
1997년부터 2002년까지 총 780억 원의 연구 개발비가 투입되었
다. 길이 14미터, 지름 1미터, 무게 6톤의 KSR-III 로켓은 가압식 액
체 연료 엔진 기술이 핵심이다. 연료와 산화제를 적절한 비율로 잘 혼
합한 후 연소실로 보내 연소시켜, 그때 나온 가스를 분출시키면 추진

157

력이 발생해 작용 반작용 효과로 로켓이 날게 된다.

연소실에 액체 연료와 산화제를 밀어 넣는 힘이 약하면 연소가 잘 이루어지지 않을 수도 있고, 너무 많은 양을 넣으면 연소실이 폭발할 수도 있다. 연소 시험을 반복적으로 수행하며 연소를 안정적으로 제어하는 기술 개발이 필요하다. 이 로켓의 목표는 추력 13톤급 액체 연료 엔진의 독자 개발과 소형 위성 발사체의 기술을 확보하는 것이었다.

2002년은 온 국민이 월드컵 4강 진출 신화로 기억한다. 이에 더해 과학계에서는 최초의 액체 연료 로켓 발사가 이루어진 해이기도 하다. 2002년 11월 KSR-III는 최고 속도 초속 899미터, 최고 고도 42.7킬로미터, 비행 거리 79.5킬로미터, 비행 시간은 231초로 발사에 성공했다. 등유와 극저온 추진제인 액체산소를 사용한 13톤급 가압식 액체 엔진을 개발한 것이 무엇보다 큰 성과였고, 성능 시험 시설 구축 및 엔진 시험 기술을 확보했으며, 위성 발사체 기반 기술 등을 보유하게 되었다.

비행 과정을 제어하는 관성항법장치, 엔진 노즐을 이용해 비행 방향을 제어하는 추력 벡터 제어 시스템, 추력기를 사용해 자세를 조절하는 자세제어 시스템, 연료 및 산화제 탱크 등을 국산화한 것도 큰 기술적 성과였다. KSR-I과 KSR-II는 부품의 몇 가지를 미국에서 수입했지만, KSR-III는 미국에서 모든 부품 수출을 거부했기 때문에 전부 독자적으로 개발할 수밖에 없었다. 현재 KSR-III의 실물는 국립과천과학관 첨단기술관 등에 전시되어 있다.

이러한 과학 로켓 기술은 우리나라 최초의 우주 발사체 나로호 (KSLV-I) 개발에도 활용되었다. 나로호는 소형위성 발사체 개발 사업의 로켓 이름으로, 2002년부터 2013년까지 총 5205억 원이 투입되었다. 100킬로그램급 인공위성을 지구 저궤도(300~1500킬로미터 타원궤도)에 진입시킬 수 있는 발사체 개발이 목표였다. 나로호는 총 2단으로 구성되었는데, 1단은 액체 연료 엔진으로 러시아에서 개발했고, 2단은 고체 연료 엔진이며 우리나라 순수 기술로 이루어졌다. 나로호의 총 중량은 140톤, 길이는 약 33미터, 최대 지름은 2.9미터다. 1단의 추력은 170톤급으로 가압 방식이 아닌 터보 펌프를 이용해 연료와 산화제를 공급한다.

나로호 로켓의 액체 연료 엔진은 액체 상태의 연료와 산화제를 연소실로 각각 분사한 후 혼합해 연소한다. 시스템 구조가 복잡하고 부품 수도 많으며, 주로 대형 발사체의 주 엔진으로 많이 사용된다. 나로호 2단의 고체 연료 엔진은 7톤급의 추력을 가지며 연료와 산화제가 섞인 고체 형태의 추진제를 사용한다. 시스템 구조가 비교적 단순하고 부품 수가 적으며, 발사 작업이 보다 간단하여 신속하게 쏘아 올릴 수 있다. 주로 대형 발사체의 보조 추력 장치로 사용하는 경우가 많다.

나로호 개발 당시 발사체 기술 선진국인 미국, 러시아, 프랑스, 일본, 중국, 인도 등과 기술 협력 의사를 타진했으나 그에 긍정적이었던 러시아와 공동 개발을 추진하게 되었다. 발사체 개발은 국가의 역량을 집약한 첨단 대형 사업이다. 선진국이 기술 이전을 기피하는 민감한 사안이기도 하며 뒤늦게 발사체 개발을 시작한 우리나라는 기술 협력이나 지원보다 압력과 규제를 많이 받는 실정이다.

나로호는 3차 발사 시도가 있었다. 2009년 1차 실패, 2010년 2차 실패, 드디어 2013년 1월 발사에 성공했다. 나로호는 목표 고도인 550킬로미터까지 상승했고, 18분 58초 동안 비행했다. 나로호의 30톤급 액체 연료 엔진(지구 중력에서 약 30톤의 무게를 들어 올릴 수 있는 힘을 가진 엔진)의 핵심 부품인 연소기, 터보 펌프, 가스발생기 밸브 등을 자력으로 개발해 지상 연소 시험 및 연계 시험을 실시했고, 75톤급 액체 연료 엔진을 자체 개발해 2018년에 시험 발사에 성공했다. 나로호 엔진 개발을 토대로 누리호의 엔진을 자체적으로 개발할 수 있었던 것이다.

우리나라 독자 개발, 한국형발사체 누리호

누리호(KSLV-II)는 우리나라가 독자 개발한 한국형발사체로, 액체 연료를 사용한 3단 발사체다. 2010년 3월부터 2023년 6월까지 약 2조 원이 투입되었는데, 나로호(KSLV-I) 예산의 약 4배다. 누리호에 들어가는 부품이 약 37만 개니 얼마나 복잡한 장치인지 상상하기 어렵다. 누리호의 제원은 높이 47.2미터, 최대 지름 3.5미터, 무게는 200톤이다. 로켓 1단에는 75톤급 엔진을 4개 묶어 사용했고, 2단에는 75톤급 엔진 1개, 3단에는 7톤급 엔진 1개를 국내 기술로 개발해 사용했다.

75톤급 엔진이란 진공상태에서 75톤의 무게를 궤도로 날려 보낼 수 있는 추력을 말한다. 누리호는 케로신이라는 등유를 연료로 사용하고, 액체산소를 산화제로 쓴다. 액체 연료 로켓은 가스보일러처럼 연료의 양을 조절할 수 있고 산화제의 양도 조절이 가능해 상황에 맞게 점화와 소화를 바꿔가며 로켓의 추진을 제어한다. 그러나 고체 연료 로켓은 연탄보일러처럼 한번 점화하면 추진을 제어하기 어렵다.

액체 연료는 고체 연료에 비해 비추력이 높은 장점이 있다. 비추력은 로켓연료의 효율성을 나타내는 단위이며, 연료 1킬로그램이 1초 동안 연소될 때의 추력인데 비쌀수록 추진제의 성능이 좋다는 것을 의미한다. 고체 연료 로켓의 진공 비추력은 200~270초이고, 액체 연료 로켓의 진공 비추력은 약 300초다. 액체 연료 로켓은 고체 연료 로켓에 비해 단점도 있다. 구조가 복잡해 만들기 어렵고, 연료 탱크를 부식시킬 수 있어 액체 연료의 장시간 보관이 어렵다. 또한 연료와 산화제를 넣는 시간이 오래 걸리기 때문에 빠른 발사가 필요한 군사용 미사일에는 고체 연료 로켓이 많이 사용된다.

누리호 1단에는 엔진을 묶어서 필요한 추력을 내는 클러스터링 기술이 사용되었다. 즉 300톤의 추력을 내기 위해 75톤급 엔진 4개를 묶은 것이다. 더 무겁고 큰 로켓을 멀리 보내기 위해서는 75톤급 엔진을 더 많이 묶으면 된다. 이론은 쉽지만 각각이 원래 하나의 엔진이었던 것처럼 작동해야 하기에 정밀한 제어가 필요하다. 연료 및 산화제의 양, 온도, 압력 등을 동일하게 유지해야 하고, 엔진 점화 시 엄청난 화염 속에서 서로 간섭되어 균형이 흐트러지지 않도록 자세를 유지해야 하는 것이 관건이다.

누리호는 액체 연료 로켓인 KSR-III의 가압식과 다르게 추진제를 연소실로 밀어 올리기 위해 터보 펌프라는 장치를 개발해 사용했다. 가압식은 비활성가스를 고압 탱크에 저장했다가 압력으로 추진제를 밀어내는 방식이다. 압축된 추진제를 담아두어야 하므로 추진제 탱크가 두껍고 무거운 단점이 있다. 소형 로켓은 가압식으로도 발사가 가능하지만, 더 무거운 로켓을 쏘아 올리려면 선진국처럼 터보 펌프가 필요했다.

터보 펌프는 사람의 심장과 같은 역할을 한다. 심장이 우리 몸에 혈액을 보내주지 않으면 인간이 살 수 없듯이, 터보 펌프가 연료와 산화제를 연소실에 보내지 않으면 연소가 멈추고 날지 못하게 된다. 2003년부터 터보 펌프 개발을 시작해 7톤급, 75톤급 개발을 완료했다. 2018년 누리호 시험 발사체 발사 성공으로 우리나라 최초의 터보 펌프 개발을 알리게 되었고, 이 뜨거운 심장이 누리호에 장착된 것이다. 바로 터보 펌프 개발이 누리호 발사 성공을 이끈 요인이라고 할 수 있다. 누리호는 2021년 첫 번째 발사의 실패를 극복하고, 2022년 2차 발사 및 2023년 3차 발사에 성공했다. 그 뒤 민간으로 이양해 2025년 4차, 2026년 5차, 2027년 6차 등의 발사가 준비 중이다.

누리호의 4차 발사 계획

2025년 하반기 예정인 누리호 4차 발사와 관련한 엔진 수락 연소 시험이 2024년 7월에 진행되었다. 수락 연소 시험은 로켓에 엔진을 장착하기 전, 최종 성능을 검증하기 위한 것이다. 75톤급 엔진 1기에 대한 첫 번째 연소 시험이었다. 3차 발사까지는 한국항공우주연구원의 단독 주관으로 300여 개 회사가 참여해 누리호 로켓을 만들었지만, 4차 발사 이후부터는 한화에어로스페이스와 공동 주관으로 누리호 제작 및 발사를 수행하게 된다. 이번 연소 시험은 민간 기업이 직접 총괄 제작한 첫 번째 엔진의 성능 검증 시험이었다. 누리호에 탑재되는 엔진은 총 6개인데 순차적으로 2025년 2월까지 시험을 마무리할 계획이다.

누리호 4차 발사에는 주 탑재 위성으로 '차세대 중형위성 3호'가 실린다. 지구 관측을 위한 인공위성으로, 무게는 약 500킬로그램이다. 부탑재 위성으로는 6개의 초소형위성(큐브위성)이 공모를 통해 선정되었다. 6U 크기(1U는 가로, 세로, 높이가 각각 10센티미터인 정육면체다) 위성 3개와 3U 크기 위성 3개가 같이 누리호에 실린다.

6U 위성의 임무는 다음과 같다. 스페이스린텍의 'BEE-1000'는 저궤도상에서 제약 단백질 결정 성장에 대해 우주에서 실증하여 '우주 제약'을 위한 데이터 확보가 목적이다. 또한 한컴인스페이스의 '세종 4호'는 공공 활용을 위한 다분광 영상 촬영을 목표로, 핵심 부품의 우주 검증이 주가 된다. 마지막, 한국전자통신연구원의 'ETRISat'은 저궤도 초소형위성 기반으로 6세대 이동통신(6G), 사물인터넷(IoT), 비지상 네트워크(NTN) 탑재체 기술을 검증한다.

3개의 3U 위성 중 하나인 우주로테크의 'COSMIC'은 우주 교통 관리 핵심 기술 중 위성 폐기 장치를 검증하는 것으로, 우주탐사용 로버의 모터 드라이버 등을 살펴본다. 또한 코스모웍스의 두 위성 'JACK-003'과 'JACK-004'는 가시광선 영역에서 해상도 5미터로 지구 관측을 할 예정이다. 이외에도 누리호 4차 발사에 탑재되는 위성이 있다. 2022년 큐브위성 경연대회에서 선정된 국내 대학 개발 큐브위성과 한국항공우주연구원에서 개발 중인 우리나라 소자·부품 검증 위성도 함께 실어 발사할 예정이다.

누리호 4차 발사는 우리나라의 뉴스페이스 시대를 본격적으로 여는 서막이다. 정부 주도로 발사했던 과거 올드스페이스와 다르게 민간 주도로 로켓 산업을 전환하는 시작점이라는 데 의의가 있으며, 누리호 로켓의 안정화와 기술의 신뢰성을 높이기 위한 것으로 볼 수 있다.

| 올드스페이스와 뉴스페이스 |

항목	올드스페이스	뉴스페이스
목표	국가적 목표(군사, 안보, 경제 등)	상업적 목표(시장 개척)
개발 기간	장기	단기

개발 주체	국가 연구 기관, 대기업	중소기업, 스타트업, 벤처기업
개발 비용	고비용	저비용
주요 자금 출처	정부(공공 자본)	민간(상업 자본)
관리 방식	정부 주도	자율 경쟁
특징	보수적, 위험 회피, 신뢰성	혁신성, 리스크 감수, 고위험
대표 사례	아폴로프로그램, 우주왕복선	재사용 로켓, 우주 광물 채굴
주요 시장	하드웨어	재사용 로켓, 우주 광물 채굴, 우주 관광
대표 기관(기업)	NASA, ESA	스페이스X, 블루오리진, 버진갤럭틱

차세대발사체 개발 계획

정부는 2023년부터 2032년까지 총 2조 132억 원의 예산을 투자해 차세대발사체(KSLV-III) 개발 사업을 진행하고 있다. 차세대발사체는 지름 3.7~3.8미터, 페어링 지름 4.2미터, 이륙 중량 360톤급 2단형 발사체로 계획되어 있다. 1단에 재점화 및 추력 조절이 가능한 100톤급 추력의 다단연소사이클 엔진 5개를 묶어 추력을 내고, 2단에 다회 점화가 가능한 10톤급 추력의 다단연소사이클 엔진 2개를 묶어서 추력을 발생시킨다. 누리호는 태양동기궤도(고도 500킬로미터)에 약 2.2톤의 무게를 가진 인공위성을 보낼 수 있고, 정지천이궤도(고도 3만 6000킬로미터)에 약 1톤의 위성을, 달전이궤도에는 0.1톤의 위성을 보낼 수 있는 성능을 가졌다. 그러나 차세대발사체는 누리호보다 훨씬 무거운 인공위성을 보낼 수 있는데, 태양동기궤도에는 7.0톤, 정지천이궤도에는 3.7톤, 달전이궤도에는 1.8톤의 인공위성을 보낼 수 있는 성능을 확보하기 위한 로켓이다.

누리호(KSLV-II) 1단은 75톤급 엔진 4개를 묶어 300톤의 추력을 냈으나 차세대발사체는 100톤급 엔진 5개를 묶어 500톤의 추력을 낼 수 있어 탑재되는 인공위성 등의 무게 용량을 누리호 대비 3배 정도 늘릴 수 있다. 또한 누리호는 3단 로켓이나 차세대발사체는 2단이다. 차세대발사체는 1단에서 누리호보다 강력한 추력이 발생하여 2단으로도 목표 궤도에 진입할 수 있어 2단으로 설계할 예정이다. 추력이 충분히 높다면 분리 단계가 적을수록 복잡도 및 위험 변수가 낮아지므로 발사 성공 확률이 높아진다.

누리호의 뒤를 잇는 차세대발사체는 재활용이 가능하도록 제작 예정이다. 이에 누리호에 없던 재점화 기술, 추력 제어 기술, 귀환 기술 등이 적용될 것이다. 또한 개발 중인 다단연소사이클 엔진으로 연료 대비 추력 효율을 높이고, 터보 펌프를 작동시키기 위해 발생하는 가스를 버리지 않고 재순환시켜 연료와 함께 연소해 효율을 높일 수 있다.

| KSLV-II와 KSLV-III |

한국형발사체(KSLV-II, 누리호)		차세대발사체(KSLV-III)	
3단 엔진	추력 7톤급	2단 엔진	추력 10톤급
	가스 발생기 사이클 방식		다단연소사이클 방식
	액체 엔진 1기		액체 엔진 2기
2단 엔진	추력 75톤급		추력 조절(40~100%)
	터보 펌프 방식		다회 점화
	액체 엔진 1기	1단 엔진	추력 100톤급
1단 엔진	추력 75톤급		다단연소사이클 방식
	터보 펌프 방식		액체 엔진 5기
	액체 엔진 4기		추력 조절(40~100%)
			재점화

165

투입 성능	지구저궤도(LEO) 3.3톤 태양동기궤도(SSO) 2.2톤 정지천이궤도(GTO) 1.0톤 달전이궤도(LTO) 0.1톤 화성전이궤도(MTO) 0.0톤	투입 성능	지구저궤도(LEO) 10.0톤 태양동기궤도(SSO) 7.0톤 정지천이궤도(GTO) 1.0톤 달전이궤도(LTO) 1.8톤 화성전이궤도(MTO) 1.0톤

* LEO는 우주 관광, 대형 화물 수송 등, SSO는 다목적 실용위성, GTO는 천리안위성, KPS 위성 등, LTO는 달 탐사선 및 달 착륙선, 우주 자원 탐사 등, MTO는 행성 및 심우주 탐사, 소행성 귀환 등에 사용한다.

조달청 공개 입찰을 통해 한화에어로스페이스가 한국항공우주연구원과 함께 차세대발사체의 설계, 제작, 발사 등 모든 과정에 참여하는 체계종합기업으로 선정되었다. 민간 주도로 2030년부터 차세대발사체로 3회 발사를 할 계획이다. 2030년에는 달 궤도 투입 성능 검증 위성을 발사해 로켓의 성능을 확인하고, 2031년에는 달 착륙선 예비 모델을, 2032년에는 달 착륙선 최종 모델을 쏘아 올릴 계획이다. 누리호는 지구 저궤도 위성을 담당하고, 차세대발사체는 대형 위성과 달 탐사선, 화성 탐사선 발사 등에 활용될 예정이다.

주요 국가들의 로켓 개발 계획

미국의 NASA는 2017년 12월부터 국제 유인 달 탐사 프로젝트인 아르테미스프로그램을 주도적으로 추진하고 있다. 이 프로젝트는 2025년까지 우주인을 달에 착륙시킬 예정이고, 화성 탐사의 전초 기지를 달에 구축하는 것을 목표로 하고 있다. 이를 위해 우주왕복선을 개량해서 로켓(SLS)을 개발하고 있는데, 높이 98.1미터, 무게 2600톤, 최대 추력은 4000톤으로 누리호 추력(300톤)의 약 13배다.

스페이스X는 세계 로켓 시장에서 가장 앞서가는 민간 기업이다. 이 회사에서 개발한 팰컨9 로켓은 추력 조절 및 재점화가 가능한 엔진으로, 역추진 방식을 활용해 같은 부스터로 최대 18회 이상의 재사용 기록을 세웠다. 또한 중대형 수송을 위한 팰컨헤비는 코끼리 13마리를 한꺼번에 우주로 실어 나를 힘을 가진 로켓으로, 범용 핵심 부스터Common Core Booster, CCB 형태로 붙여서 추력을 증가시켜 중대형 우주 수송 임무에 적용하고 있다. 화성 등 심우주 항행을 위해 스타십도 개발 중인데, 이는 초대형 완전 재사용 발사체로 화성에서 현지 자원 조달을 할 수 있도록 메탄-액체산소를 추진제로 사용할 계획을 세웠다.

그리고 블루오리진은 준궤도용 로켓인 뉴셰퍼드를 개발했다. 이는 우주 관광 목적으로 가스 사이클 엔진을 사용했고, 2015년 11월 재사용을 위한 수직형 착륙에 성공해서 최초라는 기록을 세웠다. 또한 대형 로켓인 뉴글렌을 개발 중인데, 액체산소와 메탄을 추진제로 사용하는 2단형 로켓이며 최소 25회의 재사용을 목표로 한다.

중국은 국가항천국CNSA 주도로 중대형, 고에너지 중심의 로켓을 개발하고 민간 기업은 소형, 저궤도 중심의 상업용 로켓을 만드는 방향이다. 국가항천국은 창정(CZ) 시리즈 로켓을 개발해 2022년 발사 성공률 100퍼센트를 달성했다. 우주정거장에 화물이나 사람을 수송하기 위해 CZ-7 로켓을 만들었고, CZ-8 로켓은 재사용이 가능하도록 그리드 핀과 착륙 다리가 설치될 예정이다. 또한 달이나 우주정거장 임무에 적용하기 위해 초대형 로켓 CZ-9를 개발 중에 있다.

중국 기업은 국가에서 2014년 우주개발에 대한 민간 투자를 허용한 이후, 국영 기업이나 대학교의 자회사 형태로 로켓 개발을 해왔다. 아이스페이스는 지구 저궤도LEO에 1.9톤 위성을 투입할 수 있는 2단형 액체 연료 로켓인 Hyperbola-2를 개발하고 있으며, 펠컨9와 유사한 수직 착륙 방식의 재사용 로켓을 만들고 있다. 랜드스페이스는 메탄 추진제를 사용하는 ZQ-2 로켓을 개발해 2023년 발사에 성공했는데 태양동기궤도SSO에 1.5톤의 위성을 보낼 수 있는 성능을 확보했다.

러시아는 국제우주정거장에 화물과 사람을 수송하기 위해 소유즈 로켓을 계속 사용하고 있으며, 다른 나라 위성을 발사해주는 역할을 많이 수행한다. 러시아는 소유즈Soyuz-5, 아무르Amur, 앙가라Angara A5 등의 로켓을 개발 중이다. 특히 아무르 로켓은 메탄 엔진의 재사용 로켓인데 100톤급 메탄 엔진 5개를 묶어 1단으로 하는 중형 로켓이다. 기존 엔진과 다르게 1개의 터보 펌프를 구동하기 위해 재생 냉각 채널에서 가열된 기체 메탄과 예연소기에서 연소된 산화제 과잉 가스를 동시에 사용할 수 있어, 산화제 과잉 가스의 온도를 낮춰 안정성을 높이고 엔진의 추력을 증가시킬 수 있다.

일본은 주로 일본 우주국JAXA 주관으로 로켓을 개발한다. 국제우주정거장 화물 운송을 위해 H-2A, H-2B 로켓을 주로 사용했다. 또한 차세대 발사체인 H-3를 개발 중이다. H-3 로켓은 H-2 보다 성능이 강력하지만 간단한 구조로 적은 부품을 사용한다. 3D 프린팅 기술을 활용하고, 발사 순서를 단순화했으며 발사 횟수를 증가시켜 단가를 절감할 계획이다. 입실론 로켓 시리즈도 개발하고 있는데 3~4단형 고체 소형 발사체로 H-2A의 고체 로켓 부스터를 장착해 태양동기궤도에 600킬로그램 이상의 위성을 보내는 것을 목표로 한다.

168

우리나라의 로켓 개발 계획

우리나라는 로켓을 개발해서 2032년 달, 그리고 2045년 화성에 착륙할 계획을 세웠다. 정부는 초소형, 중대형, 우주탐사 등 다양한 수요에 맞추어 독자적으로 로켓을 개발하고 국가에서 민간으로 기술을 이전하여 로켓 발사 서비스를 구축하고자 한다. 미래의 우주 수송 역량 확보를 위해 로켓 개발을 지속적으로 추진할 것이다. 국가에서 개발한 위성은 국내 로켓으로 발사하는 것을 원칙으로 운용 예정이다.

| 우리나라 정부 개발 로켓 운용 및 서비스 전략 |

구분	발사 서비스 시작 시기	발사 위성
누리호(KSLV-II)	2028년부터 민간 주도 발사 서비스 시작	차세대 소형 위성, 초소형 군집 등
고체, 액체 소형 로켓	2028년부터 민간 주도 발사 서비스 시작(고체)	소형 군집, 안보위성 등
고체 확장형 로켓	2029년부터 민간 주도 발사 서비스 시작	
차세대발사체(KSLV-III)	2032년 이후부터 민간 주도 발사 서비스 시작	다목적, 정지궤도, 달 및 행성 탐사선 등
차세대발사체 확장형(KSLV-IIIA)	2038년부터, 민간 서비스 시작	달 착륙 및 귀환선, 화성 착륙선, 유인 우주선 등

* 액체 소형 로켓은 민간 주도 개발을 지원해, 민간 개발 일정에 따라 서비스 창출 예정.

누리호는 신뢰성 확보를 위해 반복 발사를 하고, 성능을 개선할 계획이다. 2024년 4차를 비롯해 2027년 6회 발사까지 하고, 2028년 이후에도 공공 수요를 중심으로 해 연평균 1회 이상 발사를 추진하고자 한다. 주 탑재 위성 외에도 국내 산업체 부품 우주 검증 등을 위한 다양한 부탑재 위성을 싣게 된다. 또한 누리호 설계, 제작, 시험 등 주요 기술에 대한 민간 이전을 통해 향후에도 누리호 제작, 조립, 발사 등을 할 수 있도록 수행 총괄하는 체계종합기업 및 다양한 민간 기업을 육성할 계획이다. 반복 발사를 통해 임무 다변화를 위한 대형 페어링 개발, 엔진 성능 개량, 기체 경량화 등 지속적으로 성능을 개선하는 중이다.

또한 대형 화물의 우주 수송을 위해 차세대발사체(KSLV-III)를 2032년까지 개발할 계획이다. 이 로켓은 7톤 저궤도 위성 및 3.7톤 정지궤도 위성을 나를 수 있게 하는 등 본격적으로 우주탐사를 위한 성능이 확장될 것이다. 이를 위해 다단연소사이클 엔진을 개발하고 있다. 재점화, 추력 조절이 가능한 재사용 로켓 기반 기술과 부스터 장착이 가능하도록 하여 대형 임무를 고려한 성능 확장 가능 형상이 예상된다.

그리고 탑재되는 중량이 1톤급 이하인 소형 로켓을 2028년까지 개발할 계획이다. 1단계로 500킬로그램급, 2단계로 1톤급 저궤도 위성을 발사할 것이다. 우리나라의 고체 연료 추진 기술을 통해 민관 협력하여 우주 발사 시장을 선점할 로켓 상용화를 추진 중이다. 고체 연료 로켓에 실을 수 있는 무게 용량을 높이기 위해 고에너지 연료, 경량 복합 소재 등 기술이 고도화될 전망이다.

재사용 로켓 및 심우주 탐사용 로켓에 대한 개발도 추진하려고 한다. 미래 로켓의 효율성 및 가격 경쟁력 확보를 위한 핵심인 재사용 기술의 조기 확보를 위해 역량을 모을 것이다. 현재 체계 기술 조기 확보를 위한 엔진 선행 연구를 추진 중에 있다. 또한 우주탐사 확대에 대응해 차세대발사체 성능을 확장하고자 1단용 보조 부스터, 상단용 고성능 수소 엔진 개발을 계획했다. 궤도 수송용 고추력 이원 추진제 엔진, 심우주 탐사용 원자력 전기 추진, 플라스마 엔진 등 심우주 탐사를 위해 궤도 간, 행성 간 수송에 필요한 핵심 기술 개발에 대한 선행 연구도 지원할 것이다. 우주 관광 및 우주정거장 등에 사용할 수송선에 대한 연구가 활발하다.

우리나라에서 개발한 로켓으로 달 탐사, 화성 탐사를 하고, 우주 관광을 할 수 있는 날이 멀지 않았다. 어린 시절에 '블루마블' 보드게임을 재미있게 했다. 주사위를 던져 우주여행 칸에 걸리면 우주왕복선 컬럼비아호를 타고 원하는 나라를 자유롭게 선택할 수 있었다. 컬럼비아호는 미국 유인 우주왕복선 1호기로, 1981년 첫 발사에 성공했다. 마지막 비행까지 총 28회 임무를 수행했고, 160명을 우주로 보낸 우주선이다. 그러나 2003년 마지막 비행을 마치고 귀환하던 중 재진입 시 폭발해 7명의 탑승자 전원이 사망하기도 했다.

초등학생 시절 이 보드게임을 하며 우주여행은 미국만 할 수 있는 특권이고, 꿈만 꿀 수 있는 일이라고 생각했다. 그러나 이제 우리나라도 순수 자체 기술로 누리호 로켓을 만들었고, 우리나라 발사장에서 우리나라 위성을 싣고 쏘아 올릴 기술을 가지게 되었다. 앞으로 10~20년 내에 우리 기술로 달 탐사 및 화성 탐사를 하게 될 것이고, 머지않아 재사용 로켓도 개발해내며, 안정성과 경제성을 확보해 우주 관광이 가능하게 될 것이다. 보드게임 속 우주여행이 우리나라 기술로 현실화되는 날이 곧 올 듯하다.

AI와 양자 시대에
아주 간단한 알고리즘 이야기

전성윤   수학

길은 시간을 떠안고 있다. 시간은 경로를 결정하게끔 한다. 길에는 시간이 반영되어 있고 그 길 위에서 다들 결정을 해야 한다. 어디로 가야 할까? 언제쯤 도착할 수 있을까?

도시는 각자의 요구로, 편리를 위해 길이 얽혀 있다. 길을 따라 어디론가 가야 한다면 몇 가지 고려해야 할 사항이 있다. 시내로 가야 할지, 고속도로로 갈지, 되돌아오는 길이 있는지, 사람들이 몰리는 도로는 아닌지 따위다. 그간 자신이 겪은 일과 주변의 이야기로 떠나야 할 길을 정해왔다. 2000년 즈음이 되어서 내비게이션이 일상에 장착되며 경험은 정보로 입력되었다.

서로 다른 길 위에서 목적지로 향하는 가장 빠른 경로를 찾는 방법이 내비게이션에 입력되어 있다. 가게 주인이 물건에 적당한 가격을 매기듯이 길 위에 값을 넣어 계산한다. 거리와 도로 상황 등을 고려한 값이므로 그 값이 낮은 길을 따라가야 빨리 도착할 수 있다. 목적지까지 길이 하나라면 더 이상 따질 일이 없겠지만 길은 나뉘었다가 합쳐지고 다시 여러 갈래를 이룬다. 출발지에서 도착할 때까지 길은 세 번 나뉠 수도 있고 두 번으로 족할 수도 있다.

172

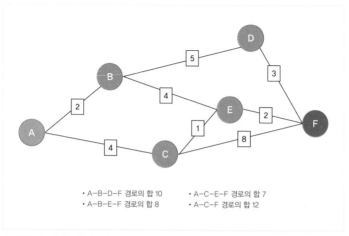

- A–B–D–F 경로의 합 10
- A–C–E–F 경로의 합 7
- A–B–E–F 경로의 합 8
- A–C–F 경로의 합 12

↕ 출발지 A에서 도착지 F까지의 경로.

　이런 사정을 따지기 위해 복잡한 경로를 단순하게 만들 필요가 있다. 한눈에 들어오도록 보기 좋게 정돈하는 과정이다. 정돈하는 방법은 쉽다. 길이 갈리고 겹치는 곳곳마다 점으로 표기해 선을 잇는다. 최단 거리를 찾는 방식의 첫 해법은 점과 점 사이를 잇는 가장 낮은 값을 지닌 길을 탐색하고 그 길을 따라 다음 점까지, 또다시 가장 작은 값을 지닌 길을 추적하는 방식이었다.

　출발지 A에서 2개의 길 B, C로 나뉘고 그중 B가 D, E로 나뉜 후 도착지 F에 도착한다고 치자. 공교롭게도 C와 E는 연결되어 있다. C에서 종착점 F로 바로 향하는 길도 나 있다. 이렇게 되면 예상되는 최적의 경로는 총 4개다. A-B-D-F와 A-B-E-F, A-C-E-F 그리고 가장 짧아 보이는 경로 A-C-F다. 낮은 값을 매긴 길을 따라가면 된다지만 그렇지 않을 수도 있다.

　A에서 출발할 때부터 B와 C에 도달하기까지 각각 2와 4의 값

이라면 누구나 B로 향하는 길을 선택할 것이다. 그렇지만 C에서 한 번 들러야 하는 E까지 값이 B-D와 B-E 경로보다 매우 낮다면 결과적으로 C로 향하는 것이 더욱 빠른 길이 될 수 있다. 한편 A-C-F는 짧은 경로이나 C-F에 주어진 값이 크다면 빠른 길이 될 수 없다. 가야 할 길이 멀수록 탐색해야 할 경로는 더욱 복잡해지기 마련이다. 그렇다고 모든 길을 다 찾아 헤매는 건 무의미해 보인다. 따라서 최단 거리 경로를 정한 후 불필요한 탐색은 더 이상 진행하지 않도록 설정되어 있다.

그럼에도 탐색해야 할 경로가 너무 많은 것은 늘 문제다. 그래서 지도를 격자로 나눠 치밀하게 구획해 빠른 길을 찾는 방법이 고안되었다. 지도를 체스 판처럼 반듯하게 구분하고 한 면에서 다음 면으로 이어지는 길에 값을 매긴다. 면이 맞닿아 있는 점에 기물을 놓고 선을 따르는 장기와 달리 체스는 면 위에 말을 올리고 칸칸이 움직이니 체스 판을 떠올리면 된다. 이미 설명한 선을 따르는 방식과 가장 큰 차이는 면에 값을 매길 때마다 목적지에서 되돌아오는 값 역시 함께 계산한다는 점이다.

왼쪽으로 몇 칸, 대각선으로 몇 칸 가는 식으로 출발 지점에서 도착점까지 매 칸마다 점수를 매길 수 있는 것이다. 예를 들어 시작점에서 오른쪽으로 두 칸, 위로 두 칸이 최종 목적지라 하고, 시작하는 면에서 오른쪽으로 한 칸 옮긴 '가' 면에 1의 값을 매긴다. 동시에 목적지에서 거꾸로 '가' 면에 이르는 아래로 두 칸, 왼쪽으로 한 칸의 거리를 3으로 기록한다. 대각선에 위치한 '나' 면에 대해서도 동일한 방식이 적용된다.

다만, 대각선 거리는 한 칸에 비해 조금 길어 1보다는 큰 수로 기록된다. 정사각형에서 마주 보는 꼭짓점을 잇는 거리가 서로 이웃

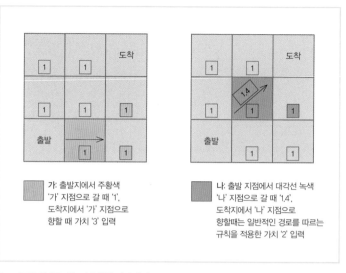

가: 출발지에서 주황색 '가' 지점으로 갈 때 '1', 도착지에서 '가' 지점으로 향할 때 가치 '3' 입력

나: 출발 지점에서 대각선 녹색 '나' 지점으로 갈 때 '1.4', 도착지에서 '나' 지점으로 향할때는 일반적인 경로를 따르는 규칙을 적용한 가치 '2' 입력

⁞ 지도를 격자로 나누어 구획한 길의 예시.

한 꼭짓점끼리의 거리보다 약 1.4배 길다. 이러한 기하학적 특징을 반영한다. '나' 지점은 시작점에서 1.4의 값을 갖는다. 또한 목적지에서 아래로 한 칸, 왼쪽으로 한 칸에 해당하므로 2가 함께 새겨진다. 그럼 앞선 '가'는 1과 3의 합인 4를 표기한다. 위치를 대신하는 가치다. '나'는 1.4와 2를 합한 3.4를 부여받는다. '나'의 가치가 '가'에 비해서 더 효율적이므로 처음 출발 방향은 '나'로 향하게 된다.

이렇게 다시 '나'를 중심으로 주변의 가치를 측정하고 낮은 값으로 방향을 이어가는 식이다. 이렇게 되면 쓸데없이 여러 경로를 둘러보지 않아도 된다. 상식적으로 대각선 방향이 가장 빠른 길이될 테니 말이다. 강과 산, 건물, 도시의 여러 장애물을 피하며 좌우, 대각선으로 칸칸이 놓인 도로를 추적하며 길을 찾는다. 거꾸로 경로를 되짚어 최선의 선택을 유도하는 방식이라 경로 검색 시간을 절약

175

한다. 즉, 빠른 시간에 가고자 하는 방향을 결정하는 것이 핵심이다.

여기에는 단순히 지리적 요인만 고려하지 않는다. 빠른 결정에 사람들의 경험이 크게 기여한다. 어차피 길은 사람들의 요구와 편리로 만들어졌으니 칸을 넘나들 때마다 부여한 값은 사람이 만든 것이다. 실시간 교통 정보, 고속도로보다 빠른 국도, 고속 단속 구간, 어린이 보호 구역, 잦은 신호등, 교통사고가 많은 지역, 돈을 내야 하는 도로, 출퇴근 시간과 공휴일, 아파트 단지의 밀집도…. 모두 사람이 만들어 입력하게 된 정보들이다. 그 조합으로 최적의 결정을 내린다. 무엇보다도 빨리 결정을 해야 내비게이션은 쓸모가 있다.

경로가 단순하고 뚜렷한 목적이 있다면 주어진 정보로 시간을 절약할 수 있다. 그렇지 않다면 계산량은 걷잡을 수 없이 늘어난다. 집에서 약속 장소에 도달하기 전 들러야 할 곳이 있는 문제가 그렇다. 내비게이션 없이 가본 적 없는 장소들이다. 일단 2곳을 경유하는 것부터 따져보자. 금세 알 수 있다. 둘 중 하나를 선택하는 일이다. 3곳을 들러야 한다면 여섯 가지의 경우가 생긴다. 4곳이라면 24가지 경우로 는다. 급기야 15곳이 되면 1,307,674,368,000가지의 경우가 발생한다. 점점 감당하기 힘든 수로 늘어난다.

문제는 이 모든 경우를 겪어야 할 시간이다. 규칙을 부여하는 알고리즘이 없다면 1,307,674,368,000번의 계산은 달성 가능하나 시간으로 인해 해결 불가능한 문제가 된다. 인천에서 출발해 전국을 여행하고 되돌아오기 위해 15개의 도시를 꼭 지나치려 한다면 1,307,674,368,000개의 경로를 염두에 두어야 한다. 어차피 여행은 둘 중 하나다. 목적에 따라 계획적으로 움직이거나 그냥 발길 닿는 대로 1,307,674,368,000가지 경로가 거기서 거기라는 속 편한 마음으로 한 길만 따져 떠나거나.

알고리즘과 시간

조그마한 반도체 처리 장치는 어떤 문제를 해결하려 고안한 방식을 여러 단계에 걸쳐 풀어낸다. 알고리즘algorithm은 계산하는 절차라 할 수 있다. 사칙연산과 방정식을 체계적으로 정리한 9세기 페르시아 수학자 알 콰리즈미Al Khwarizmi의 이름에서 유래한다. 내비게이션은 주어진 정보를 최대한 버무려서 합리적인 결과를 도출하도록 계산하는 장치다. 길 찾는 단계를 최대한 줄여 빨리 목적지에 가까워지도록 알고리즘을 짠다. 마치 씨줄과 날줄을 엮어 옷감을 짜듯한다. 바느질에 따라 반복적인 패턴을 이어가면 겨울을 닮은 멋진 스웨터가 되듯 하나의 길 찾기 프로그램이 완성된다. 1조 개가 넘는 경로 중 꼭 필요한 몇 가지 길을 추천하는 방식이다.

알고리즘은 목적을 달성하기 위해 차근차근 밟아야 할 절차다. 사람은 너무나도 유연하게 길을 이해하고 있지만 내비게이션이 유연할 수는 없다. 그저 명령을 수행하고 또 그다음 명령을 완수하며 칸칸이 자리를 옮겨 가는 절차를 밟는 기계일 뿐이다. (어찌 보면 덧셈도 계산하는 절차다. 아이들의 머릿속에 덧셈하는 방법을 어른들이 짜주는 격이다. 덧셈하는 절차마저도 알고리즘이라 할 수 있다.)

이진법은 십진법에 비해 간단하나 익숙하지 않아 헷갈리기 쉽다. 0과 1 두 숫자로만 수를 세는 방식이라서 낯설다. 이진수 '0'과 '1'은 십진수와 마찬가지로 0과 1이다. 그런데 십진수 2에 해당하는 숫자는 이진수로 '10'이다. 3은 '11'이고 4는 '100'이다. 1+1=2인 것은 맞으나 이진법에서는 2를 나타내기 위해 1+1을 하면서 한 자리를 올려주고 두 번째 자리를 새롭게 장만해 1을 표기한다. 그러므로 1+1=10이 된다. '십'이라 읽으면 안 된다. 십진수에

177

서 0부터 9까지 한 자리로 세다 '십'이 되면서 둘째 자리에 1을 두고 첫째 자리를 0으로 만들어 자릿수를 늘리는 원리와 같다.

십진수=이진수로 읽어보면 0=0, 1=1, 2=10, 3=11, 4=100, 5=101, 6=110, 7=111, 8=1000, 9=1001, 10=1010이다. 십진법이 10의 곱마다 10, 100, 1000으로 늘어나듯 이진법은 2의 곱마다 10, 100, 1000으로 표기한다. 이런 규칙을 알았으니 이진법으로 수를 세는 데 어려움이 없다. 이진수 110은 10과 100을 더한 수이므로 2와 4를 더한 6에 해당한다. 1101은 1과 4, 8을 더한 13이다.

이쯤 됐으니 십진수 2와 3의 합을 이진수로 표현해보자. '10'과 '11'을 덧셈하면 된다. 첫 자리에는 0과 1을 더하므로 '1'. 둘째 자리는 1과 1을 더해 '0'으로 만들고 다음 자리로 옮겨 '1'을 표기하면 된다. 십진수 5는 이진수로 '101'에 해당한다. 조금 더 어렵게 이진수 1010111+10001을 해보면, 첫 번째 자리부터 차근차근 차례대로 계산해 '1101000'이 나온다. 십진수로는 104다.

컴퓨터는 그리 까다로운 계산기가 아니다. '0'과 '1'로 신호를 주면서 수를 세고 계산한다. 컴퓨터 화면에는 9, 23, 534가 보이더라도 실제는 1001, 10111, 1000010110 신호에 따른다. 단 2개의 숫자로, 단 2개의 신호로 모든 수가 표현 가능하다. 여기에 2개의 숫자로 계산할 수 있는 규칙을 만들어주면 덧셈, 뺄셈, 나눗셈, 곱셈을 유연하게 해낼 수 있다. 아주 간단한 수 체계로 컴퓨터 시스템을 갖춰준 셈이다.

현대의 컴퓨터는 이진법을 토대로 빠르게 계산한다. 오직 1과 0으로 신호를 주고받아 원하는 결과에 도달한다. 갖가지 문제를 해결하기 위해 두 신호가 순서대로 오류 없이 작동하도록 알고리즘을 개발해왔다. 알고리즘은 뚜렷한 목표를 지향한다. 그리고 무엇보다

178

문제를 빠르게 탐색하는 방식을 찾는 것이 중요하다. 컴퓨터에 어려운 문제는 없다. 컴퓨터를 사용하는 우리에게 어려운 문제가 있을 뿐이다. 그 문제란 시간에 이끌려 끝도 없이 반복하는 행위다.

알고리즘 없이 무언가 해결하려 접근할 때 시간이 문제가 된다. 소인수분해가 대표적이다. 15를 소인수분해 하면 3, 5라 할 수 있다. 나머지 없이 1과 자기 자신으로만 나뉘는 수를 소수라 하고 그런 소수로 분해하는 일을 소인수분해라 한다. 15는 소인수 3과 5로 분해한다. 30은 2와 3, 5로 분해할 수 있다. 숫자를 늘려보면 198은 2와 3이 두 번 그리고 11이다. 더 늘려보자. 13213. 인수분해를 시작하기 위해 2, 3, 4, 5… 이렇게 하나씩 나눗셈을 하게 된다. 불행히도 73까지 해봐야 답을 얻는다.

소인수분해의 해법은 사실상 없다. 하나씩 대입해볼 수밖에 없다. 컴퓨터는 빠르니까 13213 정도는 무리가 없어 보인다. 극단적으로 보일 만한 10을 300번 곱한 수의 소인수분해는 어떨까. 감이 안 올 수 있으니 굳이 자릿수를 적어보자면 다음과 같다.

1,000,000,000,000,000,000,000,000,000,000,000,
000,000,000,000,000,000,000,000,000,000,000,0
00,000,000,000,000,000,000,000,000,000,000,00
0,000,000,000,000,000,000,000,000,000,000,000,
000,000,000,000,000,000,000,000,000,000,000,00
0,000,000,000,000,000,000,000,000,000,000,000,
000,000,000,000,000,000,000,000,000,000,000,00
0,000,000,000,000,000,000,000,000,000,000,000,
000

이 정도 자릿수는 컴퓨터에 1024비트 크기의 정보로 담을 수 있다. 비트bit는 컴퓨터가 처리하는 정보를 나타내는 최소 단위다. 1비트는 1과 0의 정보를 지닌다. 2비트는 두 자리의 이진수로 표현되는 정보에 해당한다. 10, 01, 00, 11이다. 3비트는 8개의 정보가 표현 가능하다. 1024비트는 2를 1024번 곱한 정보를 나타내고 있다. 정확히는 10을 308번 곱한 만큼 커다란 수를 정보로 담는다. 흔히 쓰는 엑셀 프로그램에서 직접 입력했더니 2를 1023번 곱할 때까지만 계산해주었다. 수가 너무 커서 1024번은 의미가 없다고 보는 듯하다. 그런 수를 소인수분해 하려면 얼마나 걸릴까?

비약이 있지만, 얼마큼 '어려운' 문제인지 인식하기 위해 가정을 하나 해보려 한다. 컴퓨터가 한 번 계산하는 데 1펨토초 걸린다는 가정이다. 1펨토초는 1초를 1,000,000,000,000,000번 나눈 순간이다. '찰나'가 명주실이 끊기는 순간인 65분의 1초라 1펨토초의 7배 가까이 더 긴 순간이겠다.

그럼 저 기다란 수, '0'이 아니라 숫자로 채워진 10을 300번 곱한 자리를 채운 수를 살펴보자. 컴퓨터가 1펨토초마다 한 번씩 수를 분해해 소인수를 찾으려면 대략 290,000,000,000,000,000,000,000,000,000,000,000,000,000,000,000,000,000,000,000,000,000,000,000,000,000,000,000,000,000,000,000,000,000,000,000,000,000,000,000,000,000,000,000,000,000,000,000,000,000,000,000,000,000,000,000,000,000,000,000,000,000,000,000,000,000,000,000,000,000,000,000,000,000,000,000,000,000,000,000,000,000,000,000,000,000,000,000,000,000,000,000,000,000,000년이 걸린다.

300개의 자리에서 22개 줄었을 뿐이다. 우주가 존재하는 동안 풀 수 있을지 의문이다. 계산할 수 없는 것이 아니라 계산하기 불가능한 '어려움'이 여기에 있다. 너무 많은 시간이 걸린다.

소인수분해와 암호 알고리즘

소인수분해를 푸는 뚜렷한 해법이 없다는 수학적 난제가 암호에 적용되었다. 암호를 못 풀게 만들기보다는 힘에 겨운 시간을 떠안겼다. 공개 키 암호public-key cryptography는 소인수분해를 기반으로 개발된 암호 체계다. 정보를 주고받는 사람끼리 서로 암호화하는 키를 공유하는 방식이다. 공개 키는 그야말로 공개된다. 혹은 공개해도 된다. 대신, 정보를 받아야 하는 사람은 개인 키가 있어야 한다. 그건 자기 자신만 알아야 하는 비밀번호다.

정보를 받아야 할 사람이 공개 키를 공개하고 정보를 보내야 할 사람은 공개된 공개 키로 문서를 암호화한 후 정보를 보낸다. 정보를 받은 사람은 자신의 개인 키로 암호화된 문서를 복호화할 수 있다. 공개 키와 개인 키는 짝꿍이다. 공개 키 암호 방식은 인터넷에 제공된 사이트에서 누구나 진행할 수 있다. 두 사람만이 공유해야 할 정보를 손쉽게 암호화할 수 있다.

연숙이는 진영에게 중요한 이메일을 보내야 한다. 이메일의 내용에는 계좌 번호와 비밀번호를 적어야 한다. 누군가 이 편지를 볼까 연숙은 겁이 난다. 그래서 진영에게 암호 알고리즘을 보내달라고 요청한다. 진영이 보낸 암호 알고리즘은 일반적인 글과 숫자를 암호화해서 이상한 문자로 바꾼다. 연숙은 진영에게 받은 암호 알고리즘으로 계좌 번호와 비밀번호가 적힌 이메일을 암호화시킨 후 진영에게 보낸다. 진영은 암호화된 이메일을 받아서 자신이 가지고 있던

181

개인 키로 암호를 풀어낸다. 여기서 암호 알고리즘은 공개 키다. 공개 키는 공개되어 있어도 의미가 없다. 이해를 돕기 위해 공개 키를 암호화할 수 있는 자물쇠라 보고 개인 키는 비밀번호를 푸는 열쇠라 할 수 있다. 혹여 제3자인 채아가 공개 키와 암호화된 이메일을 중간에 엿보더라도 아무 상관없다. 채아가 진영이 보낸 자물쇠로 할 수 있는 일은 아무것도 없다.

공개 키 암호 방식은 물건을 사거나 은행 거래를 할 때 사용하는 공인인증서에 이용된다. 은행은 개인이 생성한 공개 키로 암호화된 정보를 저장하고 개인은 개인 키로 자신의 정보를 들여다본다. 공인인증서는 끔찍하게 복잡한 보안 설정으로 악명 높은 방식이었다. 액티브엑스, 키보드 보안 등등 설치해야 할 프로그램도 많았고 지정된 컴퓨터에서만 사용해야 했다. 게다가 보통 특수문자를 포함한 10자리 이상으로 비밀번호를 정하다 보니 기껏해야 1년에 한 번 들어가는 사이트에 비밀번호를 기억하지 못해 애를 먹곤 했다. 2020년 12월 공인인증서는 공동인증서로 명칭을 변경하고 6자리 숫자로 비밀번호를 간소화했다. 지문이나 얼굴 생김새, 홍체를 인식하는 인증 방식도 개발했다. 공인된 금융기관에서 독점하던 인증 서비스를 민간에 허용한 덕분이다. 각종 결제가 수월해졌고 소비가 활발해졌다.

공개 키 암호에는 앞서 소개한 10을 308번 곱한, 엄청 기다란 자릿수를 갖는 숫자를 활용한다. 소인수분해를 하려면 하염없이 따분한 시간을 보내야 하는 수다. 채아가 몰래 엿보더라도 어차피 풀 수 없는 암호의 정체다. 최고 성능의 컴퓨터 수백 대로 1년 이상은 족히 걸릴 것이다. 1980년대 이후 공개 키 암호가 발전하면서 가장 안정적인 암호 체계로 현재까지 우위를 점하고 있다. 1996년 수학자 피터 쇼어Peter Shore가 그의 이름을 딴 소인수분해 알고리즘을 개발했지만 실현 불가능했기 때문이다. 그는 본인이 개발한 쇼어 알고리즘이 양자 컴퓨터에서 가능하다 예견했다. 양자 상태만 잘 조절하면 쇼어 알고리즘으로 소인수분해를 해결할 수 있다는 증거를 내놨다. 알다시피 양자 컴퓨터는 2000년 이후가 되어서야 실현되었다.

양자 컴퓨터에도 비트가 있다. 0과 1을 이용한 신호 체계는 동일하다. 차이는 0과 1이 동시에 존재할 수 있는 상태로 계산을 수행한다는 점이다. 양자 상태의 특징으로 0과 1의 신호가 동시에 수행되어 결과를 한 번에 이끌어낼 수 있다. 0 아니면 1의 신호로 무엇인가가 결정되어야 하는데 0과 1을 동시에 수행하니 두 가능성을 모두 고려하게 된다.

현재 컴퓨터가 1비트의 정보 0과 1을 하나씩 입력해 계산한다면 양자 컴퓨터의 비트는 0과 1을 동시에 계산한다. 2비트에선 00, 01, 10, 11을 각각 넣어 결과를 얻는 반도체 기반의 지금 컴퓨터에 비해 양자 상태에서 일어나는 계산 과정은 네 가지 경우를 한꺼번에 수행한다. 비트가 100으로만 늘어나도 1,267,650,600,228,220, 000,000,000,000,000가지 경우로 급격히 증가한다. 그렇다면 계산량이 늘어날수록 양자 컴퓨터가 유리해진다. 정보 없이 길을 찾아 헤매는 문제나 소인수분해와 같은 문제에 강하다. 어쩔 수 없이 시간에 갇히게 되는 물음에 적합하다.

하지만 양자 컴퓨터가 모든 계산을 한꺼번에 수행해 답을 얻는다고 말할 수는 없다. 그에 걸맞은 알고리즘이 있어야 하고 그 알고리즘도 양자 컴퓨터에서 효율적으로 작동해야 한다. 쇼어 알고리즘은 10을 308번 곱한 만큼 긴 자리를 지닌 수를 분해해 소인수를 얻는 과정을 줄여준다. 그 과정을 수행하려면 양자 상태에서 계산을 수행해야 하고 양자 컴퓨터의 기술적 한계를 넘어선다면 불행히도 현재 암호 체계는 붕괴될 수 있다.

다행히, 그럴 일은 아직 멀었다. 양자 컴퓨터가 비트를 많이 늘리지도 못했을뿐더러 양자 상태가 불안정해 계산 오류가 발생하고 있다. 첨단 반도체 기술은 어떻게든 트랜지스터를 장치 안에 촘촘히 박으려 하고 있다. 밀도를 높여야 계산량을 증가시킬 수 있기 때문이다. 0과 1로 계산하도록 만든 물리적 장치인 트랜지스터가 많아야 컴퓨터가 빠르게 작동할 수 있다. 똑같이 양자 컴퓨터도 트랜지스터에 비견되는 양자 상태를 구현할 장치의 수를 늘리고 안정적으로 조성되어야 하는 것이다. 그렇지 않다면 나의 비밀번호가 노출될 일은 없다. 양자 컴퓨터가 곧 세상의 모든 보안체계를 어그러뜨릴 거라는 뜬소문에 안심해도 된다. 제대로 된 설명도 하지 않는 떠도는 이야기와 달리, 현재까지 트랜지스터로 만든 어떠한 계산기도 시간 안에 갇혀 헤어나오지 못하고 있다. 기술이라는 게 그리 간단치는 않다.

강주환   과학기술

그래픽 카드의 추억

모두가 기다리던 신작 게임이 출시되기 직전이면 친구들은 '집에 있는 컴퓨터로 할 수 있을까?' '이 게임을 하려면 어떤 컴퓨터를 사야 하지?' '고사양 게임을 즐길 수 있으면서 가성비가 좋은 컴퓨터는 무엇일까?' 이런 이야기를 나누며 열띤 토론을 하곤 했다. 그리고 토론의 중심에는 그래픽 카드가 있었다. 그 시절 그래픽 카드는 최신 고사양 게임을 즐길 수 있게 해주는 컴퓨터 부품이었다. 엔비디아는 이 컴퓨터 부품의 핵심인 GPU를 만드는 기업이었고 나에게 엔비디아는 완성형 컴퓨터를 판매하는 곳에 비하면 부품을 만드는 작은 회사처럼 느껴졌다. 2024년 6월 18일, 인공지능 열풍을 타고 무섭게 성장한 엔비디아는 잠깐이지만 애플과 마이크로소프트를 제치고 세계에서 시가총액이 가장 큰 기업이 되었다. 현재 CEO인 젠슨 황이 아르바이트를 했던 식당에서 창업을 결정한 엔비디아가 애플, 구글과 어깨를 나란히 하는 빅테크 기업의 반열에 오르게 된 순간이었다.

185

엔비디아의 성장

그래픽처리장치라 불리는 GPU_{Graphic Processing Unit}는 그래픽 카드의 핵심 요소라고 할 수 있다. 게임에 입체감과 현실감을 주기 위해 3D 그래픽이 도입되면서 CPU 단독으로 그래픽 처리가 어려워지자 CPU를 보조하기 위해 등장한 연산장치다. 엔비디아는 이 GPU라는 시스템 반도체를 주로 설계하는 기업으로, 설계한 반도체를 파운드리를 통해 위탁 생산한다. 생산된 GPU는 그래픽 카드 업체로 넘어가 완제품으로 탄생한다.

엔비디아가 인공지능 시대에 '폭풍 성장'할 수 있던 배경에는 이 기업의 주력 상품인 GPU의 수요 급증이 있었다. 그렇다면 인공지능 시대에 GPU 수요가 크게 증가한 이유는 무엇일까? 컴퓨터의 두뇌 역할을 하는 CPU는 복잡한 연산이 가능하지만 한 번에 하나의 연산만 가능한 순차 처리에 최적화되어 있다. 이와 달리 GPU는 픽셀로 이루어진 그래픽 데이터를 처리하기 위한 장치로, 반복적이고 단순한 연산을 대량으로 수행하기 위한 병렬처리에 적합하다. 인공지능 모델의 학습 과정은 단순한 행렬 연산을 반복하는 과정으로 이루어지는데 GPU의 병렬처리가 바로 인공지능이 필요로 했던 능력이었던 것이다.

인공지능 연산에 GPU가 활용되기 시작한 때는 2012년 사물인식 알고리즘의 정확도를 겨루는 '이미지넷 대규모 시각 인식 챌린지_{ImageNet Large Scale Visual Recognition Challenge, ILSVRC}'에서 인공신경망 알렉스넷_{AlexNet}이 우승한 이후부터다. 2012년 이전 인공지능 연구에는 주로 CPU를 활용했지만 엄청난 양의 데이터 연산 처리 때문에 많은 시간이 소모되었다. 토론토대학교의 슈퍼비전팀은 엔비디아의

GPU를 활용해 수많은 샘플 이미지를 알렉스넷에 학습시켰고, 엄청난 정확도를 보이며 대회에서 우승하게 된다. 이후 인공지능 연구에 GPU가 쓰이기 시작했고 GPU는 인공지능 데이터 처리를 위한 연산장치로 사용된다.

HBM의 시대

GPU가 인공지능 데이터 처리에 아주 중요한 핵심 요소는 맞지만 GPU 혼자서 인공지능 데이터를 처리할 수 있는 것은 아니다. GPU가 연산한 데이터를 저장하고 필요할 때 빠르게 데이터를 불러올 수 있는 조력자가 필요하다. 그 조력자가 바로 메모리 반도체다. 인공지능을 학습시키고 결과를 추론하기까지 GPU와 메모리 반도체 간 통로로 수많은 데이터가 움직인다. 하지만 GPU와 메모리 반도체 사이를 지나가야 할 데이터에 비해 통로가 좁으면 어떻게 될까? 도로가 막히는 것처럼 병목현상이 발생한다.

아무리 좋은 GPU가 있어도 이를 뒷받침할 메모리 반도체가 없다면 그 성능을 제대로 발휘하기 어려운 것이다. 결국 인공지능이 필요로 하는 방대한 데이터로 인해 발생하는 병목현상을 해소하려면 고성능 메모리 반도체가 필요하게 된다. 기존 메모리 반도체인 D램으로는 인공지능이 요구하는 폭발적인 데이터량을 감당하기 어렵게 되자 D램에서 속도와 용량을 개선한 그래픽 D램, GDDR**Graphics Double Data Rate**을 사용하기도 했지만 여전히 GPU의 성능을 따라가지 못했다. GDDR보다 메모리에서 한 번에 빼낼 수 있는 데이터량, 즉 대역폭을 높인 메모리가 필요해졌고 GDDR보다 대역폭을 획기적으로 높인 HBM이 탄생하게 된다.

187

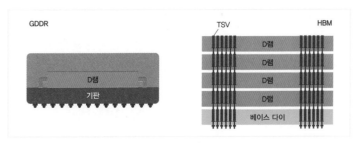

GDDR과 HBM의 구조 비교.

　　HBM High Bandwidth Memory은 여러 개의 D램을 수직으로 연결해 기존 D램보다 데이터 처리 속도를 높인 고대역폭 메모리를 말한다. HBM에는 D램을 적층하기 위해 수천 개의 미세한 구멍을 뚫고 이를 관통하는 전극을 연결해 여러 개의 칩을 하나로 연결하는 TSV Through Silicon Via라는 첨단 패키징 기술이 사용된다. HBM은 TSV 방식을 사용해 D램을 적층함으로써 기존 D램보다 데이터 입출력 통로를 크게 늘리고 GPU와 물리적 거리를 줄여 더욱 빠른 데이터 전송을 가능하게 한다. 이렇게 기존 메모리의 한계를 극복한 HBM과 GPU를 붙여 방대한 데이터를 신속하게 처리할 수 있도록 반도체 세트를 구성하는데, HBM과 GPU의 조합처럼 인공지능의 학습과 추론에 최적화된 반도체 세트를 인공지능 가속기 또는 인공지능 반도체라고 한다.

차세대 HBM

　　HBM이 처음부터 메모리 반도체의 혁신을 불러온 것은 아니다. 1세대 HBM은 동일한 성능의 GDDR에 비해 가격이 비싸 시장의 주목을 받지 못했지만 HBM2(2세대), HBM2E(3세대), HBM3(4세

188

기존 HBM 구조
GPU와 HBM을 수평으로 쌓는
패키징 기법

HBM4 구조
GPU와 HBM을 수직으로 쌓는
패키징 기법

이전 세대 HBM과 6세대 HBM4의 구조 비교.

대), HBM3E(5세대)를 거치며 데이터 전송 속도와 대역폭을 꾸준히 향상시켜왔고 낮은 소비 전력, GPU와 물리적 거리를 줄일 수 있다는 장점이 부각되면서 HBM은 GPU의 연산 처리를 보조할 최적의 솔루션으로 자리 잡게 되었다. 이제 메모리 반도체 업계의 눈은 HBM3E를 넘어 더 뛰어난 성능을 가진 차세대 HBM으로 향하고 있다. 6세대 HBM인 HBM4는 이전의 HBM들과는 다르게 기본 구조 자체가 바뀌면서 이전보다 더 큰 변화를 예고하고 있다.

기존 인공지능 가속기가 GPU와 HBM을 수평으로 나란히 쌓는 패키징 기법을 사용했다면 HBM4는 GPU와 HBM을 수직으로 쌓는다. 시스템 반도체인 GPU와 메모리 반도체인 HBM을 한 몸으로 만들어 GPU와 HBM 사이의 데이터 전송 속도와 효율을 더욱 높이기 위함인데, 이를 위한 핵심 부품으로 주목받는 것이 베이스 다이base die라는 받침대다. HBM3E 이전까지 베이스 다이가 HBM과 GPU를 연결하는 받침대였다면 HBM4부터는 GPU와 HBM을 연결하는 역할을 넘어 신속한 데이터 처리를 위한 일부 연산 기능과 메모리 컨트롤러 등 사용처에 적합한 맞춤형 기능까지도 수행한다.

따라서 HBM4부터는 표준화된 제품이 아니라 고객사에서 요구하는 맞춤형 기능이 탑재된 인공지능 가속기가 제작된다. HBM은 인공지능 가속기의 능력을 끌어올릴 뿐 아니라 부문별로 특화된 반도체를 소량 생산하는 시스템 반도체, 표준화된 제품을 대량 생산하는 메모리 반도체라는 벽을 허물고 맞춤형 메모리 반도체의 소량 생산이라는 새로운 변화를 만들고 있는 것이다.

넥스트 HBM

GDDR의 한계를 극복하기 위해 등장한 HBM. 이제 시작된 HBM의 시대는 영원할까? 메모리 반도체 업계는 차세대 HBM과 함께 넥스트 HBM을 준비하고 있다. HBM의 문제점은 높은 가격과 발열이다. D램을 적층하는 첨단 패키징 기술이 들어가는 만큼 시간이 많이 소요되고 가격이 비싸다. 또한 고성능으로 발열이 쉽게 일어나 성능 향상에 제약이 있다. 메모리 반도체 업계는 생각의 전환을 통해 HBM의 한계를 극복할 '제2의 HBM'을 찾고 있다.

지금까지 메모리 반도체 업계는 인공지능이 필요로 하는 방대한 양의 데이터 처리를 위해 메모리 반도체의 성능 향상에 집중해왔다. 하지만 인공지능 모델이 커질수록 다루는 데이터의 규모는 가파르게 상승할 것이고 기존처럼 메모리 성능 향상에 집중하는 방식은 한계에 부딪칠 거라고 생각하게 된다. 반도체 회로의 집적도를 높이는 미세화 기술이 한계에 부딪쳤듯 말이다.

그래서 메모리 반도체 업계는 기존 장치를 더욱 효율적으로 사용해 데이터를 처리하는 방식에 주목하게 된다. 이 과정에서 관심 받는 기술이 CXL**Compute Express Link**이다. 빠르게 연결해서 계산한다는 의미를 가진 CXL은 CPU, GPU, 메모리 등의 다양한 하드웨어 장치를 효율적으로 통합해 빠른 데이터 처리를 가능하게 하는 차세대 인터페이스를 말한다. 기존에는 각 장치별로 인터페이스가 존재해 인터페이스 간 효율적인 연결이 부족할 뿐 아니라 장치 간 통신 시에도 인터페이스를 통과하는 과정에서 지연 현상이 발생했다. CXL은 각 장치를 하나의 인터페이스로 통합해 고속으로 데이터 전송이 가능할 뿐 아니라 여러 장치가 메모리를 공유해 효율성을 높이고 기존 시스템의 변경 없이 D램을 추가해 메모리 용량과 대역폭을 늘릴 수 있다는 장점이 있다.

이번에는 조금 더 근본적인 문제에 집중해보자. 앞서 GPU와 메모리가 주고받는 통로 문제 때문에 병목현상이 발생하고 이를 해결하기 위해 메모리 반도체의 대역폭을 높인 HBM이 등장했다고 했다. 'GPU가 메모리 반도체에 저장된 데이터를 불러오고 메모리 반도체에 데이터를 다시 저장하는 방식이 병목현상을 만든다면 이 방법 자체를 바꾸면 어떨까?'라는 생각에서 출발한 기술이 PIM**Processing In Memory**이다.

PIM은 메모리 내에 데이터 연산 처리를 할 수 있는 연산부를 추가해 메모리에 프로세서 기능을 더한 신개념 메모리 반도체다. 프로세서, 메모리가 하는 역할이 구분된 기존 컴퓨터의 구조를 바꾸는 것이다. 메모리 반도체 내부 저장 공간마다 데이터를 처리하는 장치를 장착하고 데이터를 병렬처리한 후 CPU와 GPU에 데이터를 전달한다. 따라서 이동하는 데이터량이 줄어들어 병목현상과 데이터 이동 거리를 획기적으로 줄일 수 있을 뿐 아니라 전력 소모량을 절감하는 효과도 있다.

　　HBM의 자리를 위협하는 새로운 기술들이 주목받고 있지만 '도전자'의 위치에 자리했을 뿐, HBM의 시대는 현재 진행 중이다. 하이브리드 본딩 같은 차세대 패키징 기술을 도입하는 등 HBM의 시대는 더욱 공고해지고 있다. 이러한 상황에서도 메모리 반도체 업계가 새로운 시대를 준비하는 이유는 도전자들이 역사를 바꾸어왔다는 것을 알고 있기 때문이다.

인공지능과 반도체

　　컴퓨터가 개발된 후 인간은 이전에 많은 시간이 필요했던 복잡한 문제를 프로그램을 설계해 해결할 수 있게 되었다. 그 바탕에는 빠르고 정확하게, 효율적으로 데이터를 처리할 수 있도록 해주는 반도체 기술의 발전이 있었다. 인간의 신경망을 모사하기 위한 시도는 수십 년 전부터 시작되었지만 원리상 엄청난 연산이 필요하다는 점 때문에 인공지능을 구현하는 데 어려움을 겪었다. 이런 인공지능 분야의 갈증은 GPU와 메모리 반도체가 인공지능의 학습 속도와 처리 속도를 높이고 더 많은 데이터를 담을 수 있게 되면서 해소된다. 반도체 기술 성장이 인공지능 기술을 성장시키고 인공지능의 성능 개선 요구가 반도체 기술을 성장시키는 선순환 관계를 구축하게 된 것이다. 하지만 영원한 것은 없다는 말처럼 두 산업의 관계가 영원할 수는 없다. 인공지능 기술이 기존 반도체 산업이 구축해온 벽을 허물고 있는 것처럼 변화의 속도는 매우 빠르고, 새로운 변화는 경계를 허물며 두 산업의 협업 관계를 언제든지 경쟁 구도로 바꿀 수 있기 때문이다.

AI 대규모 언어모델에서 소규모 언어모델로

이양복   컴퓨터공학

주어진 데이터를 기반으로 새로운 데이터를 생성하거나 그럴듯한 결과물을 만들어내는 인공지능Artificial Intelligence, AI 분야의 기술인 생성형 인공지능Generative AI은 기술 혁신의 새로운 시대를 여는 중심에서 우리의 상상을 넘어서는 가능성을 보여주고 있다. 이 기술은 주로 자연어 처리와 이미지 생성 방면에서 활발히 연구되며 최근에는 음성 생성 등 다양한 응용 분야로 확장되고 있다.

생성형 인공지능은 자연어 생성 및 이해(대화형 AI, 문서 요약), 창작 및 예술(음악, 이미지 생성), 의료 및 과학 연구(의료 진단, 화학과 물리학 연구), 교육 및 학습 지원(개인화된 학습, 언어 학습), 컴퓨터 프로그래밍 및 자동화(코드 자동 생성, 작업 자동화), 게임 개발 및 가상 현실(가상 캐릭터, 게임 스토리 생성) 등에 활용된다. 이처럼 생성형 인공지능은 인간의 창의성을 보완하고 혁신적인 기회를 창출하는 데 중요한 역할을 할 것이다.

미래의 산업들은 생성형 인공지능을 중심으로 변화하고 발전해 우리 삶은 더 편리하고 풍족해질 것으로 기대된다. 그러나 생성형 인공지능은 정보 오류와 편향성 등 윤리적 문제와 과도한 에너지

193

소비로 인한 환경문제를 일으킬 수도 있다. 양면성을 가진 생성형 인공지능의 원리와 문제점을 이해하고 앞으로 나아갈 방향에 대해 알아보자.

생성형 언어모델

생성형 모델Generative Models이란 입력 데이터를 기반으로 새로운 데이터를 만들어내는 모델을 의미한다. 이 모델들은 데이터의 분포를 학습하고, 그 분포에서 재가공해 새로운 데이터를 내놓는다. 생성형 모델의 주요 특징은 데이터의 확률적 분포를 모델링하여 새로운 데이터를 생성하는 방식이다. 이는 데이터의 불확실성을 고려할 수 있고, 데이터집합을 학습하여 데이터의 구조와 패턴을 자동으로 파악하며 이를 기반으로 새로운 데이터를 만들 수 있다. 또한 이미지 생성(GAN), 자연어 생성(GPT), 음성 생성(TTS) 등 다양한 곳에서 활발히 연구되어 실제 응용에 큰 잠재력을 가지고 있다.

생성형 인공지능은 주어진 입력 데이터를 기반으로 할 때 크게 두 가지 접근 방식을 사용한다. 첫 번째는 확률적 모델 기반 생성으로, 확률적 모델은 데이터의 확률 분포를 학습하여 새로운 데이터를 생성한다. 대표적인 예로는 기계번역에서 사용되는 통계적 언어 모델이 있다. 이 모델은 각 단어의 확률을 계산하여 문장을 완성한다. 두 번째는 신경망 기반 생성으로, 딥러닝에서는 주로 신경망을 사용하여 데이터의 분포를 학습하고 이를 기반으로 새로운 데이터를 만들어낸다.

최근에는 트랜스포머Transformer(변환기)˙와 같은 아키텍처가 자연어 생성에서 큰 성과를 보여주고 있다. 이들 모델은 대규모 데이터집합에서 학습하여, 주어진 문맥을 이해하고 자연스럽고 의미 있는 결과물을 내놓을 수 있다. 생성형 언어모델Generative Language Model은 최근 몇 년간 인공지능 연구와 응용에서 중요한 역할을 하고 있다.

주요 생성형 언어모델로는 GPTGenerative Pre-trained Transformer 시리즈, BERTBidirectional Encoder Representations from Transformers가 있으며 GPT-3의 경우 1750억 개의 매개변수parameter를 가지고 있어 다양한 자연어 처리 작업에서 뛰어난 성과를 보여주었고 최근 GPT-4o가 출시되었다(2024년 5월 13일). 구글에서 발표한 BERT는 양방향 트랜스포머 인코더를 사용한다. 이는 글에서 앞뒤 상호 관계를 이해하여 문맥을 파악하는 능력을 가진 언어모델이다. (기존의 언어모델은 대부분 한쪽 방향으로 문장을 이해한다. 번역과 동시통역의 차이에 빗댈 수 있다.) 사전 학습된 언어모델로, 다양한 자연어 처리 작업에서 좋은 성능을 보여준다. 주로 문장 분류, 질문 응답, 개체명 인식 등의 작업에 사용된다.

생성형 언어모델의 특징은 사전 학습 및 전이 학습, 다채로운 응용, 자연스러운 문장 생성이다. 주요 생성형 언어모델들은 대규모 데이터집합에서 사전 학습된 후, 자연어 처리 작업에 대해 전이 학습을 통해 성능을 높이는 방식으로 사용된다. 또한 기계번역, 요약 생성, 질의응답 시스템, 대화형 AI 개발 등에서 활용되며, 이들 모델은 입력 문맥을 이해하고 그에 맞는 자연스러운 문장을 생성하는 능력을 가지고 있다. 이는 사용자와의 대화, 문서 작업 등에 매우 유용하게 사용된다. 기술적으로 발전하는 가운데, 주요 생성형 언어

- 트랜스포머 아키텍처는 순차적인 데이터를 이해하고 새로운 데이터를 생성하는 딥러닝 분야의 현존 최고 언어모델이다. 병렬처리가 가능해 긴 문장을 동시에 처리할 수 있다.

모델들은 계속해서 연구와 개발이 진행되고 있다.

대규모 언어모델

대규모 언어모델Large Language Model, LLM은 최근 몇 년간 인공지능 연구와 산업에서 중요한 발전이다. 기존의 자연어 처리 모델들과는 다른 접근 방식을 채택했으며 기존의 통계적 기법이나 규칙 기반 접근법보다 더 많은 데이터와 계산 리소스를 활용하여 데이터로부터 직접, 패턴을 학습하는 방법을 사용했다. 특히, 딥러닝의 발전과 함께 가능해진 대규모 데이터집합과 분산 처리 기술의 발달이 이러한 모델의 등장을 가능하게 했다.

대규모 언어모델은 자연어 처리 분야에서 주목받는 중요한 기술 중 하나로, 변환기Transformer, 자기주의Self-Attention, 사전 학습Pre-training, 전이 학습Transfer Learning과 같은 기술을 기반으로 하고 있다. 변환기는 어텐션Attention 딥러닝 구조를 이용해 입력 문장의 각 단어들 사이의 관계를 모델링한다. 이를 통해 문장을 전체적으로 이해하고, 각 단어의 중요성을 계산하여 학습한다. 자기주의는 변환기의 핵심 구성 요소로, 입력 문장의 각 단어들 사이의 의존 관계를 동적으로 계산한다. 이는 단어들 간 상호작용을 모델링하는 데 중요한 역할을 한다.

또한 대규모 언어모델은 일반적으로 방대한 양의 텍스트 데이터를 사전에 학습하여 초기 가중치를 설정한다. 이는 특정 자연어 처리 작업에 적용하기 전에 모델을 미리 학습시켜서 일반적인 언어의 특성을 파악하고 문맥을 이해할 수 있게 한다. 그리고 사전 학습된 모델을 다양한 자연어 처리 작업에 전이transfer하여 세부적인 작

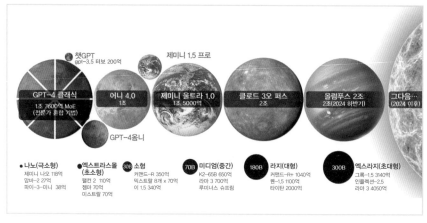

챗GPT
gpt-3.5 터보 200억

제미니 1.5 프로

GPT-4 클래식
1조 7600억 MoE
(전문가 혼합 기법)

어니 4.0
1조

제미니 울트라 1.0
1조 5000억

클로드 3오 퍼스
2조

올림푸스 2조
2조(2024 하반기)

그다음…
(2024 이후)

GPT-4옴니

● 나노(극소형)
제미니 나오 118억
맘바-2 27억
파이-3-미니 38억

● 엑스트라스몰
(초소형)
팰컨 2 110억
젬마 70억
미스트랄 70억

30B 소형
커맨드-R 350억
믹스트랄 8개 x 70억
이 1.5 340억

70B 미디엄(중간)
K2-65B 650억
라마 3 700억
루미너스 슈프림

180B 라지(대형)
커맨드-R+ 1040억
퀸-1.5 1100억
타이탄 2000억

300B 엑스라지(초대형)
그록-1.5 3140억
인플렉션-2.5
라마 3 4050억

‡ 주요 대규모 언어모델 출시 동향(2024년 6월 기준). 언어모델의 크기를 행성의 규모로 표현한 것이며, 모델의 크기는 파라미터 수에 비례한다.

업에 맞게 조정한다fine-tuning. 이는 특정 작업에 맞는 성능을 끌어 올리는 데 중요한 역할을 한다.

생성형 AI에서 변환기 모델은 자연어 처리 및 연속순서Sequence 기반 작업에 매우 효과적이라고 인정받고 있다. 변환기 모델은 인코더Encoder와 디코더Decoder로 구성되어 어텐션 구조를 사용하여 순차적 관계를 이해하고 처리한다. 인코더는 입력 순서를 수학적으로 벡터변환Embedding하여 문맥을 학습하고, 자기주의 구조를 활용해 단어 간 관련성을 계산한다. 이를 통해 입력된 순서의 단어 간 상관관계를 이해하고자 한다.

디코더는 이러한 인코더의 출력과 이전에 생성된 단어들을 참조해 출력 순서를 생성한다. 변환기 모델은 병렬처리가 가능하고, 계산 효율이 높다. 그리고 문장이 길어질 때 나타나는 장기 의존성 문제를 잘 다루는 장점이 있어 번역, 질의응답, 요약, 생성 문제 등

197

에 널리 사용된다. 대규모 언어모델들은 변환기 구조를 기반으로 하여 대규모 데이터집합에서 학습된 후, 뛰어난 성능을 보여준다. 대규모 언어모델의 기술과 구조는 계속해서 발전하는 중이며, 이는 자연어 이해와 생성의 새로운 지평을 열어가고 있다.

예를 들어 GPT-4는 자연스럽고 일관된 텍스트 생성, 광범위한 질문에 대한 요약, 번역, 답변 등 다양한 방식으로 텍스트를 이해하고 조작하는 자연어 처리 능력을 가졌다. 또한 서로 다른 자연어 간의 번역뿐 아니라 의학, 법률, 회계, 컴퓨터 프로그래밍, 음악 등과 같은 영역 전반에 걸친 어조와 스타일을 반영한 번역도 가능하다. 추론 능력의 상징인 코딩과 수학뿐 아니라 의학이나 법률과 같은 여러 다른 전문가 영역의 일반적인 추론과 경험을 통한 학습, 계획 능력도 보여준다.

지능의 주요 척도는 다양한 영역이나 양식의 정보를 종합하는 능력과 맥락을 파악해 지식과 기술을 적용하는 능력이다. GPT-4는 문학, 의학, 법, 수학, 물리, 프로그래밍과 같은 폭넓은 영역에서 높은 수준을 보여줄 뿐 아니라 기술과 같은 개념을 유연하게 풀어내며 복잡한 아이디어에 대한 인상적인 이해력을 보여주는 등 인간 수준의 지적 능력에 가까워지고 있다. 이렇게 훈련 데이터에 거의 포함되지 않는 영역의 조합을 통해 여러 분야의 지식이나 기술을 결합하는 통합 능력은 199쪽 그림에 나타난 것과 같이 인문학, 사회과학, 수학, 법률 등의 57개 주제에서 인공지능 모델의 성능을 측정하는 MMLU_{Massive Multitask Language Understanding}(다중 작업 언어 이해) 결과에서 알 수 있다.

GPT-4의 성능을 높이는 핵심 구조로, 여러 개의 신경망을 서로 다른 분야에 특화된 전문가_{Experts} 신경망으로 각각 훈련시키고 이

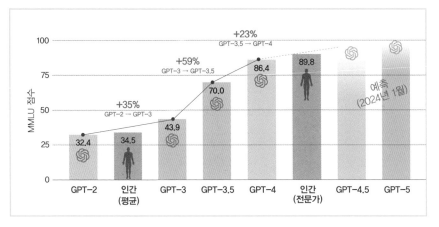

‡ 대규모 언어모델 MMLU.

신경망들을 혼합**Mixture**하여 활용하는 딥러닝 모델 구조인 MoE**Mixture of Experts**(전문가 혼합 기법)가 언급되고 있다. 성능을 무한정 늘릴 경우 컴퓨팅 파워가 무한정 필요하게 되고 비용 또한 기하급수적으로 증가하기 때문이다.

예를 들어 오픈AI의 GPT-4가 1조 개의 파라미터를 가진 모델이 아닌 2200억 개(220B)의 파라미터를 가진 모델 8개가 혼합된 구조로 이루어졌다고 보는 주장이 있다. 그리고 생물, 물리, 수학 등 각 분야를 담당하는 각각 1110억 매개변수를 가진 16개 작은 전문 모델**Expert**로 쪼개고, 2개의 전문 모델이 각 토큰의 추론을 담당하는 방식으로 구축된 것으로 GPT-4를 파악하고 있는 업체도 존재한다. 즉, 한계를 극복하기 위해 모델을 분리하여 연결하거나 파라미터 수를 줄인 소규모 언어모델로 최적화한다. 따라서 트랜스포머 구조의 한계점이 드러나고 있는 것이 아닌지 관심의 대상이 되고 있다.

소규모 언어모델

소규모 언어모델small Language Model, sLM 은 대규모 언어모델과는 반대로, 상대적으로 작은 크기와 단순한 구조를 가진 모델을 말한다. 이러한 모델들은 작은 데이터집합이나 제한된 컴퓨팅 자원에서도 효과적으로 사용 가능한 특성을 갖추고 있다. 주로 특정 작업에 초점을 맞추어 최적화된 성능을 발휘하도록 설계된다.

작지만 강한 소규모 언어모델은 최근 몇 년간 인공지능 연구에서 중요한 주제 중 하나다. 소규모 언어모델의 특징은 대규모 모델보다 훨씬 적은 수의 파라미터를 가지고, 학습과 추론 과정에서 필요한 계산 리소스가 적다. 메모리 사용량과 저장 공간 요구가 상대적으로 낮아 작은 규모의 데이터집합이나 저사양의 하드웨어를 가진 모바일 기기, 자원이 제한적인 환경에서도 비교적 쉽고 유용하게 사용할 수 있다.

그리고 대규모 언어모델이 여러 자연어 처리 작업을 포괄적으로 다루는 것과 달리, 소규모 언어모델은 주로 특정한 자연어 처리 작업에 초점을 맞추어 최적화된다. 예를 들어 텍스트 분류, 감정 분석, 개체명 인식 등의 작업에 특화된 모델이 소규모 언어모델에 해당한다. 일반적으로 작은 모델은 더 빠른 학습과 추론 속도를 제공하는데 이는 실시간 대화 시스템이나 특정 작업에서 중요한 요소다.

또한 작은 모델은 학습 시간이 짧아 빠른 개발과 실험이 가능하다. 이는 특히 초기에 모델의 아이디어를 검증하고 발전시키는 데 유리하다. 다양한 작업에서 전이 학습을 통해 재사용되는 등 유연하게 적용 가능하다.

이러한 특징들 덕분에 자원이 제한된 환경에서도 인공지능 기술을 활용할 기회를 제공해 다양한 종류와 목적으로 개발된다. 각 모델은 특정한 용도나 환경에서 최적화된 성능을 제공하려는 목적을 가지고 설계된다. 따라서 많은 소형 언어모델이 연구와 개발 과정에서 계속적으로 발전하고 있다. 또한 대규모 언어모델보다 경제적이며, 이는 특히 예산이 제한된 상황에서 중요한 요소다. 작은 모델은 배포와 유지 보수가 간단해, 실제 제품 및 서비스 개발에 매우 유용하다.

| 주요 기업의 소규모 언어모델 개발 현황 |

마이크로소프트	메타	구글	앤트로픽	오픈AI
Phi-3	LlaMA3	Gemma	Claude 3 Haiku	GPT-4o mini
• 매개변수 38억 개 • 향후 70억 개, 140억 개 버전도 출시 예정 • 온디바이스 AI 환경 타깃, 코딩과 추론 향상	• 매개변수 80억 개 • 챗봇 제작 등에 쓰이는 소형 모델, 오픈소스 • 전작 대비 학습 데이터세트 2배 증가, 추론 효율성 향상	• 매개변수 20억 개, 70억 개 두 버전 • 비용 효율적인 앱 및 소프트웨어 개발을 위해 설계, 온디바이스 환경 적합	• 매개변수 미공개 (200억 개 추정) • 차트와 그래프가 포함된 1만 토큰 분량의 연구 논문 3초 내 분석	• 매개변수 미공개 (10억~20억 개 추정) • MMLU, MGSM 등 성능 평가에서 동급 대시 가장 우수 • GPT-3.5 터보 대비 60% 이상 가격 저렴

언어모델의 비교

소규모 언어모델과 대규모 언어모델 사이에는 몇 가지 중요한 차이점이 있다. 이들은 모델의 크기, 성능, 용도 및 활용 가능한 환경 등에서 다르다. 먼저 대규모 언어모델은 수억 개에서 수십억 개의 파라미터(매개변수)를 가진다. 예를 들어, GPT-3는 1750억 개의 파라미터를 가진 대규모 모델로, 매우 복잡하고 상세한 자연어 처리 작업을 수행할 수 있다. 이와 달리 소규모 언어모델은 보통 수백만 개에서 수천만 개의 파라미터를 가진다. 예를 들어, MobileBERT는 BERT의 파라미터 수를 크게 줄인 모델로, 메모리 요구와 계산 리소스를 줄이면서도 효율적인 자연어 처리를 제공한다.

다음으로 대규모 언어모델은 일반적으로 매우 높은 성능과 정확도를 보유한다. 대용량 데이터집합에서 학습되었기 때문에, 다양한 자연어 처리 작업에서 탁월한 성과를 보인다. 소규모 언어모델도 높은 성능을 제공할 수 있지만, 일반적으로 대규모 모델보다는 제한된 데이터나 리소스 상황에서 더 유리한 성능을 보인다. 작은 데이터집합에서도 효과적인 학습과 일반화를 하도록 설계되어 있다.

그리고 대규모 언어모델은 복잡한 자연어 처리 작업에 적합하다. 대규모 데이터집합에서 학습된 모델은 번역, 요약, 질의응답 등의 작업에 적용할 수 있다. 하지만 높은 계산 리소스와 메모리가 요구된다. 소규모 언어모델은 모바일 기기나 임베디드 시스템 또는 작은 데이터집합에서의 전이 학습 등에 적합하며, 빠른 학습 및 추론 속도를 제공한다.

마지막으로 대규모 언어모델은 학습과 운영에 많은 계산 리소스와 비용이 필요하다. 대용량 데이터집합과 고성능 컴퓨팅 자원을 요구하여, 운영 비용이 상대적으로 높다. 소규모 언어모델은 작은 메모리 요구와 저렴한 운영 비용으로도 효과적인 자연어 처리 서비스를 제공한다. 중소기업이나 리소스가 제한된 환경에서도 사용 가능한 것을 강점으로 볼 수 있다. 대규모 언어모델과 소규모 언어모델은 각각의 장단점을 가지고 있으며, 사용 목적과 환경에 맞게 선택해야 한다.

생성형 AI의 미래

생성형 인공지능의 기술적 발전은 창의적인 콘텐츠 생성, 작업 자동화, 비즈니스 모델의 혁신 등에서 큰 잠재력을 보여주었다. 더욱 정교하고 효율적인 모델 개발로 이어지면서 미래 전망이 밝다. 현재 대규모 언어모델의 크기와 성능은 지속적으로 증가하고 있다. GPT-4와 같은 거대한 모델을 넘어서는 더 큰 모델들이 개발될 가능성도 존재한다.

그리고 하드웨어 기술의 발전과 함께, 모델의 학습과 추론 속도가 더욱 빨라질 것으로 예상된다. 이미 생성형 인공지능은 자연어 처리 능력에서 획기적이고 지속적인 진보를 이루고 있다. 복잡하고 의미론적으로 풍부한 문장 생성 및 이해를 수행하는 능력이 점진적으로 향상되었다. 이러한 발전은 실시간 대화형 시스템과 문제 해결 도구의 활용 가능성을 높이고, 창의성과 효율성을 증진시키는 데 기여할 것이다.

생성형 인공지능은 더욱 확장되어 금융, 건강 관리, 제조 및 로봇학 등 다양한 산업 분야에서 중요한 도구로 자리매김할 것으로 기대된다. 예를 들어 금융 데이터 분석, 자동화된 거래 시스템 개발, 자동화된 고객 서비스, 의료 진단 보조 시스템, 제조 프로세스 최적화 등에 활용될 수 있다. 음악, 미술, 디자인 분야에서도 새로운 창작 과정을 지원하고 창의성을 향상시킬 도구로 사용될 수 있어 음악 작곡, 영화 스토리 작성, 시나리오 개발 등에서도 쓰임새를 보일 것이다. 의료 진단 보조, 약물 개발, 의료 문서 요약 등의 응용도 가능하다. 특히 의료 데이터 분석과 진단 정확도 향상에 기여할 수 있고 개인화된 학습 경로 제공, 학생들의 학습 이해도 분석, AI 기반 강의 개발 등 교육에서 적용 가능성이 크다.

또한 증강 현실, 가상 현실, 블록체인 기술과 생성형 인공지능의 통합 등이 이루어질 것이고, 로봇공학 분야에서는 로봇의 인식, 판단, 행동 등을 개선하는 데 기여할 수 있다. 그리고 자율주행 차량, 서비스 로봇 등의 발전에 긍정적인 영향을 미쳐 생성형 인공지능 기술은 글로벌 사회적 문제 해결에 기여하는 도구로서 중요한 역할을 할 수 있다.

우리에게 남은 해결 과제

이러한 기술의 사용과 발전에는 국제 협력과 윤리에 대한 고려가 필수다. 사회적, 경제적 영향으로 일자리 구조가 변화할 수 있고 새로운 직업과 기술적 역량 요구를 만들어낼 수 있다. 이에 따른 교육 및 직업 재교육 필요성이 증가할 것으로 예상된다. 이와 같은 미래 전망은 생성형 인공지능 기술이 가진 광범위한 잠재력을 보여주지만 동시에 윤리적, 사회적 문제를 함께 고려하며 지속 가능한 방향으로 발전해나가야 할 것이다.

생성형 인공지능 발전에 따른 고려 사항으로 인공지능이 생성한 결과물의 편향성과 공정성 문제가 있다. 이는 모델이 학습한 데이터의 편향성으로부터 비롯될 수 있으며, 해결하기 위한 방안이 필요하다. 또한 대규모 데이터집합을 활용한 사전 학습 과정에서는 개인 정보 보호 문제가 큰 관심사다. 사용자의 동의 없이 수집된 데이터를 사용할 경우 개인 정보 노출 가능성이 있다.

그리고 이러한 기술이 사람들의 생활과 가치에 어떻게 기여할 수 있는지 고려하여 사회에 긍정적 영향을 미칠 수 있도록 해야 한다. 즉, 인간 중심의 설계와 생성된 콘텐츠의 사용은 어디까지가 윤리적인지, 어떤 콘텐츠가 생성되고 배포될지에 대한 규제와 책임도 필요하다. 특히 사회적, 정치적 영향력이 큰 콘텐츠의 경우 심각한 결과를 초래할 수 있다. 이에 따라 유럽연합은 인공지능의 안전과 윤리적 원칙을 보장하고 위험을 최소화해 인공지능의 신뢰성을 확보하기 위한 '인공지능법AI Act'을 발효했다(2024년 8월).

이러한 문제를 이해하고 해결하는 것이 중요한 과제로 떠올랐다. 대규모 언어모델을 구축하고 유지하는 데 드는 비용 문제와 이 기술이 부가가치를 창출했을 때 지속 가능한 방식으로 경제적 이익을 공정하게 분배하는 방법, 생성된 결과물이 어떻게 결정되었는지 이해하고 설명하는 방식, 특히 신뢰성 있는 결정을 위해 모델이 어떤 기준으로 판단을 내렸는지 등을 명확히 해야 한다.

대규모 언어모델은 학습과 추론 과정에서 많은 계산 리소스와 기술 인프라를 요구하므로 이를 안정적으로 관리하고 활용하기 위한 기술적 한계를 극복해야 한다. 또한 데이터 사용, 개인 정보 보호, 콘텐츠 생성과 배포에 대한 법적 책임을 명확히 해야 한다. 이러한 윤리적 고려 사항과 도전 과제는 생성형 인공지능 기술의 발전을 지속하고 사회적으로 수용 가능한 방향으로 유도하기 위해 중요한 부분이다. 해결책을 마련해나가는 것이 필요하다.

결론적으로 생성형 인공지능은 혁신 기술을 바탕으로 여러 분야에 새로운 가능성을 열어주고 있지만 동시에 사회적 문제도 발생시킨다. 기술의 진보는 확실한 장점과 함께 도전 과제를 제시하는 것이다. 이 모든 것을 지속 가능하게 이끌어나가기 위해서는 윤리적, 법적, 사회적 측면에서의 균형 잡힌 전략이 필요하다. 인간의 삶과 사회에 긍정적인 변화를 가져다줄 잠재력을 최대화하고, 동시에 부정적인 영향을 최소화하기 위한 노력이다. 기술적, 윤리적, 사회적 문제를 신중히 다루고 이해관계자들이 협력하여 지속 가능한 발전을 도모해야 할 것이다.

AI와 빅데이터

이춘호 컴퓨터공학

인간이 만든 기계나 장비가 AI를 탑재하면서 더 똑똑해졌다. 요즘 인공지능은 트렌드가 되었고 거의 모든 분야에서 사용된다. 이때 중요한 요소는 '양질의 데이터 → 머신러닝, 딥러닝 등의 알고리즘 → 추론'으로 이어지는 단계를 구성하고, 오류가 발생할 경우 수정하거나 보완하는 것이다. 그럼 지금부터 인공지능의 기본 원리와 AI가 활용하는 빅데이터에 대해 살펴보자.

가장 먼저 짚고 넘어가야 할 것은, 표본(데이터)을 가지고 모집단이 어떤 특성을 가졌는지 알아내기 위한 학문인 통계학이다. 모수는 모집단의 특성을 가장 잘 요약해서 나타내는 수치적 값이고, 통계학은 이 모집단의 특성을 대표하는 모수(파라미터)를 찾아가는 것을 중심으로 한다. 예를 들면 성적에서 '평균'이 대표적인 모수라고 할 수 있다. (그러나 아인슈타인처럼 수학과 물리에 특화된 천재에게서는 통계학의 모순이 나타난다.)

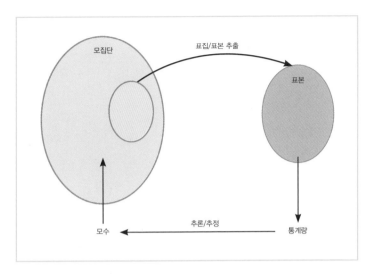

모집단

표집/표본 추출

표본

모수

추론/추정

통계량

⁝ 모집단과 표본의 관계.

빅데이터란 무엇인가

인공지능 분야에서 올바른 추론이 가능하도록 하는 첫 단추는
바로 최적의 데이터다. 많은 사람이 추론하는 알고리즘에 중점을 두
면 한계가 발생한다. 일반적으로 사용되는 데이터 수집, 관리 및 처
리 소프트웨어의 수용 한계를 넘어서는 크기의 데이터를 '빅데이
터'라고 한다. 빅데이터의 사이즈는 단일 데이터집합의 크기가 수
십 테라바이트에서 수 페타바이트에 이르며, 끊임없이 변화하는 특
성이 있다.

빅데이터의 공통 특징은 '3V'로 설명할 수 있다. 첫 번째, 속도
velocity는 대용량의 데이터를 빠르게 처리하고 분석할 수 있는 속성이
다. 융복합 환경에서 디지털 데이터는 매우 빠른 속도로 생산되므로

208

이를 실시간으로 저장, 유통, 수집, 분석 처리가 가능한 성능도 중요하다. 다음으로 다양성variety은 다채로운 종류의 데이터를 말하며 정형화의 종류에 따라 정형, 반정형, 비정형 데이터로 분류한다. 여기에 데이터의 양volume이 포함된다. 최근 빅데이터의 새로운 'V' 특징이 논의되고 있는데 하나씩 살펴보자.

빅데이터 시대에는 방대한 데이터를 분석해 일정한 패턴을 추출해야 한다. 하지만 정보의 양이 많아지는 만큼 신뢰성이 떨어지기 쉽다. 따라서 빅데이터를 분석할 때 기업이나 기관에서 수집한 데이터가 정확한지, 분석할 가치가 있는지 등을 살펴야 한다는 필요성이 대두되었다. 이러한 측면에서 새로운 속성인 정확성veracity이 제시되고 있다.

또한 소셜미디어의 확산으로 자신의 의견을 자유롭게 게시하는 것이 쉬워졌는데, 의도치 않게 다른 사람에게 오해를 불러일으키기도 한다. 이처럼 데이터는 맥락에 따라 의미가 달라진다고 하여 빅데이터의 새로운 속성으로 가변성variability이 제안되었다. 그리고 빅데이터는 정형 및 비정형 데이터를 수집해 복잡한 분석을 실행한 후 용도에 맞게 정보를 가공하는 과정을 거친다.

데이터의 처리

데이터는 어떤 단계로 처리될까? 먼저 정형, 비정형, 반정형 데이터를 수집하는 단계를 거친다. 정형 데이터는 구조화된 데이터, 즉 미리 정해진 구조에 따라 저장된 것이다. 표 안에서 행과 열로 지정된 각 칸에 데이터를 저장하는 엑셀 프로그램의 스프레드시트가 대표적인 예다. 그리고 비정형 데이터는 정해진 구조 없이 저장

데이터 수집   데이터 탐색   데이터 전처리   데이터 모델링

‡ 데이터의 처리 과정.

된 것인데, SNS 내의 텍스트, 이미지, 영상, 워드나 PDF 문서 같은 멀티미디어 데이터를 예로 들 수 있다. SNS 이용률이 크게 높아지면서 실시간으로 많은 양의 비정형 데이터가 생산된다.

마지막으로 반정형 데이터는 구조에 따라 저장된 데이터지만 정형 데이터와 달리 데이터 내용 안에 구조에 대한 설명이 함께 존재한다. 그렇기 때문에 특정 형식으로 구성된 데이터를 분석하고 그 의미를 파악하는 파싱parsing 과정이 필요하다. 보통 파일 형태로 저장되고, 웹에서 데이터를 교환하기 위해 작성한다.

이제 수집한 데이터를 적재해 분석하기 위해 정제 과정을 거친다. 필요 없거나 깨진 데이터를 정리하는 것이라고 볼 수 있다. 반정형, 비정형 데이터는 분석에 필요한 데이터 외에 필요 없는 부분을 제거하는 단계가 필요하다. 요리를 하려면 그 특성에 맞게 재료를 손질해야 한다. 이것이 바로 데이터 '정제'다. 재료(데이터)를 손질하는 과정에는 전문성과 경험이 필요하다. 정제 과정에서 오류, 손상, 중복 등 불완전한 데이터를 수정하거나 제거하는데 여기서 중요한 것은 신뢰성이다.

정제 과정을 거치면 비로소 데이터 분석 작업을 하게 된다. 이

210

때 특징을 찾아서 문제를 해결하는 데 쓰일 도구, 기술, 프로세스가 중요하다. 데이터 사이언티스트는 데이터 환경에서 무슨 일이 일어났는지 또는 무슨 일이 일어나고 있는지 파악한다. 이와 같은 기술 분석은 파이 차트, 막대 차트, 선 그래프, 테이블 또는 생성된 내러티브 같은 데이터 시각화를 특징으로 한다. 그리고 문제가 발생한 이유를 이해하기 위해 진단 분석을 한다. 이는 심층 분석 또는 상세한 데이터 분석 프로세스다.

또한 예측 분석은 과거 데이터를 사용해 미래 추세에 대한 정확한 예측을 수행한다. 기계학습, 예측, 패턴 일치 및 예측 모델링 등이 이루어지며 각각의 기술에서 컴퓨터는 데이터 인과관계 연결을 설명하게 된다. 그리고 처방 분석은 예측 데이터를 한 단계 발전시킨다. 일어날 가능성이 있는 일을 예상할 뿐 아니라 그 결과에 대한 최적의 응답을 제안한다. 다양한 선택 사항의 잠재적 영향을 분석하고 최상의 조치를 찾는데 주로 그래프, 시뮬레이션, 신경망 등을 분석한다.

그럼 한 가지 예, 자율주행차 운행에 대해 분석해보자. 자율주행차에 부착된 센서(라이다, 레이더, 카메라 등)가 도로 상황에 대해 실시간 자료 수집과 분석을 수행하는데 이는 기술 분석이다. 그 뒤 앞차가 좌측 지시등을 켠 상태라면 왼쪽으로 이동할 가능성이 높기 때문에 속도를 줄이면서 운행하는 진단 분석을 한다. 또한 폭설이 내린 날이면 빙판길이 예상되니 저속 운전을 하고, 비상등을 켜서 안전 운행을 하는 것은 예측 분석이다. 그리고 처방 분석은 폭설이 내려 도로 상태가 안 좋은 경우, 횡단보도에서 보행자가 길을 건널 때 빙판 때문에 넘어지는 경우를 고려하여 신호가 바뀌어도 다소 늦게 출발하고 저속으로 운행하는 것이다.

인공지능과 통계학

알고리즘을 효과적으로 설계하고 평가하는 데 필요한 통계적 기법은 AI에서 중요하게 다루어진다. 인공지능 모델의 성능을 평가하고 개선하기 위해 다양한 방법이 사용된다. 평균, 분산, 표준편차, 상관관계 등 기초적인 통계 개념은 데이터의 분포와 특성을 이해하는 데 필요하다. 데이터가 특정 분포를 따르는지 확인하고, 그에 따라 모델을 설계하거나 조정하는 확률분포도 중요한데 정규분포, 이항분포, 푸아송분포 등이 있다.

두 집단 간의 차이가 통계적으로 유의미한지 판단하기 위해 가설 검정 즉, t-검정이나 카이제곱 검정 등을 사용한다. 그리고 회귀분석이 진행되는데 종속변수와 독립변수 간의 관계를 모델링한다. 선형 회귀, 로지스틱 회귀 등이 이에 해당한다. 모델의 일반화 성능을 평가하기 위해 데이터를 여러 번 나누어 학습과 테스트를 반복하기도 하며, 이때 K-폴드 교차 검증이 대표적이다. 모델의 성능을 평가하기 위한 정확도, 정밀도, 재현율, F1 점수, ROC-AUC 등 다양한 지표를 사용한다.

그리고 피처 중요도 및 선택이라는 것이 있다. 이는 모델에 중요한 영향을 미치는 변수를 식별하고, 불필요한 변수를 제거해 모델의 성능을 향상시킨다. 정규화, 표준화를 통해 데이터의 스케일을 조정해 모델 학습을 용이하게 한다. 데이터 내의 유사한 그룹을 식별하는 비지도 학습 방법도 있는데, 이는 클러스터링이라 한다.

이처럼 인공지능에서는 다양한 통계학을 활용하며 기계학습(머신러닝)에서도 유용하게 쓰인다. 인공지능이 '빅데이터에서 특징을 분석하고 경험치 및 정확도를 높인 유효한 예측·분류 프로그램

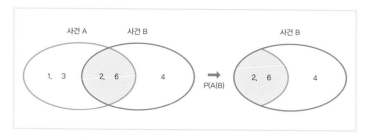

⋮ 조건부확률의 예시. 주사위를 굴렸을 때 '4'가 나왔다는 조건 아래 짝수가 나올 확률이다.

기능'이라고 했을 때, 기계학습은 인공지능을 구현하는 방법의 하나다. 또한 빅데이터에서 관련성을 찾아내 유의미한 판단과 예측을 하는 시스템이기도 하다. 예를 들어, 이미지 인식 기능 등은 기계학습 시스템을 이용해 만들어졌다고 할 수 있다.

머신러닝 알고리즘은 데이터로부터 학습하고 예측을 수행하는데 조건부확률을 활용한다. 이는 어떤 사건이 발생했을 때, 다른 사건이 발생할 확률을 의미한다. 두 사건 간 관계를 이해하는 데 중요한 개념이다. 조건부확률의 정의를 살펴보자.

P(B)는 사건 B가 발생할 확률
P(A)는 사건 A가 발생할 확률
→ (P(A|B))는 사건 B가 발생했을 때 사건 A가 발생할 조건 확률을, 사건 A와 사건 B가 동시에 발생할 확률을 의미한다.

확률을 알아가기 시작했으니, 베이즈 추론Bayesian inference까지 덧붙여 살펴보자. 추론 대상의 사전 확률과 추가 정보를 통해 해당 대상의 사후 확률을 추론하는 방법이다. 베이즈 추론은 베이즈 확률

213

론을 기반으로 하며, 이는 추론하는 대상을 확률 변수로 보아 그 변수의 확률 분포를 추정하는 것을 의미한다. 많은 현대적 기계학습 방법은 객관적 베이즈 추론에 따라 만들어졌다. 어떤 가설의 확률을 평가하기 위해 사전 확률을 먼저 밝히고 새로운 관련 데이터에 의한 새 확률값을 변경한다.

기계학습에서의 조건부확률 적용은 경사하강법Gradient Descent 과 같은 알고리즘을 통해 점진적으로 학습해 매개변수를 찾는다. 경사하강법은 함수의 값이 낮아지는 방향으로 각 독립변수의 값을 변형시키면서 함수가 최솟값을 갖도록 하는 독립변수의 값을 탐색하는 방법을 의미한다. 인공지능의 경우 최적의 학습 패턴을 위해 자신의 매개변수를 검증해야 하며 그 과정에서 손실 함수의 값이 가장 낮은 매개변수를 발견했다면 해당 매개변수가 최적임이 검증되는 것이다.

기계학습 알고리즘과 딥러닝

앞서 언급했듯 다양한 기계학습 알고리즘에서 조건부확률을 활용한다. 시간 순서에 따라 변화하는 시스템을 모델링하는 데 사용되는 알고리즘인 은닉 마르코프 모델hidden Markov model, HMM은 상태 간 조건부확률을 사용해 다음 상태를 예측한다. 그리고 변수들 간의 의존관계를 나타내는 그래프 모델인 베이지안 네트워크는 조건부확률을 사용해 변수들의 값을 추론한다.

기계학습 성능 향상을 위해서는 모델 성능에 중요한 영향을 미치는 특징만 선택해 계산 효율성을 높여야 한다. 그리고 부족한 데이터를 보완하고 모델의 일반화 성능을 향상시키기 위해 조건부확률을 기반으로 새로운 데이터를 생성하는 데이터 증강도 중요하다.

또한 불확실성 추론을 바탕으로 예측 결과의 신뢰도를 평가해 의사 결정 과정에 활용하는 방식도 고려해야 한다.

결국 기계학습은 빅데이터에서 규칙성이나 연관성을 찾아내 판단과 예측을 하는 시스템이다. 그 과정에서 '색'이나 '모양'같이 주목할 만한 특징(매개변수)을 인간이 지정해야 한다. 딥러닝은 인간의 뇌세포 구조와 유사한 방법인 인공신경망Artificial Neural Network, ANN을 이용하는 방법이며, 빅데이터를 기반으로 스스로 학습하며 판단하는 기술이다. 기계학습에 새로운 메커니즘을 더하게 된 분야이기도 하다.

딥러닝은 인간의 두뇌 작동 방식을 기반으로 모델링한 알고리즘인 신경망 계층으로 지원된다. 대량의 데이터를 통한 학습은 신경망에서 신경을 구성하는 것과 같다. 그 결과 학습이 완료되면 새 데이터를 처리하는 딥러닝 모델이 된다. 여러 데이터 소스에서 정보를 가져와 사람이 개입할 필요 없이 해당 데이터를 실시간으로 분석하는 것이다.

딥러닝의 주요 이점은 신경망을 사용해 이전에는 볼 수 없었던 데이터에서 숨겨진 인사이트와 관계를 나타내는 것이다. 딥러닝 알고리즘은 소셜미디어 게시물, 뉴스, 설문 조사 등을 분석하고 텍스트 데이터를 파악하는 학습을 한다. 딥러닝 알고리즘 학습이 제대로 이루어진다면 수천 개의 작업을 사람보다 더 빠르게 반복해서 수행할 수 있다.

그렇다면 딥러닝의 한계점은 무엇일까? 통찰력 있고 추상성이 더해진 답변을 얻기 위해서는 학습해야 할 대량의 데이터가 중요하다. 인간의 뇌와 마찬가지로 딥러닝 알고리즘은 실수로부터 학습하고 결과를 개선할 예시가 필요하다. 그리고 유연성 부족이 지적되는

데, 여전히 편협한 방식으로 학습이 이루어지므로 실수가 나온다. 지속해서 강조했듯 딥러닝 네트워크는 특정 문제를 해결하려면 데이터를 필요로 한다. 그러나 해당 범위를 벗어난 작업을 수행하도록 하면 실패할 가능성이 높아진다.

마지막으로 '투명성 부족'이 지적되고 있다. 패턴을 찾기 위해 수백만 개의 데이터 포인트를 샅샅이 살펴보지만, 신경망이 솔루션에 어떻게 도달하는지 이해하기 어려울 때가 있다. 데이터 처리 방식에 대한 투명성이 부족하므로 원치 않는 편향을 식별하고 예측에 대해 설명하기가 어렵다. 인공지능 연구자들은 정확하고, 신뢰도가 높은 딥러닝 모델을 구축하는 일에 노력을 기울이고 있기에 향후 완성도 높은 인공지능이 우리 곁에 자리할 것이다.

인공지능은 앞으로 더욱 발전하여 삶의 더 많은 부분에 스며들 것이다. 예를 들어 유전정보, 건강 상태, 생활 습관 등을 기반으로 한 개인 맞춤형 진단, 치료를 제공하는 의료 서비스를 이끌어낼 것이다. 또한 사회 인프라는 스마트시티의 등장으로 교통, 에너지, 안전, 환경 등 도시 전체 시스템을 최적화해 삶의 질을 향상시킬 수 있다. 이처럼 우리 삶에 긍정적인 변화를 가져올 잠재력이 크지만 동시에 윤리적 문제, 편견, 일자리 감소 등 해결해야 할 과제도 가지고 있다. 인공지능의 기본을 이해해나가는 단계부터 시작해야 올바르게 사용할 수 있다. 이제부터 이에 대한 고민이 시작되어야 할 것이다.

지구과학

CHAPTER 5

future science trends

모래가 부족해진다

손석준   지질학

어릴 적 놀이터에서 모래 장난을 하거나 해변에서 모래찜질을
하고 모래성도 만들어본 경험은 누구나 있을 것이다. 좀 더 나아가
집 안의 작은 수족관에 모래, 자갈을 깔고 물고기를 키워보았을 수
도 있다. 그런데 우리가 모래를 처음 학문적으로 접하게 되는 것은
초등학교에서 풍화weathering●를 배우면서부터다. 큰 바위가 바람과
물 또는 심한 일교차에 의해 깨지고 부서지면 작은 모래가 된다. 또
한 물질의 분리(모래와 소금)와 대류(해풍과 육풍)를 배우면서 모래에
대한 과학을 조금씩은 접했다. 그런데 사실 모래는 그보다 훨씬 더
복잡한 과학적 사실을 품고 있다.

모래는 인간 문명의 발전과 더불어 사용량과 용도가 꾸준히 증
가했다. 모래의 쓰임새는 상상 이상으로 엄청나게 다양하며, 우리

● 모래는 대부분 암석의 화학적 및 물리적 분해에 의해 형성되는데, 이를 통칭하여 풍
   화라고 한다. 물리적 풍화와 화학적 풍화는 개념적으로는 다르지만, 실제로는 함께
   진행되며 서로를 돕는 경향이 있어 분리하기 어려운 경우가 많다. 전체적으로 화학적
   풍화가 훨씬 더 중요하다고 할 수 있는데, 습하고 더운 기후에서는 화학적 풍화가 좀
   더 주도적으로 작동한다. 물리적 풍화는 물이 없는 춥거나 건조한 지역에서 주로 작
   용한다.

219

⟵ 현미경으로 본 모래.

삶은 모래와는 떼려야 뗄 수 없다. 예컨대 우리는 모래로 만들어진 콘크리트나 벽돌 구조물에서 살고 있으며 항상 사용하는 유리창, 유리컵, 안경, 거울뿐 아니라 반도체와 광섬유까지 모래로 만들어진 것을 생각하면, 인간 세계는 모래로 이루어졌다고 해도 과언이 아니다. 게다가 메타버스로 일컬어지는 가상 세계도 사실상 어디인가 있을 서버 내 반도체칩으로 구현된다고 생각하면 우리는 결국 모래 속에서 사는 것이다.

모래는 무엇일까?

모래는 자연적으로 생긴 알갱이 형태의 광물질이다. 그 조성이나 색깔은 아주 다양하나, 모래는 조성과 관계 없이 크기에 따라 정의된다. 지질학적(우덴-웬트워스 입도분석Udden-Wentworth scale 기준)으로는 0.0625~2밀리미터 크기의 알갱이를 말한다. 건설 등 다른 분야에서는 기준 입도를 다르게 가져가곤 하지만 차이가 크지는 않다. 모래보다 입자 크기가 작은 것은 미사微砂, silt라고 하고, 모래보다 큰 것은 자갈gravel이라고 한다. 미사보다 더 작은 경우는 점토clay로 불린다. 또한 크기를 좀 더 세분해서 거친모래, 중간모래, 가는모래 등으로 나누기도 한다.

　일반적으로 자연에서 모래는 해변과 사막에서 볼 수 있다. 해변에서 발견되는 모래는 육지의 큰 암석이 주로 물에 의한 풍화로 작게 부서진 뒤 흐르는 물을 따라 계속 이동하여 강 하류에, 최종적으로는 해변에 퇴적된 결과다. 사막의 모래는 물보다는 주로 큰 일교차로 인해 암석이 팽창과 수축을 반복하면서 깨지고 이것이 바람에 의해 침식되고 이동하면서 쌓인 것이다.

　이와 함께 생명체에 의해 형성되는 모래도 있다. 식물이나 균류의 뿌리가 암석을 녹이면서 파고들어 잘게 쪼개는 것은 제외하더라도, 해변의 모래를 자세히 보면 조개나 소라 같은 패각류가 죽은 뒤 파도에 의해 깨져서 만들어진 조각을 볼 수 있다. 유공충有孔蟲, Foraminifera같이 아주 작은 생명체가 죽어 모래 속에 포함된 경우도 있다(이 경우에는 핑크색 모래 해변을 만든다). 또 파랑비늘돔Parrotfish 같은 어류는 산호를 뜯어 먹고 배출해 하얀색 모래를 만들기도 한다. 조금은 다르지만, 자연적으로 탄산염 등이 교결되어 모래 크기로 성장해 만들어지는 어란석 입자ooid가 들어간 모래도 있다.

　모래의 조성은 어디서 기원하는지, 어떤 환경에서 만들어졌는지에 따라 결정된다. 어떤 모래의 색을 보면 조성이 상당 부분 유추가 가능한 것도 재미있다. 모래는 기존 암석의 잔여 물질이므로, 분해가 시작되기 전 암석에 이미 존재했던 광물로 구성된다. 일반적인 모래의 대부분은 규산염(규소산화물) 광물 또는 규산염 암석 조각으로 이루어진다. 특히 규산염 광물인 석영은 풍화에 매우 강해 대부분의 모래 샘플에서 주요 성분으로 나타난다. 석영 결정의 경우에는 유리 같은 형태로 투명도가 높지만 작게 분쇄되면 깨진 표면에 빛이 난반사되므로 석영 모래는 하얗게 보인다.

221

예를 들어 가장 대표적인 모래 형성 암석인 화강암(석영, 운모, 장석의 혼합물)을 생각해보면 모래 역시 석영, 운모, 장석의 혼합물이 될 가능성이 높다. 그러나 풍화에 의해 작은 입자로 만들어진 이후에 물과 접촉한 장석 성분은 녹기도 한다. 운모의 경우에는 작은 힘에도 얇은 판으로 분리되어 흐르는 물과 함께 더 먼 여행을 떠난다. 기후 환경에 따라 장석이 많이 녹아 석영이 대부분일 때 하얀색 모래가 되며, 장석이 조금 녹은 경우, 즉 장석의 함량이 높은 모래는 색이 어두워져 갈색으로 나타난다. 한편 석영을 함유한 암석이 없는 화산활동 지역에서는 용암의 주성분에 따라 녹색이나 적색, 검은색 모래가 있는 해변을 볼 수 있다.

모래시계와 모래언덕

모래는 참 이상하다. 우리가 모래 위를 걸을 수 있는 것을 보면 고체임이 분명하다. 그런데 모래시계 속 모래의 흐름을 보거나 양동이 가득한 모래를 부으면 마치 액체처럼 움직인다. 매년 바다를 건너 우리의 봄을 괴롭히는 황사를 보면 기체라는 생각도 든다. 그렇기에 많은 과학자가 모래 같은 알갱이의 거동에 관심을 가지고 연구해왔는지도 모르겠다. 그중에서도 특히 재미있는 모래 과학을 살펴보자.

어릴 적 모래시계를 보며 봉이 김선달보다 더하다는 생각을 한 적이 있다. 강변에, 해변에 온통 모래인데 잘록한 목을 가진 유리그릇에 담기만 하면 상당히 비싼 가격에, 아주 정확하지도 않은 시간을 알려주는 시계를 만들어 팔 수 있다니, 좋은 사업 아이템으로 보였다. 하지만 커서는 모래시계를 만드는 것이 결코 쉬운 일이 아니며, 상당한 과학적 접근이 필요하다는 걸 알게 되었다.

먼저 모래시계가 측정하는 구체적인 시간은 사용하는 모래 알갱이의 양과 굵기, 위·아래 모래를 담는 그릇의 크기, 목 너비 등의 요인에 따라 결정된다. 그런데 지금 판매 중인 모래시계의 모래는 강변이나 해변에서 볼 수 있는 자연 모래(규소산화물 또는 실리카)가 아니다. 강변이나 해변에서 채취되는 모래는 아무리 좋은 체로 분리하더라도 알갱이의 크기나 모양이 일정하지 않고, 또 서로 뭉치거나 병 내부에 달라붙기도 하여 모래시계용으로는 사용하기 어렵다.

그나마 상대적으로 균일한 모양을 가진 사막의 모래가 옛날 모래시계 제작에 일부 사용되었지만, 실제 쓰인 재료는 대리석 가루나 주석·납 산화물, 또는 분쇄된 탄 달걀 껍데기 등이었다. 지금은 비교적 입자의 모양과 크기가 균일하고 환경의 영향을 적게 받는 폴리머나 합성 규사를 사용하는 경우가 많다.

재미있는 것은, 모래시계 위쪽에 담긴 모래량의 다소와는 관계없이 좁은 목을 흘러나오는 모래의 흐름이 일정하다는 것이다. 완전하게 균일한 모래의 흐름을 만들기 위해서는 모래시계 목 너비에 대한 알갱이 지름의 비율이 12분의 1 이상이어야 하지만, 2분의 1을 넘지 않아야 한다. 액체로 모래시계를 만들 때는(액체의 표면장력에 의한 흐름 정체는 무시하자) 위쪽에 담기는 액체량이 많을수록 위치에너지가 높으므로 초기에 통과하는 액체의 속도가 빠른데, 액체량이 줄어들수록 속도가 감소하게 된다.

물론 모래시계 내의 모래도 중력에 의해 떨어지지만, 일정한 흐름을 만들 수 있는 건 바로 마찰력에 의한 것이다. 모래시계에서 모래가 떨어질 때, 모래시계 벽면에 붙어 있는 마찰력이 약한 모래층만 흘러내리고 그 외의 부분은 고체처럼 거동한다. 즉 벽면 가까이 있는 모래가 떨어지는 속도는 윗부분 모래량으로 대변되는 윗부분 모래가 누르는 압력과는 관계가 없다.

이렇게 모래 알갱이의 거동을 연구하는 이유는 단순히 모래시계에 대한 과학적 호기심만이 아니다. 우리 삶 속의 많은 것이 알갱이로 구성되어 있다. 따라서 이러한 과학적 연구 결과들은 알갱이로 구성된 곡식, 다양한 음식 재료, 분말 또는 과립상의 약재, 알갱이 형태의 플라스틱 원료들을 포함하여 건축과 토목에서 다루는 모래와 골재 등을 보관, 이송하는 데 필요한 다양한 기구, 설비 등의 설계에 꼭 필요한 지식이 된다.

이제는 모래시계보다 엄청나게 큰 규모의 모래를 살펴보자. 이것은 인공위성에서도 알아볼 수 있을 정도로 크다. 바로 많은 모래가 만들어내는 사구砂丘, dune로, 바람에 의해 모래가 이동하여 퇴적된 언덕이나 둑 모양의 모래언덕이다. 사구는 크게 내륙사구와 해안사구로 나뉘는데, 내륙사구는 주로 사막에서 형성되며, 해안사구는 바닷가에 밀려온 모래가 바람에 의해 높게 언덕을 형성한 것이다.

영화에서 자주 보는 것처럼, 사막이 모래언덕으로 가득 차 있다고 생각하면 안 된다. 사전에 따른 사막의 정의는 강수량이 적어서 식생이 보이지 않거나 적고, 인간의 활동도 제약되는 지역을 의미한다. 물론 이름에는 모래가 들어가 있지만 사막 표면에 모래가 깔린 지역은 전체 사막의 약 20퍼센트에 불과하다. 나머지는 기반 암석이 그냥 노출되어 있거나 큰 크기의 자갈로 덮여 있다.

아무튼 모래로 덮인 사막에서는 바람에 의해 모래가 이동한다. 사막의 모래 알갱이는 바람에 날리면서 강이나 해변에 있는 모래(물에 의해 상대적으로 충돌이 적어져 어느 정도 뾰족한 부분이 있다)보다 훨씬 동글동글한 모양을 가진다. 따라서 바람에 의해 모래 알갱이가 때로는 구르면서, 때로는 통통 튀면서, 때로는 허공으로 날리면서 이동하게 되는데 그로 인해 사막의 모래 표면에는 물결 모양의 연흔이 생긴다. 사구는 이보다 훨씬 더 큰 규모의 모래언덕을 말하는데, 큰 것은 높이가 100미터를 넘으며 인접하는 모래언덕과의 거리도 수백에서 수천 미터가 된다.

사구의 형태는 모래가 퇴적되는 기반의 모양, 바람의 세기나 방향, 공급되는 모래의 양 등에 따라서 달라진다. 기본적으로는 초승달처럼 생긴 평면형의 바르한barchan, 바르한이 바람에 의해 풍향의 직각 방향으로 연결된 횡사구transverse dune, Erg, 풍향이 일정하지 않은 곳에 생기는 별 또는 피라미드 모양의 성사구star dune, 풍향과 평행하게 형성되는 종사구longitudinal dune, Seif, U 자형 사구 등으로 분류된다. U 자형 사구는 해풍의 영향을 많이 받는 해안 지방의 해안사구에 잘 발달하는데, 평면 형태와 풍향 사이의 관계가 바르한과 정반대다.

이동사구 중 형태가 가장 단순하고 기본적인 바르한에는 재미있는 사실이 있다. 바르한의 종단면은 바람받이windward 쪽이 볼록하고 완만한 돔형이고, 바람의지leeward 쪽은 오목형이며 슬립페이스slip-face라고 불리는 급사면이 형성된다. 급사면의 기울기는 32~34도를 이루는데, 이를 안식각 또는 휴식각angle of repose•이라 한다.

• 재료와 재료의 상태에 따라 안식각은 다른 값을 갖는다. 예를 들어 일반 토양은 30~45도, 자연 상태로 모래와 섞여 있는 자갈은 25~30도, 물에 젖은 모래는 45도, 눈은 38도, 밀가루는 45도인 데 반해 밀알은 27도 등이다. 이러한 안식각을 안다면 안전을 위해서 어느 높이로 쌓아야 하는지 가늠할 수 있다. 반대로 재료를 이송시키기 위해서 설비의 각도를 어느 정도로 해야 하는지 기준값이 될 수 있다.

모래가 부족하다

그동안 모래는 사용량이 꾸준히 증가해왔다. 지금은 물(담수) 다음으로 많이 가져다 쓰는 자연 자원이다. 그런데도 물 부족(수자원 고갈)보다 훨씬 적은 관심을 받고 있다. 사람들은 옛날에 거의 공짜였던 물을 이제는 전혀 값싸지 않은 자원으로 인식한다. 각종 규제 등이 도입되었고 용수관의 관리나 폐수 처리에 많은 예산을 투입하고 있으며 또 지하수를 남용하지 않으려고 노력한다. 물론 모든 사람이 물을 넉넉히 사용할 수 있을 정도로 충분하지는 않지만 말이다. 그러나 모래 자원에 대한 경각심은 2000년대가 되어서 비로소 시작되었다고 할 수 있다. 사람들은 강이나 해변에 깔린 모래를 보면서 가져다 쓰면, 자연이 풍화 과정을 통해 다시 채워주겠지라는 생각에 안심하고 있었다. 그러나 사람들은 자연에서 재생되는 속도보다 훨씬 빠르게 사용했고 결국 그 남용의 결과를 경험하기 시작했다.

지질학적으로 모래가 순환하는, 다시 채워지는 물질인 것이 틀린 말은 아니다. 얼음과 물 그리고 바람과 시간은 모래 알갱이를 암석에서 떼 내고, 옮기고, 묻고, 굳히며, 다시 암석은 노출되면 모래로 풀려나기를 반복한다. 연구에 의하면 지금의 모래는 대략 6번의 사이클을 거친 것으로 추정한다. 하지만 안타깝게도 이런 순환은 인간의 시간 감각을 한참 벗어나 있다. 이 사이클이 짧게는 수천 년에서 길게는 수억 년에 걸친 활동인 것을 생각한다면, 모래는 재생 불가능한 자원이라고 보는 것이 맞다.

모래의 용도는 매우 다양하다. 앞서 언급한 것처럼, 인간 생활의 많은 부분을 떠받치고 있다. 건설·토목 부분에 가장 많이 쓰이며, 이외에도 우리가 상상하지 못하는 곳에서 모래가 사용된다. 반도체나 태양광 전지의 기판을 만드는 실리콘의 원료도 모래이며 화장품에도, 연마제에도 많은 모래가 사용된다. 건설·토목의 경우 모래나 자갈 자체를 변형 없이 사용하는 일도 있지만 대부분 콘크리트의 형태로 쓰는데, 콘크리트 부피의 약 70퍼센트는 모래와 자갈로 구성된다(일반적인 무게 기준, 콘크리트 배합비는 시멘트:모래:자갈=1:2:4 다). 더불어 잊지 말아야 할 것은, 많은 수생 생태계가 모래층을 기반으로 한다는 것이다. 즉 모래가 없다면 우리가 즐기는 각종 해산물도 더 이상 보지 못할 수도 있다.

아쉽게도 모래는 점점 부족해지고 있다. 우리나라는 그동안 강모래를 주로 사용했으나, 이제는 바닷모래를 채굴하거나 큰 암석을 파쇄한 것, 폐골재를 재활용해 만든 모래를 쓰고 있다. 전 세계적으로 보면 최근 개발도상국, 그중에서도 중국과 인도를 포함한 아시아 국가의 급격한 경제 발전은 모래 부족 사태를 심화했다. 예를 들어, 모래 채굴이 제도권 밖에서 많이 이루어지는 만큼 모래 사용량을 추산할 수 있는 간접적 방법인 시멘트 생산량 통계를 본다면, 2010년 이후 전 세계 시멘트 생산량에서 중국이 차지하는 비율이 절반을 넘었다고 한다.

또 어떤 조사에 따르면, 20세기 100년간 미국이 사용한 모래를 중국이 2010~2014년 단 4년 동안 사용했다고도 한다. 최근에는 인도를 비롯한 동남아시아 국가가 빠른 경제성장을 이어가고 있으므로 특단의 조처가 취해지지 않는다면 앞으로 모래 사용량은 늘면 늘지, 줄어들 것을 기대하기 어려운 상황이다.

이제 모래에 대한 새로운 관점을 가질 때다. 모래는 해양생태계 등에서 생물 다양성을 유지하는 중요한 기반이다. 모래에 다양한 수생식물이 뿌리를 내리고 살아 상부 먹이사슬의 토대가 되고 있으며, 모래 속 미생물과 청록색 세균들은 생태계의 하부구조를 형성한다. 특히 모래층의 경우 용존산소가 약 40센티미터 아래까지 들어갈 수 있는 반면, 갯벌이나 진흙층에는 용존산소가 거의 없어 과도하게 모래를 채굴하는 경우 그 지역 어장 자체가 황폐해진다.

계획적이지 않은 채굴은 물의 흐름을 바꾸고 지반 붕괴나 해안 침식을 야기하며 홍수나 태풍의 피해를 악화시킨다. 그 결과 수변에 사는 사람들의 생활에 치명적인 결과를 불러올 수 있다. 사람이 살지 않는 먼 곳에서 모래를 채취하는 것도 대안이 될 수 없다. 왜냐하면 상대적으로 무거운 모래를 채굴하고 운송하는 데는 다량의 배기가스 방출이 필수적이므로 탄소중립에 역행하기 때문이다.

'지구를 구하자'라는 표어를 볼 때마다 드는 생각이 있다. 지구는 구할 필요가 없지 않을까? 지구는 인간이 어떤 일을 하더라도 새로운 평형상태로 돌아갈 테니 말이다. 다만 그렇게 되면 인간이 살 수 없는 지구가 될 것이다. 그러니 '미래의 인류를 구하자'라고 하는 것이 더 적절해 보인다. 늦었지만 지금이라도 모래에 대한 인식을 개선하고, 적절한 제도와 유인책을 도입하며 관련한 과학 연구를 전략적으로 도모할 때다. 그렇게 해야 우리 인류가 더 오랜 기간 자연과 함께 살아갈 수 있을 것이다. 세상에 공짜는 없다.

폭우의 과학

박은지   지구과학

만일 한 달 내내 계속 비가 온다면? 그것도 걱정이 될 정도로 쏟아진다면? SF영화나 애니메이션에서만 나오는 이야기가 아닐 수 있다. 최근 우리나라 일기예보에서 '긴 장마'를 넘어 '기록적인 폭우'나 '극한 호우' 같은 이전에 없던 날씨 표현을 자주 접할 수 있기 때문이다. 가령 2020년 장마는 중부지방에서만 54일간(6월 25일~8월 16일) 지속되어 역대 가장 긴 장마가 되었고, 강수량도 2006년(704.0밀리미터)에 이어 두 번째로 많았던 것(701.4밀리미터)으로 기록되었다.

이례적으로 장마가 짧았던 2021년(17일간, 7월 3일~7월 19일)을 지나 다시 2022년에는 6월과 8월에 중부지방을 중심으로 극한 집중호우가 있었다(6월 30일 수원 일강수량 285.0밀리미터, 6월 29일 서산 일강수량 209.6밀리미터, 8월 8일 서울 동작구 시간당 최다 141.5밀리미터). 2023년에는 5월부터 집중호우가 발생하는가 하면, 장마 기간 강수량도 2020년에 이어 세 번째로 많은 해(660.2밀리미터)로 기록되었다.

그런데 한편으로는 비가 오래 오거나 많이 오는 게 왜 문제인지

229

되물어볼 수 있을 것이다. 전 지구적으로 보았을 때, 비가 거의 오지 않는 지역이 있듯이, 반대로 비가 한꺼번에 많이 내리거나 오랫동안 오는 곳도 분명 존재하기 때문이다. 한반도 역시 비가 연중 고르게 오지 않고 여름에 집중해서 내리는 경향이 있다. 이는 우리나라를 포함한 동아시아 몬순기후 지역(육지-바다 사이의 계절풍 영향을 받는 기후)의 공통적인 특징이기도 하다. 하지만 그 정도가 점점 심해져 이제는 누구라도 이상하다고 여길 수준이라서, 짚고 넘어가고자 한다.

한국의 전형적인 강수 특성과 최근 이상 강수 현상

그동안 한국인으로서의 경험치와 학교에서 배운 바를 되짚어 봐도, 우리나라는 전형적으로 여름 장마와 태풍이 올 때 비가 많이 오는 특징이 있다. 전 지구에서 위도별 위치상으로는 온대기후에 속하지만 유라시아 대륙의 동쪽에 위치해 대륙성기후이기도 하며 동시에 삼면이 바다로 둘러싸여 다양한 기단의 영향을 받기 때문이다. 온대기후는 보통 중위도 지역에서 나타나는데, 사계절이 뚜렷하고 열대 고온 기단과 한대 저온 기단이 서로 싸우는 전선을 잘 만들어 날씨 변화가 많다.

거기에 더해 우리나라는 대륙과 해양의 경계에 위치하므로, 초여름에는 한랭 습윤한 오호츠크해 기단과 고온 다습한 북태평양 기단이 서로 부딪치며 긴 장마전선을 형성해 오랫동안 비를 뿌리거나, 한여름에는 열대기단에서 형성된 태풍이 북상하며 많은 비를 뿌리곤 한다. 한편 대륙성기후는 여름과 겨울의 기온과 습도 차이(연교차)가 큰 것이 특징이다. 따라서 여름에는 고온 다습한 가운데 앞서 언급한 장마나 태풍 외에도 국지적으로 형성되는 소나기까지 포함하여 강수량이 집중되지만 겨울에는 한랭 건조하므로 눈이 되어 내리는 강수량마저 적은 편이다. 기상청이 제시한 지난 30년간 (1991~2020년)의 기후 평년값에 따르면, 전국 연강수량은 1306.3밀리미터이며, 계절별로는 여름철 강수량이 710.9밀리미터로 연강수량의 54퍼센트를 차지한다.

그렇다면 최근의 강수 현상은 구체적으로 어떤 점이 전과 달라서 문제가 되는 것일까? 먼저 우리나라의 연강수량은 지난 30년 (1981~2010년)에 비해 최근 30년(1991~2020년)은 다소 감소 추세이긴 하지만 지난 109년간 매 10년당 17.71밀리미터씩 증가해왔고, 그중에서도 여름철이 가장 뚜렷한 증가 추세를 보였다. 그런데 연강수량이 증가하는 반면, 연강수일수는 뚜렷한 변화가 없거나 오히려 다소 감소하는 것으로 나타났다. 이는 최근 강수 경향이 과거에 비해 한 번에 많은 양의 비가 내리는 것으로 변해감을 의미한다.

기상재해를 유발할 가능성이 큰 일강수량 80밀리미터 이상 강수일수를 뜻하는 호우일수, 상위 5퍼센트에 해당하는 강수일수, 1일 최다 강수량, 강수강도 등도 모두 증가한 것으로 나타나, 강수와 관련된 극한 현상이 증가했음을 파악할 수 있다. 또한 강수가 집중되는 시기도 변화해왔다. 과거에는 6월 말에서 7월 중순까지 장마라고 알려진 기간에 뚜렷이 많은 비가 내렸지만, 최근에는 8~9월에 다시 강수가 증가하여 그 양이 거의 장마 최대치에 준하는 수준인 양상을 보인다. 게다가 이 두 강수 기간 사이가 점차 짧아지기까지 해, 이제는 한 번의 '장마' 대신 '1차 우기'와 '2차 우기'로 구분해 불러야 한다는 의견도 있다.

231

이상 강수 현상의 원인으로 주목받는 대기의 강

기상학자들에 따르면, 우리나라의 강수가 이토록 극한으로, 집중하여 발생하는 데는 여러 복합적인 이유가 있다고 설명한다. 그중에서 최근 가장 빈번히 극한 강수 현상의 직접적인 원인으로 언급되는 것이 '대기의 강(대기천)' 개념이다. '대기의 강atmospheric river, AR'은 가늘고 긴 띠의 형태로 나타나는 강한 수증기 수송 현상을 일컫는다.

보통 길이가 수천 킬로미터인 데 비해 폭은 수백 킬로미터로 매우 좁은 편인데, 지구에서 가장 큰 아마존강보다 더 많은 습기를 가질 수 있다. 주로 중위도저기압의 따뜻한 지역에서 나타나고 평균적으로 매 순간 4~5개씩 존재하며 지구 전체의 약 10퍼센트 영역만을 차지한다. 그럼에도 중위도에서 극으로 수송되는 수증기의 최대 90퍼센트와 연관되어 있을 정도로 전 지구적, 지역적인 수증기 수지에 중요한 역할을 담당한다. 게다가 일반적으로 대기의 강이 시간에 따라 이동하며 해안가에 상륙할 경우 집중호우나 홍수 등을 일으킬 수 있다.

대기의 강 개념이 처음 등장했던 1990년대 이후로 많은 연구가 미국 및 서유럽의 서해안과 같은 대륙의 서쪽 지역을 중심으로 진행되다가, 최근에는 그 외 지역과 계절에까지 연구 범위가 넓어졌다. 그중 동아시아는 전 세계에서 대기의 강 영향을 가장 많이 받는 지역으로 주목받고 있다. 예를 들어, 미국 서해안 대기의 강과 달리 동아시아 대기의 강은 몬순의 작용으로 여름철 강수에 매우 큰 영향을 끼치고, 강한 강수일수록 그 효력이 더욱 두드러지는 것으로 나타났다. 한반도에 집중한 연구 결과도 이와 유사하게 나타났는데, 대기의 강은 한반도 전체 강수량의 약 51퍼센트에 영향을 주며 특히

집중호우 때문에
홍수와 산사태 발생 가능

수증기가 상승하며 냉각되고,
응축해서 호우로 이어짐

열대지방에서 비롯된
고온 다습한 공기

증발

⁝ 대기의 강 원리.

⁝ 태평양 내 아시아에서 미국으로 형성된 대기의 강(2017년 10월 14일).

여름철에는 약 58퍼센트까지, 강한 강수일수에는 약 59퍼센트까지 영향을 미치는 것으로 나타났다.

그렇다면 이렇게 극한 강수와 밀접한 대기의 강은 어떤 원리로 발생하는 것일까? 미국기상학회American Meteorological Society, AMS가 2017년에 대기의 강을 '일반적으로 온대저기압의 한랭전선 전면에 존재하는 하층제트에 의해 일시적으로 발생하는 길고 좁은 수증기 수송 기둥'이라고 정의한 데서 힌트를 얻을 수 있다. 위도 60도 부근의 한대전선대 지역에서는 북쪽의 차가운 공기와 남쪽의 따뜻한 공

233

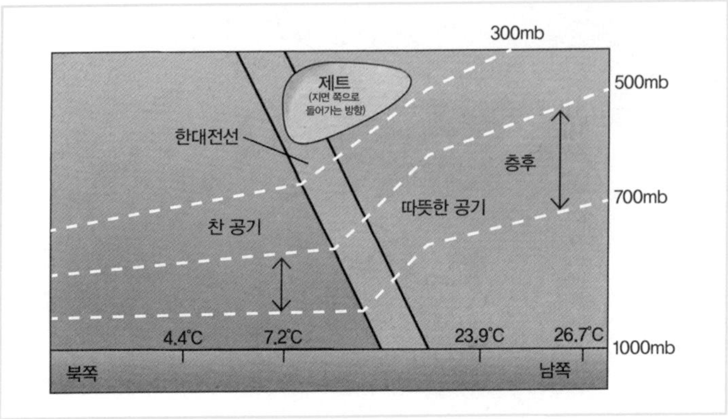

300mb
500mb
제트
(지면 쪽으로 들어가는 방향)
한대전선
층후
700mb
따뜻한 공기
찬 공기
4.4°C
7.2°C
23.9°C
26.7°C
1000mb
북쪽
남쪽

↑ 대류권 부근의 한대 지역 전선 위에 발생하는 상층 제트기류.

기가 서로 부딪치며 같은 높이에서도 기압 차가 나타난다. 이때 기압이 큰 남쪽에서 기압이 낮은 북쪽으로 바람이 불게 되는데 전향력에 의해 바람 방향의 오른쪽인 동쪽으로 휘어지며, 남북 간 기온·기압 차가 클수록 그 속도와 강도가 커지는 특징을 갖는다.

이 같은 원리로 발생하는 바람을 '제트기류'라고 부르며, 주로 대류권 상부나 대류권계면 근처와 같은 상층에서 잘 나타나는 편이다. 따라서 상층에서 부는 초속 30미터 이상의 강한 서풍 계열 바람을 '상층제트'라고 부르기도 한다. 그런데 하층에서도 위와 비슷한 원리로 초속 10~30미터의 속도를 가진 남풍 또는 남서풍 계열의 제트기류가 발생할 수 있다. 가령 온대성저기압이 동반하는 한랭전선 앞쪽에서도 같은 지역 내 기온·기압 차에 의해 하층제트가 발생하곤 하는데, 다량의 수증기와 열을 포함하는 게 특징이다.

기상청이 2012년 발표한 호우 분석 결과에 따르면, 특히 기존 상층제트와 하층제트가 서로 교차할 때 다량의 수증기가 빠른 제트기류에 의해 폭발적으로 유입되어 호우가 발생하기 좋은 조건이 된다고 한다. 따라서 북태평양고기압의 가장자리를 따라 수증기가 유입되며 대기의 강이 잘 형성되는 모습을 보인다. 한반도의 경우, 최근 중국에서 발생하여 이동해 오는 저기압이 많아져서 이런 양상이 더욱 늘고 있는 것으로 나타났다.

다양한 이상 강수 현상의 원인

많은 기상학자는 대기나 물의 대규모 순환 구조 변화를 연구하여 이상 강수의 원인을 설명하기도 한다. 지구의 대기대순환이라 하면, 이상적으로는 적도 부근에서 가열된 대기가 수직 상승하여 양극으로 이동했다가 다시 적도 부근으로 돌아오는, 남북으로 크게 움직이는 순환일 것으로 생각할 수 있다. 하지만 지구가 자전함에 따라 발생하는 전향력의 영향으로 적도 지역의 상승 공기는 극까지 가지 못하고, 극 지역의 하강 공기도 적도까지 돌아오지 못한다.

따라서 지구의 대기대순환은 크게 세 부분으로 나뉘는데, 적도 저압대에서 상승하여 양극을 향해 이동하다가 아열대고압대에서 다시 하강해 돌아오는 형태의 해들리 순환Hadley Cell과 극 부근에서 하강하여 적도를 향해 내려오다가 고위도 저압대에서 다시 상승하여 돌아가는 극순환Polar Cell 그리고 그 사이에서 간접적으로 생겨난 페렐 순환Ferrel Cell으로 구성된다. 거기에 덧붙여서 태평양 적도 지역에서는 동서 방향으로 닫혀서 순환하는 워커 순환Walker Cell도 존재한다. 모든 대기대순환 구조는 서로 조화롭게 조절되며 지구의 여러 기후를 구성한다. 그러나 대기와 닿아 있는 지면이나 해수면의 온도에 따라 그 정도가 달라지기도 하고, 특히 해양의 경우 표면의 바람에

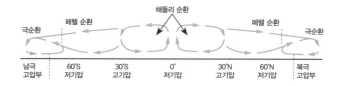

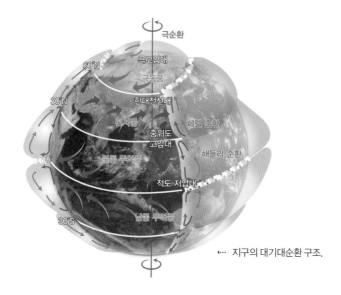

＜⋯ 지구의 대기대순환 구조.

의해 형성되는 표층순환과 심해에 흐르는 열염순환이 어떻게 서로 연결되어 흐르는지에 따라서도 변화가 올 수 있다.

가령 기초과학연구원 기후물리연구단의 연구 결과에 따르면, 기존 기후모델 실험이 이산화탄소의 증가로 워커 순환이 약화될 것이라고 예측했던 것과 달리 실제 위성 관측 자료 분석 결과에서는 강화 경향이 나타나는 점을 보고한 바 있다. 기존 기후모델 실험에서는 이산화탄소가 증가할수록 해수면이 전체적으로 따뜻해지며 온도차가 줄어들어 워커 순환이 약해지는데, 관측 자료에 분석 해상도를 높여 모의 실험한 결과에서는 오히려 워커 순환이 강해지면서 엘니

236

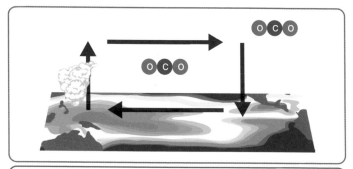

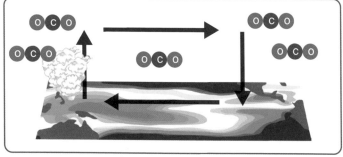

⋮ 이산화탄소 증가에 따른 태평양 워커 순환의 변화(위: 평상시. 아래: 이산화탄소 증가 시).

뇨 남방진동El Niño-Southern Oscillation, ENSO이 약해지는 것으로 드러났다.
이 같은 현상은 엘니뇨와 반대되는 라니냐 현상이 강해지는 것과 유
사하게 서태평양 지역에 강수가 증가하는 결과로 이어진다.

　　또한 한양대학교 예상욱 교수의 최근 연구 결과에서는 대기 중
이산화탄소가 증가하면 강수량 변화를 제어하는 지역 대기 순환의
조절에 영향을 미치는 것으로 나타났다. 21개의 전 지구 기후모델
에 대기 중 이산화탄소 농도를 2배, 3배, 4배 증가시켜 그 변화를 살
펴본 결과, 워커 순환의 중심 위치가 동쪽으로 이동하는 것으로 나
타나는 한편, 지역에 따라서 워커 순환이 아닌 해들리 순환도 강수

량에 영향을 미치는 것으로 나타났다. 이때 아열대에서 열대 지역으로 수증기 수송이 증가하며 열대 중·동태평양 지역의 강수는 줄어들고 서태평양 지역은 강수가 증가하게 되는데, 이는 우리나라를 포함하는 동아시아 지역의 물 순환 또는 이상 기상, 기후에 직간접적인 영향을 주게 된다.

한편 구름 생성에 영향을 줄 수 있는 대기 중 에어로졸을 관측하고 이를 구름 생성 또는 강수량 변화와 연결하여 연구하는 과학자들도 있다. 에어로졸은 공기 중에 떠 있는 고체 또는 액체 상태의 입자로 보통 0.001~100마이크로미터의 크기를 가지며 황사, 화산재와 같이 자연적으로 발생한 것과 도시나 산업 시설, 자동차 등에서 인위적으로 발생한 것으로 나눌 수 있다. 에어로졸은 인간 활동에 의해 지속적으로 증가해왔는데, 강수와 관련해서는 크게 광학적 작용과 구름미세물리학적 작용의 두 가지 부분이 영향을 미칠 수 있다.

먼저 에어로졸이 대기 중 산란 및 복사 등을 일으키기 때문에 그 양이 많아질수록 대기는 에너지를 흡수하여 가열되는 반면 지표면은 에너지가 충분히 도달하지 않거나 방출만 일어나 오히려 냉각되기 쉽다. 이런 원리로 냉각된 하층과 가열된 상층을 가진 안정화된 공기층에서는 구름 성장이 저해되어 대기 중 수증기량과 운량 감소에 영향을 미친다.

한편 에어로졸은 응결핵 또는 빙정핵으로서 구름 생성에도 영향을 줄 수 있다. 처음에는 구름 생성을 활발하게 하여 강수를 일으킬 수 있으나, 일단 강수가 일어나면 에어로졸이 줄어들기 때문에 전체적으로는 강수가 크게 증가하지 않고 오히려 감소하는 경향을 보이기도 한다. 대신 구름이 만들어져 유지되는 체류 시간이 길어지거나 이에 따라 폭우로 변질되는 특성이 있어서 이상 강수 현상을 동

238

반할 가능성이 있다. 이렇듯 에어로졸이 기후에 미치는 영향은 단순하지 않은 문제인 데다가 아직까지 국내외 연구진이 한반도와 동북아시아 지역에서 에어로졸과 구름 생성 또는 강수량 변화 사이의 상호작용을 살펴본 경우도 절대적으로 부족하여, 앞으로 지속적인 연구가 필요한 실정이다.

그래도 물은 부족하다

기후변화 시나리오에서는 이대로 기후변화가 이어진다면 전 지구적으로 물 부족을 겪을 것이라고 예견한다. 경제협력개발기구OECD 역시 2050년이면 전 세계 인구의 40퍼센트가 심각한 물 부족을 겪을 것으로 전망했다. 비가 이렇게 쏟아지고 빙하도 녹는다는데, 물이 부족하다는 건 어떻게 이해해야 할까?

먼저 전 지구적 물 순환 구조를 생각해볼 필요가 있다. 기온이 오르면 공기가 수증기를 품을 수 있는 포화수증기량이 증가한다. 즉, 지금보다 훨씬 많은 수증기가 공급되어야 상대습도 100퍼센트가 되므로 비가 오는 날이 더 줄어들 것이고, 정도가 심하다면 가뭄이 발생할 수 있다. 한편 해양 수온 변화에 따른 해류의 움직임에도 주목할 필요가 있다. 보통 적도와 극 사이에는 에너지와 물질을 교환시켜주는 해류가 발생하는데, 지구온난화로 극 지역 해양마저 따뜻해지면 적도에서 올라온 해류가 충분히 냉각되지 못해 해양 심층수로 가라앉을 수 없게 된다. 결국 전 지구적 열염순환이 멈춤에 따라 지구 기온은 더욱 상승하고 이에 따라 가뭄이 심해질 수 있는 것이다.

무엇보다 물 부족이라고 말할 때는 지구상 전체 물의 양이 아니라 인류가 가용할 수 있는 양을 뜻한다는 데 주목하고 대비할 필요가 있다. 담수와 지하수 등 가용 수자원을 얼마나 확보할 수 있느냐의 문제라는 것인데, 댐 용량 증대 등의 추가적인 인프라 구축은 물론, 불필요한 물 사용을 줄이는 등의 정책 보완이 필수라고 할 수 있다. 특히 비가 특정 시기에 집중되거나 한 번 올 때 폭우 형태가 되는 경우를 대비하려면, 홍수 등으로 인한 피해는 줄이면서 그저 흘려버리는 일 없이 효율적으로 저장할 방재 시설 등이 꼭 필요하다.

불과 몇 년 사이 극적으로 잦아진 이상 강수 현상과 이상 기후 현상을 맞닥뜨리며, 중앙·지방 구분 없이 여러 관계 부처가 다방면의 국내외 전문가와 함께 다각도에서 대응책을 모색 중이다. 이미 전문가들 사이에서는 다소 늦은 감이 있다는 지적과 더불어 늦은 만큼 더욱 적극적으로 대응해야 한다는 의견도 많다. 이 글을 읽는 독자들도 한 사람의 국민이자 지구인으로서 관련 대응 기술 보고회나 정책 토론회 등을 관심 있게 찾거나 지켜봐줄 것을 부탁드린다. 그리고 그런 관심이 모여 이제까지 한국이 이뤄낸 다른 눈부신 성과들처럼 실효성 있는 여러 방안이 속도감 있게 처리되기를 기대한다.

지질시대와 인류세

정원영   지구과학

　　우리는 2024년 지금, 어떤 시대에 살고 있을까? 초고령화의 시대, 디지털 대전환의 시대, 고물가의 시대, 케이팝의 전성시대? 사회, 경제, 문화, 기술 등 여러 분야에서 현재의 상황을 진단하고 대표할 만한 수식어로 시대를 표현하곤 한다. 그러면 이 질문을 나에게 한다면, 뭐라고 대답할 수 있을까? 지구과학 전공자로서 최신의 과학 이슈를 전하고자 글을 쓰는 지금의 나는 이렇게 대답할 수 있겠다. '현생누대 신생대 제4기 홀로세 메갈라야절'에 살고 있다고.

　　이 대답의 근거는 국제층서위원회International Commission on Stratigraphy, ICS에서 발표하는 국제지질연대층서표International Chronostratigraphic Chart, ICC에 있다. 46억 년에 걸친 역사 속에서 지구는 여러 차례의 극적인 변화를 맞이했다. 대륙과 해양의 분포가 달라지고, 그에 따라 기후와 환경이 변하고, 또 그에 맞게 살아가던 생물상에도 변화가 생겨 탄생과 멸종, 진화를 거듭하며 지구에는 참 다양한 생명이 존재해왔다. 암석과 화석에 기록으로 남은 여러 흔적, 생명들 속에 새겨진 유전자 등을 연구해서 과학자들은 결정적인 사건과 시기를 찾아 지질시대를 구분한다. 국제지질연대층서표가 바로 그 합의된 결과물이다.

| 국제지질연대층서표 |

누대/누대층	대/대층	기/계	세/통		절/조	GSSP	수치 연령(100만 년 전)
현생누대	신생대	제4기	홀로세	후기	메갈라야절	O	0.0042
				중기	노스그립절	O	0.0082
				전기	그린란드절	O	0.0117
			플라이스토세	후기	후기		0.129
				중기	지바절	O	0.774
					칼라브리아절	O	1.80
				전기	젤라절	O	2.58
		신진기	플라이오세	후기	피아첸차절	O	3.600
				전기	장클레절	O	5.333
			마이오세	후기	메시나절	O	7.246
					토르토나절	O	11.63
				중기	세라발레절	O	13.82
					랑게절	O	15.98
				전기	부르디갈라절		20.44
					아킨텐절	O	23.03
		고진기	올리고세		카티절		27.82
					루펠절	O	33.9
			에오세		프리아보나절		37.71
					바턴절		41.2
					루테티아절	O	47.8
					이퍼르절	O	56.0
			팔레오세		타넷절	O	59.2
					셀란절	O	61.6
					다니아절	O	66.0
	중생대	백악기	후기		마스트리히트절	O	72.1±0.2
					캄파니아절	O	83.6±0.2
					산토눔절	O	86.3±0.5
					코냑절	O	89.8±0.3
					투로니아절		93.9
					세노마눔절	O	100.5
			전기		알바절		~113.0
					압트절		~121.4
					바렘절		125.77
					오트리브절		~132.6
					발랑절		~139.8
					베리아절		~145.0

~145.0

누대/누대층	대/대층	기/계	세/통		절/조	GSSP	수치 연령(100만 년 전)
현생누대	중생대	쥐라기	후기		티토누스절		149.2±0.7
					킴머리지절	O	154.8±0.8
					옥스퍼드절	O	161.5±1.0
			중기		칼로비움절	O	165.3±1.1
					바토니움절	O	168.2±1.2
					바조카에절	O	170.9±0.8
					알렌절	O	174.7±0.8
			전기		토아르시움절	O	184.2±0.3
					플린스바흐절	O	192.9±0.3
					시네무룸절	O	199.5±0.3
					에탕주절	O	201.4±0.2
		트라이아스기	후기		래티아절		~208.5
					노릭절		~227
					카닉절	O	~237
			중기		라딘절		~242
					아니수스절		247.2
			전기		올레네크절		251.2
					인더스절	O	251.902±0.024
	고생대	페름기	러핑세		창싱절	O	254.14±0.07
					우지아핑절	O	259.51±0.21
			과달루페세		캐피탄절	O	264.28±0.16
					워드절	O	266.9±0.4
					로드절	O	273.01±0.14
			시스우랄세		쿤구르절		283.5±0.6
					아르틴스크절	O	290.1±0.26
					사크마라절	O	293.52±0.17
					아셀절	O	298.9±0.15
		석탄기	펜실베니아기	후기	그젤절		303.7±0.1
					카시모프절		307.0±0.1
				중기	모스코절		315.2±0.2
				전기	바시키르절		323.2±0.4
			미시시피아기	후기	세르푸호프절		330.9±0.2
				중기	비제절		346.7±0.4
				전기	투르네절	O	358.9±0.4

누대/누대층	대/대층	기/계	세/통	절/조	GSSP	수치 연령 (100만 년 전) 358.9±0.4
현생누대	고생대	데본기	후기	파멘절	O	372.2±1.6
				프란절	O	382.7±1.6
			중기	지베절	O	387.7±0.8
				아이펠절	O	393.3±1.2
			전기	엠즈절	O	407.6±2.6
				프라하절	O	410.8±2.8
				로치코프절	O	419.2±3.2
		실루리아기	프리돌리세		O	423.0±2.3
			러들로세	로드포드절	O	245.6±0.9
				고스티절	O	427.4±0.5
			웬록세	호머절	O	430.5±0.7
				셰인우드절	O	433.4±0.8
			란도베리세	텔리치절	O	438.5±1.1
				에어론절	O	440.8±1.2
				루단절	O	443.8±1.5
		오르도비스기	후기	허난트절	O	445.2±1.4
				케이티절	O	453.0±0.7
				샌드비절	O	458.4±0.9
			중기	다리윌절	O	467.3±1.1
				다핑절	O	470.0±1.4
			전기	플로절	O	477.7±1.4
				트레마독절	O	485.4±1.9
		캄브리아기	푸롱세	제10절		~489.5
				지양산절	O	~494
				파이비절	O	~497
			미아오링세	구장절	O	~500.5
				드럼절	O	~504.5
				울리우절	O	~509
			제2세	제4절		~514
				제3절		~521
			테레누브세	제2절		~529
				포춘절	O	538.8±0.2

누대/누대층	대/대층	기/계	GSSP	GSSA	수치 연령 (100만 년 전) 538.8±0.2
선캄브리아시대	원생누대	신원생대	에디아카라기	O		~635
			크리오스진기			~720
			토노스기		ⓘ	1000
		중원생대	스테노스기		ⓘ	1200
			엑타시스기		ⓘ	1400
			칼리마기		ⓘ	1600
		고원생대	스타테로스기		ⓘ	1800
			오로세이라기		ⓘ	2050
			라이악스기		ⓘ	2300
			시데로스기		ⓘ	2500
	시생누대	신시생대			ⓘ	2800
		중시생대			ⓘ	3200
		고시생대			ⓘ	3600
		초시생대			ⓘ	4031±3
	명왕누대				ⓘ	4567

지질연대의 측정

지질시대를 정할 때는 지질학적 사건 간 순서를 정하고, 또 그 시기를 정확히 측정하는 것이 필요하다. 이를 각각 상대연령 측정relative dating, 절대연령 측정absolute dating이라고 부른다. 먼저 상대연령을 측정할 때는 몇 가지 주요한 지사地史학적 원리가 적용되는데, 가장 기본적인 것이 지층누중superposition의 원리다. 변형 또는 교란되지 않은 안정적인 퇴적층에서는 가장 아래 있는 층이 가장 오래되었다는 것이다. 이에 따라 지층이 쌓인 순서는 맨 아래에서부터 위로 올라올수록 더 나중에 쌓였다고 보면 된다.

다음은 퇴적물이 쌓일 때는 통상 수평적으로 쌓인다는 지층 수평성original horizontality의 원리다. 만약 휘거나 기울어진 지층이 있다면, 그러한 변동을 일으킨 사건은 지층이 퇴적된 이후에 일어났다고 보는 것이다. 그리고 단층으로 인한 절단, 마그마에 의한 관입이 일어난 경우에는 그 대상이 된 층이나 암석이 더 먼저 형성되고, 그 이후에 단층이나 관입이 일어났다고 보는 상호 절단 관계cross-cutting relationship의 원리도 있다. 이러한 원리들은 흔히 샌드위치를 만드는 것에 비유될 정도로 일상적으로도 쉽게 이해할 수 있지만, 발견과 적용의 노력은 지구의 역사를 이해하는 밑거름이 되었다.

이러한 방식으로 특정한 지역에서 비교적 안정된 지층을 순서대로 배열해볼 수는 있지만, 사실 지구가 오랜 시간 겪어온 여러 변동은 연속적으로 지층이 안정되게 쌓이거나 전 지구적으로 동일하게 쌓이도록 내버려두지 않았다. 때로는 잘 쌓이던 퇴적층에서 갑자기 퇴적이 중단되고 침식이 일어나 그 전에 형성되었던 지층을 없애기도 한다. 그러다가 다시 안정된 퇴적층이 쌓이기도 하는데, 이러한 구조를 부정합unconformity이라고 한다.

부정합이 있는 경우에는 특정한 시기 동안의 지층이 결손되어 있다. 그래서 그 사이에 무슨 일이 있었는지, 어떤 지층이 쌓였어야 하는지 등을 알아내기 위해서는 부정합이 있는 지층으로부터 멀리 떨어져 있지만 그 결손된 시기의 안정된 지층을 가진 곳을 찾아 서로 비교해야 한다. 이러한 작업을 지층의 대비correlation라고 하며, 이 과정에서 중요한 역할을 하는 것이 바로 화석이다.

화석은 지질시대에 살았던 생물의 유해나 흔적을 말한다. 식물의 줄기, 동물의 뼈나 이빨, 껍데기와 같이 단단한 부분이 화석화되거나 때로는 몸 전체 또는 일부가 동결이나 미라화된 형태로 발견되기도 한다. 발자국, 배설물, 둥지 등 생물의 생태와 습성을 알려주는 흔적도 화석이 될 수 있다. 화석 연구를 통해 과거에 살았던 고생물의 모습과 특징뿐 아니라, 생물의 계통과 진화 과정 등을 유추해낸다. 그래서 화석은 시간을 기록한다고 말할 수 있다.

예를 들어 삼엽충은 고생대에만 살았던 생물이므로, 어떤 지층에서 삼엽충 화석이 발견되었다면 그 지층은 고생대에 형성되었다고 볼 수 있는 것이다. 그래서 지층의 대비 과정에서도 서로 멀리 떨어져 있다 할지라도 같은 종류의 화석이 발견되는 지층이 있다면, 그 지층은 서로 같은 시기에 형성되었다고 보면 된다. 그래서 화석이 있는 지층을 기준으로 해서 순서를 비교하다 보면 부정합으로 인해 결손된 지층이 무엇인지도 알아낼 수 있다.

이렇게 상대연령 측정을 통해 순서를 배열했다면, 이제 절대연령 측정으로 그 시기가 언제인지 수치화한다. 지구의 나이가 46억 년이고, 지구상에 생명이 약 38억 년 전에 출현했고, 공룡이 사라진 마지막 대멸종 시기가 약 6600만 년 전이라는 사실을 알게 해준 것은 방사성 동위원소를 통한 연대측정법radiometric dating이다. 물질을 이루는 기본단위인 원자는 양성자와 중성자를 포함하는 핵 그리고 그 주변을 도는 전자로 이루어져 있다. 그런데 양성자와 중성자를 묶어두는 힘이 충분히 강하지 못해 불안정한 핵에서는 붕괴가 일어나고 이 과정에서 동위원소가 만들어진다. 양성자와 중성자의 수를 합한 것을 질량수라고 하는데, 붕괴 과정에서 질량수가 달라져 원소의 형태가 바뀌게 된 것을 동위원소라고 한다.

예를 들어 질량수 238인 우라늄은 여러 차례의 붕괴를 거치면서 중간 단계에 여러 개의 서로 다른 동위원소를 만들다가 최종적으로는 질량수 206인 납으로 변하게 된다. 이때, 붕괴 과정에서 원래의 불안정한 원소가 절반으로 줄어들기까지 걸리는 시간을 반감기half-life라고 하는데, 원소들마다의 반감기가 비교적 정확하게 밝혀져 있어 이를 이용해 절대연령을 측정할 수 있는 것이다. 우라늄238의 반감기는 45억 년, 우라늄235의 반감기는 7억 년, 칼륨40의 반감기는 13억 년, 탄소14의 반감기는 5730년 정도로 알려져 있다.

만약 어떤 암석에서 원래의 원소와 안정화된 최종 원소의 비율이 1:1이라면, 반감기가 한 번 지난 것으로 볼 수 있다. 반감기가 여러 번 지날수록 최종 원소의 비율은 점차 높아진다. 하지만 주의해야 할 점이 있는데, 방사성동위원소를 이용한 절대연령 측정을 정확히 하려면 원래의 원소가 붕괴되기 시작한 이후에는 외부에서 영향을 미칠 만한 간섭이 없어야 하고, 연령을 알고자 하는 샘플의 구성성분이 거의 같은 시기에 형성되었어야 한다는 전제가 필요하다는 것이다. 따라서 높은 열과 압력에 의해 형성되는 변성암이나 여러 기원의 퇴적물로 이루어진 퇴적암은 방사성동위원소 연대 측정으로 정확한 값을 알아내기가 어렵다. 그래서 통상 가장 정밀하게 측정되는 연령은 화성암으로부터 얻어진다.

지질시대의 구분

이렇게 오랜 시간에 걸친 수많은 연구의 누적과 그에 대한 과학자들의 합의를 통해 국제지질연대층서표와 같이, 46억 년 전 탄생해서 현재에 이르기까지 지구의 역사를 구분해왔다. 지질시대를 구분하는 시간의 단위로는 절age, 세epoch, 기period, 대era, 누대eon를 사용한다. 누대는 가장 긴 단위로, 지구가 형성된 초기인 명왕누대, 지구에 생명체가 나타나기 시작하던 때인 시생누대와 원생누대 그리고 생명이 폭발적으로 증가해 현재에 이르기까지인 현생누대로 구분한다. 오랜 시간 동안 많은 변동으로 인해 초기의 상태로 남아 있는 증거가 드물기 때문에 명왕누대, 시생누대, 원생누대는 상대적으로 덜 세분화되어 있고 이들을 통칭하여 선캄브리아시대라고도 부른다.

현생누대는 우리에게 익숙한 고생대, 중생대, 신생대로 다시 세분화된다. 그리고 고생대는 다시 캄브리아기, 오르도비스기, 실루리아기, 데본기, 석탄기, 페름기로, 중생대는 트라이아스기, 쥐라기, 백악기, 신생대는 고진기, 신진기, 제4기로 구분된다. 주로 화석을 통한 생물상의 변화와 지층에 의한 구분에 근거하며, 대륙의 이동이나 그로 인한 기후와 지형의 변화, 화산과 같은 대형 지질학적 현상 등 동반되는 사건들을 함께 분석 및 연구하고 있다. 기 단위를 세와 절 단위로 세분화하기도 하는데, 해당 시기에 대한 연구가 이루어져 증거들이 제시되고 그것이 국제층서위원회에서 공인되면 지질시대로 구분될 수 있다.

비교적 최신의 시기이고 지층이나 화석 등의 증거가 풍부한 편인 신생대가 세부적으로 구분이 잘된 편인데, 신생대의 고진기는 팔레오세, 에오세, 올리고세로, 신진기는 마이오세와 플라이오세로, 제4기는 플라이스토세와 홀로세로 다시 나뉜다. 마이오세에 최초의 인류가 지구에 등장했고, 현재 살아남은 유일한 인류인 호모사피엔스는 플라이스토세에 출현한 것으로 추정한다. 빙하의 확장으로 인해 추웠던 플라이스토세를 지나 온난해지기 시작한 1만 1700년 전부터의 홀로세가 바로 지금 우리가 살아가고 있는 시기인 것이다.

한편, 지질시대의 구분에 주요한 사건은 대멸종mass extinction이다. 지금까지 지구에서는 여러 차례의 멸종 사건이 있었지만 대표적으로 알려진 것은 다섯 번이다. 가장 유명한 것은 6600만 년 전 공룡을 포함해 약 76퍼센트의 생물종이 사라지고 만 다섯 번째 대멸종이다. 중생대 말 지층에서 지구에는 매우 드문 이리듐의 농도가 현저히 높게 발견되고, 멕시코의 유카탄반도에 있는 칙술루브Chicxulub 운석구덩이가 당시 소행성이 떨어진 흔적으로 추정되면서 다섯 번째 대멸종은 소행성 충돌로 촉발되었다고 본다.

그런데 가장 많은 생물의 멸종이 있었던 사건은 고생대 페름기 말에 일어난 세 번째 대멸종이다. 대규모의 화산 분출, 정체 및 층상화된 해양, 가속화된 온난화 등 복합적인 원인에 의해 당시 생물종의 약 95퍼센트가 절멸했다. 이외에도 고생대 오르도비스기 말의 제1멸종, 고생대 데본기 말의 제2멸종, 중생대 쥐라기의 제4멸종이 다섯 번의 대멸종에 속한다. 이들 대멸종 사건의 공통점은 전체 생물종의 75퍼센트 이상이 사라졌고, 종국의 원인은 모두 급격한 기후변화(온난화, 한랭화)로 인한 것이었다는 점이다.

인류세를 둘러싼 논의

그런데 최근 신생대에 새로운 시대가 추가될 뻔한 사건이 있었다. 바로 '인류세Anthropocene'를 새로운 지질시대로 추가하자는 제안과 이에 대한 과학자들의 투표가 있었던 것이다. 인류세는 2000년에 처음 제안된 용어로, 기후변화와 핵 실험 등 인류의 행위가 지구에 막대한 영향을 미치고 있으며 그 영향이 지층에 기록되고 생물상에 변화를 가져오고 있으니 새로운 지질시대로 구분해야 한다는 입장에 따른 개념이다.

아직 지질학계에서 공인되지는 않았지만, 이러한 문제 인식은 대중과 언론의 공감을 받으며 인류세는 제6멸종이라는 표현과 함께 기후위기 시대에 유행어처럼 사용되고 있다. 세계자연보전연맹International Union for the Conservation of Nature, IUCN에 따르면, 확인된 전체 생물종 중 약 28퍼센트가 멸종 위기에 처했다고 한다. 특히 양서류는 약 41퍼센트, 소철류는 약 71퍼센트가 멸종 위기의 위험에 놓였다. 그리고 이러한 지구 생명체들의 위기는 인간의 행위로부터 기인했음이 확인되고 있다.

기후변화에 관한 정부 간 협의체Intergovernmental Panel on Climate Change, IPCC의 제6차 보고서에 따르면, 2011~2020년 지구의 평균기온은 1850~1990년 대비 섭씨 1.09도만큼 상승했으며 이 중 인간에 의해 유발된 상승분이 1.07도에 달하고 있다. 급격한 기후변화와 그로 인한 수많은 생물종의 멸종 위기 상황만 보더라도 현상적으로 새로운 지질시대가 다가오고 있음이 느껴진다. 하지만 앞서 여러 번 언급했듯이 지질시대의 구분은 국제층서위원회에서 공인한다. 제안된 지질시대를 받아들일 것인지는 과학자들의 투표를 통해 결정되는데, 인류세는 2024년 3월 5일 열린 회의에서 66퍼센트의 반대 표를 얻어 공식적인 도입이 불발되었다.

지질시대를 구분 짓기 위해서는 경계가 되는 시기와 그를 대표할 표준 지층이 필요하다. 인류세를 제안하는 그룹에서는 시작 시기를 1950년으로 삼았고, 인류세를 대표할 국제표준층서구역Global Stratotype Section and Point, GSSP 혹은 황금못golden spike이라고도 불리는 지역을 캐나다 크로퍼드 호수로 선정했다. 인류세가 시작되는 결정적 사건을 인간에 의한 핵실험으로 보고, 플루토늄 같은 인공적인 방사성 물질의 농도가 급증한 시기와 그러한 물질이 잘 쌓인 지층을 표준으로 제시한 것이다.

더불어 크로퍼드 호수 지층에는 화석연료의 연소를 통해 배출되는 탄소 입자들도 1950년을 기점으로 급증해 인간의 산업 활동이 지구에 미친 영향력을 보여주기도 한다. 이번 회의에서는 이러한 인류세에 대한 제안에 반대표가 더 많았지만, 국제층서위원회에서 향후 지속될 인류세에 대한 과학적 논의를 계속 지켜봐야 하겠다. 신생대 플라이스토세에 출현해 홀로세에 살던 유일한 인류인 호모사피엔스가 이제 새로운 시대인 인류세를 공식화할 날이 멀지 않아 보인다.

에너지 전환을 위한 시도

정원영   지구과학

많은 이에게 2024년 추석은 유난히 더운 기억으로 남을 것 같다. 추석 연휴에 폭염 특보 문자가 연일 발송되고, 매체에서는 추秋석이 아니라 하夏석이라는 하소연이 보도되기도 했다. 낮 기온이 섭씨 30도를 넘어가고, 밤에도 25도 이상으로 유지되는 열대야가 속출했다. 그런데 이 무더운 추석은 비단 2024년만의 에피소드가 되지는 않을 듯하다. 기후변화로 인해 우리나라의 여름은 점차 길어지고 있기 때문이다.

절기와 명절이 농경문화를 바탕으로 만들어진 것이기 때문에 도시 문명을 기반으로 살아가는 현대인에게는 다소 어색할 수도 있겠지만, 그래도 계절이 바뀌는 자연적인 현상을 비교적 잘 반영하고 있어 달력에도, 날씨 뉴스에도 늘 인용되곤 했는데, 이제는 그마저도 빗나가는 상황이 되고 있는 것이다. 오랜 전통과 풍습마저 위협할 정도로 기후변화가 우리의 삶에 아주 가까이 다가와 있음은 명백해 보인다.

251

화석연료로부터 멀어지는 전환

기후변화로 인해 일상이 결과적으로 위협받고 있지만, 사실 기후변화의 원인 역시 우리의 일상으로부터 기인한다고 할 수 있다. 전기를 사용해 냉난방을 하고, 조명을 밝히고, 석유를 연료로 하는 자동차를 타고 다니고, 플라스틱으로 된 각종 물건을 소비하는 등 편리하고 익숙한 우리의 생활이 어느새 기후위기로 되돌아오고 있는 것이다. 인간의 행위로 인해 지구온난화가 가속되기 시작한 결정적인 사건을 산업혁명으로 보는데, 특히 석탄을 자원화하여 증기기관의 연료로 사용해 기계와 공장, 교통이 발달하게 된 것이 그 배경이다. 화석연료의 연소가 대기 중 이산화탄소 농도를 급증시키고 그로 인해 유발된 지구온난화가 현재의 기후위기를 초래하고 있다. 그래서 대책으로 늘 오르내리는 말이 바로 화석연료 사용을 줄이자는 것이다.

2023년 11월 30일부터 12월 13일까지 열린 제28차 기후변화협약 당사국총회UN Climate Change Conference, COP28에서도 화석연료 사용을 줄이자는 논의가 이루어졌다. 그리고 최종 합의문에 화석연료로부터 멀어지는 전환transitioning away from fossil fuels을 꾀하자는 표현이 담겼다. 이를 두고 화석연료의 단계적 퇴출phase out을 주장하던 입장에서는 소극적 결과라고 실망했지만, 국제적인 주요 회담에서 화석연료 사용을 줄이자는 공동의 입장이 공식적으로 표명되었다는 데 많은 이가 의의를 두고 있다.

특히 이번 COP28은 대표적인 산유국인 아랍에미리트UAE의 두바이에서 열렸기 때문에 화석연료의 전환 필요성이 언급되었다는 자체가 더 부각되기도 했다. 기후변화협약 당사국총회는 대륙별로 번갈아 가며 개최지를 정하는데, 최근에는 화석연료와 관련된 상징적인 장소에서 총회가 열리며 그에 따른 성과를 이끌어내고 있다.

산업혁명의 발상지인 영국 글래스고에서 열린 2021년 COP26에서는 화석연료 중 하나인 석탄을 통한 발전을 단계적으로 감축하자고 합의한 바 있다. 당시에는 석유와 가스가 포함되지 않았지만, 이번 COP28은 산유국인 아랍에미리트에서, 석유를 포함한 화석연료 전체가 전환의 대상으로 표명된 것이다. 2024년 COP29는 천연가스 수출국인 아제르바이잔에서 열린다. COP28에서 선언으로 끝났던 화석연료로부터의 전환이 COP29에서는 이제 언제까지, 어떠한 방식으로 실행되어야 하는가가 구체적으로 논의될 수 있을지 주목해본다.

재생에너지 발전 용량 및 효율성 증대

산업혁명 이후 점점 더 편리하게 사용된 화석연료로부터 전환을 하기 위해서는 어떠한 대안이 있을까? 이에 대해 COP28에서는 재생에너지 및 에너지 효율에 관한 서약Global Renewables and Energy Efficiency Pledge을 체결했다. 우리나라를 포함하여 133개국이 참여한 이 서약에서는 2030년까지 재생에너지 발전 용량을 3배 늘려 최소 1만 1000기가와트까지 확보하도록 하고, 전 세계 연간 에너지 효율 개선 속도를 2배 늘려 기존 2퍼센트에서 4퍼센트까지 달성하기로 했다.

재생에너지는 태양, 바람, 물 등 주로 자연으로부터 에너지원을 얻으며, 제한된 양을 소모하는 것이 아니라 계속해서 다시 사용할 수 있는 형태를 말한다. 우리나라에서는 태양광, 풍력, 바이오,

253

폐기물, 지열, 수력, 해양의 7종류가 재생에너지로 분류되며, 세계에너지기후통계World Energy and Climate Statistics에 따르면 2023년 기준 우리나라의 재생에너지 비율은 9.2퍼센트다. 전 세계 평균은 30퍼센트에 달하며, 총 전력 생산에서 차지하는 재생에너지의 비율은 노르웨이가 98.3퍼센트로 가장 높고, 브라질(89.3퍼센트), 뉴질랜드(87.6퍼센트)가 그 뒤를 잇는다.

이들 나라가 이처럼 높은 재생에너지 비율을 가지는 배경에는 수력발전이 있다. 그런데 최근에는 기후변화로 인해 안정적으로 수력발전을 하기 어려워지고 있어 많은 나라가 재생에너지원으로 태양광과 풍력을 활용하는 추세다. 전 세계 전력 생산량에서 태양광과 풍력이 차지하는 비중은 2023년에 약 13.7퍼센트였으며, 국가별로 보면 덴마크가 67.4퍼센트, 네덜란드가 41.3퍼센트, 독일이 39.9퍼센트로 특히 유럽을 중심으로 태양광과 풍력의 비중이 높아지고 있다.

태양광과 풍력은 날씨나 시기, 지형 등에 따라 전력 생산량에 차등이 발생하기 때문에 발전량을 안정적으로 관리 및 공급하기 위해서는 에너지 저장 시스템과 전력 공급망을 함께 개발 및 적용해야 한다. 즉, 발전소의 에너지원 자체만 전환해서 될 것이 아니라 국가의 전반적인 에너지 시스템을 바꾸어나가야 하는 것이다. 이를 위해서는 사회, 경제적으로도 많은 비용을 지불해야 하므로 정치적 결단과 정책 지원이 동반되어야 한다. 손바닥 뒤집듯이 단순하고 빠르게 전환이 이루어질 수 있는 것도 아니니 충분한 검토와 합의, 대안 마련도 필요하고, 목표로 하는 시점보다 훨씬 더 이른 시기부터 사전 준비 과정이 선행되어야 한다.

현재 빠르게 재생에너지로의 전환을 추진하고 있는 유럽도 실상은 2030년 또는 그 이후의 탄소중립과 탈화석연료를 목표로 진행 중인 것이다. 예를 들어 기존의 석탄화력발전소를 폐쇄하려고 한다면, 고용되었던 직원들의 일자리나 소득을 보장해야 하고 발전소를 물리적으로 폐기하기 위한 절차와 시간도 필요하다. 화력발전으로 수급되었던 전력량을 확보하기 전에 무턱대고 폐쇄할 수도 없으니 그 전에 재생에너지로 충분히 전력이 공급 가능한 여건을 만들어두어야 한다. 그러니 COP28에서 서약한 재생에너지의 발전 용량과 효율성 증대를 단편적으로 해석하지 말고, 확보된 재생에너지를 장차 화석연료를 대체할 정도로 유용하게 활용 가능하도록, 시스템으로서의 전력 공급망과 안정화된 정책을 함께 마련해야 할 것이다.

원자력발전을 통한 탄소중립 모색

한편, COP28에 모인 당사국 중 22개국은 원자력에너지를 청정에너지로 인정하고 2050년까지 전 세계 원자력발전 용량을 3배 확대하자는 넷제로 뉴클리어 이니셔티브Netzero Nuclear Initiative를 채택했다. 화석연료를 대체할 만하며 탄소 배출이 없는 에너지원으로 원자력을 꼽은 것이다. 여기에는 우리나라를 비롯하여 미국, 일본, 프랑스 등이 동참했다. 통상 발전소에서는 증기로 터빈을 돌려 전기를 생산하는데, 이 증기를 만들어내기 위해 화력발전은 화석연료를 연소시키는 반면 원자력발전은 우라늄의 핵이 붕괴되면서 방출하는 에너지를 활용한다.

처음 원자력발전소를 짓는 데는 많은 비용이 투자되지만, 건설 이후 운영비는 상대적으로 낮은 편이며 우라늄 1그램의 에너지가 석탄 3톤과 맞먹을 정도로 에너지 생산량이 매우 높아 효율적이다.

또한 유기물 성분인 화석연료는 태울 때 이산화탄소가 만들어져 지구온난화의 주범이 되었지만, 우라늄의 핵분열 과정에서는 온실가스 배출이 없기 때문에 탄소중립을 위한 발전 방식으로 인용되기도 한다. 물론 핵폐기물 처리와 방사능 누출 위험, 온배수로 인한 해양 온난화 등 수반되는 또 다른 문제가 있지만, 예측 가능하게 전력을 수급할 수 있어 현재 여러 국가에서 의존하는 형편이다.

우리나라는 원자력발전소가 총 26기 설치되어 있으며 전체 발전량 중 약 30퍼센트를 차지하고 있다. 최근에는 해외 원자력발전소 건설 수주, 소형 모듈러 원자로Small Modular Reactor, SMR 개발 등에 국가적으로 애쓰는 상황이기도 하다. 불과 몇 년 전까지만 해도 전 세계적으로 탈원전 분위기가 대세였다. 우크라이나 체르노빌과 미국 스리마일, 일본 후쿠시마에서 일어났던 일련의 원자력발전소 사고는 핵에너지의 위험성과 두려움을 경험하게 했고, 인간이 과연 안전하게 제어할 수 있는 것인지 의구심을 갖게 했다.

하지만 빅데이터, 인공지능 등 급격하게 빨라지는 디지털 대전환 시대에 갈수록 늘어만 가는 전력 소비량을 감당하기 위해 미국과 우리나라뿐 아니라 이탈리아, 베트남 등도 탈원전 정책을 뒤로하고 다시 원자력발전을 도입 및 확대하려는 움직임에 있다. 전력 소비량의 감축과 절약 대신 전력 생산의 효율성을 추구하는 것이다. 계속되는 기후위기와 2015년 체결된 COP21 파리협정에서 제시한 2030년 탄소중립 목표 기한의 압박을 받는 상황에서 재생에너지를 도입할 준비와 여력을 갖추지 못해 결국 원자력발전으로 대안을 찾는 모습이다.

지금을 살아가는 인류는 모두 기후위기라는 공동의 문제에 당면해 있지만, 국가마다 처한 상황과 인식은 서로가 다 다르다. 화석연료를 효과적으로 활용해 이미 산업적, 경제적 발전을 이룬 나라들도 있고, 이제 막 산업 활동에 박차를 가하며 성장하는 나라들도 있다. 가진 자본과 기술력으로 새로운 에너지원을 찾고 그를 기반으로 또 다른 산업이나 금융 활동을 모색하는 나라들도 있고, 기후위기로 국토를 잃어가고 각종 재해를 겪으며 삶이 힘들어진 나라들도 있다.

그래서 매년 열리는 기후변화협약에서도 당사국 모두의 합의로 작성되는 그 결과물은 매번 마감일을 지나 협상과 토론 끝에 적당한 수준에서 발표되곤 한다. 아주 조금씩은 진전을 보이며 의미를 쌓아가는 과정에 있긴 하지만, 여전히 각국의, 정확히는 각 나라 집권 정부의 이해관계를 극복하지 못하고 실질적인 실행 의지보다는 명목적인 문서에 남긴 서명으로 만족하는 듯해 이번 COP28을 지켜보면서도 아쉬움이 들었다.

물론 기후위기에 대응하는 방식은 다양하다. 화석연료 의존도를 줄이기 위해 지속 가능한 재생에너지를 도입할 수도 있고 고효율의 핵에너지를 보완해서 사용할 수도 있다. 화석연료를 포기하지 않고 화력발전소에 탄소 배출 저감 장치를 설치하거나 탄소를 배출한 뒤 그를 완벽하게 다시 포집해 저장하는 기술로 대책을 모색할 수도 있다.

당사국마다 처한 상황이 다르므로 화석연료로부터의 전환에 대한 접근 및 해결 방식도 다양할 수 있음은 인정한다. 하지만 여기서 강조하고 싶은 건 그 방향성에서는 근시안적이기보다 근본적인 해결을 강구할 필요가 있고, 당장의 문제 해결을 위한 접근이 또 다른 차원의 문제를 야기하지 않도록 유의해야 한다는 점이다. 그리고 현재까지 진단된 기후위기를 해결하기 위해서는 좀 더 구체적이고 실질적으로 행동해야 한다는 것을 다시 한번 힘주어 말하고 싶다.

2024년에도 어김없이 각국의 정상들이 기후위기에 대해 논하기 위해 한자리에 모인다. 수만 명의 사람들이 COP29에 참석하기 위해 비행기를 타고 이동하며 이산화탄소를 배출할 것이고, 며칠간 이어질 회의를 위한 조명, 난방, 컴퓨터와 스마트폰을 비롯한 각종 전자기기 등에 많은 전력을 소모할 것이다. COP28에서 선언한 에너지 전환을 위한 여러 결의가 COP29에서는 조금 더 구체화되고, 향후 당사국총회가 거듭될수록 실질적인 감축과 전환을 자신 있게 검토받고 당당하게 더 많은 이의 동참을 촉구하는 자리가 되길 바란다.

과학문화

CHAPTER 6

future science trends

AI 창작과 저작권

조춘익   과학문화

'미키마우스Mickey Mouse'는 쥐를 의인화한 캐릭터로, 매력적인 외모와 친근한 성격 덕분에 남녀노소 구분 없이 사람들에게 많은 사랑을 받고 있다. 전 세계 엔터테인먼트 분야에 어마어마한 영향력을 행사하는 월트디즈니컴퍼니의 기틀을 마련한 살아 있는 역사이며, 이후 수많은 디즈니 캐릭터가 탄생하는 원동력이 되었다.

미키마우스는 1928년 5월 〈정신 나간 비행기Plane Crazy〉에서 처음 등장한 뒤, 같은 해 11월에 〈증기선 윌리Steamboat Willie〉 애니메이션으로 공식 데뷔했다. 엉덩이를 흔들며 휘파람을 불면서 증기선을 운전하던 미키마우스는 공개되자마자 세계적으로 큰 인기를 끌었다. 1929년부터는 손이 더 잘 보이도록 흰 장갑을 끼기 시작했고, 1935년부터는 색이 있는 옷을 입으며 거의 100년 가까이 사랑받은 미키마우스는 월트디즈니컴퍼니만 소유한 캐릭터다. 따라서 다른 회사에서는 사용할 수 없고, 미키마우스로 수익을 내기 위해서는 협업하거나 허락을 받아야 한다. 미키마우스 캐릭터 사업이 강력한 저작권의 보호를 받아서다. 이러한 미키마우스의 데뷔작 〈증기선 윌리〉의 저작권이 2024년 1월 1일을 기점으로 만료된다는 소식이 한

261

동안 화제였다.

　미국 최초의 저작권법이 제정된 1790년에는 28년 동안 저작권이 보호되었으며, 이후 1831년에는 최대 56년까지 보호받을 수 있도록 개정되었다. 따라서 미키마우스가 공식 데뷔한 직후 등록된 저작권은 원래 1984년까지 유지될 수 있었다. 그러나 1976년에 보호 기간이 75년으로 연장되어 2003년까지로, 이후 1998년에는 이른바 '소니 보노 저작권 연장법Sonny Bono Copyright Term Extension Act'이 의회에서 통과되며 최대 95년으로 길어져 2023년까지 보호되도록 바뀌었다. 저작권 보호 기간이 계속 늘어나면서 최근의 연장 법안은 비공식적으로 '미키마우스 연장법Mickey Mouse Extension Act'이라고 불릴 정도였다.

　미키마우스를 오랫동안 보호했던 '저작권'은 무엇일까? 미국 저작권법에 따르면, 저작권자란 '저작권을 구성하는 배타적 권리들의 어느 하나와 관련하여 그 특정한 권리의 소유자'이며, 구체적으로 저작권자가 가질 수 있는 저작물의 배타적 권리는 저작물의 복제, 2차적 저작물 작성, 소유 혹은 대여 등이다. 또 저작물은 '복제물이나 음반에 최초로 고정된 때 창작된 것'이며, 저작권의 보호 대상으로는 '현재 알려져 있거나 장래에 개발될 수 있는 표현 매체면서 직접 또는 기계장치 등으로 고정된 독창적인 저작물'로서 글(어문), 음악, 연극, 무용, 회화, 영화, 녹음물 그리고 건축 등의 유형으로 정해져 있다.

　다시 말해 저작권을 가진다는 말은 해당 저작물의 소유 또는 양도뿐 아니라 복제나 변형 등에 대한 권리를 보호받는 것이다. 저작권자가 되어 창작을 인정받기 위해서는 만든 결과물이 사소하지 않으면서도 다른 무엇으로부터 복제한 것이 아니어야 하며, 이른바

'독창적'이도록 노력해야 한다. 또 확보한 저작권은 독창적이라는 의미를 포함하여 보호받을 수 있다. 이렇듯 저작권은 창작과 불가분의 관계이기 때문에 매우 중요하다.

인공지능과 창작 그리고 저작권

최근에는 인공지능을 활용한 창작, 즉 생성형 인공지능을 이용해 만든 글, 그림, 음악과 영상의 수준이 상당히 높아지면서 이에 대한 저작권 또한 주목받고 있다. 인공지능을 사용해서 내가 작품을 만든다고 가정해보자. 과연 결과물을 내가 완전히 독립적으로 만들었다고 할 수 있을까? 아니면 인공지능과 협업했다고 해야 할까? 아니면 인공지능을 이용해서 만들었다고 해야 할까? 이것도 아니라면 인공지능과 나의 작품 활동을 어떻게 구분해야 할까? 이러한 질문은 낯설고 신선하면서도, 선뜻 대답하기가 어렵다.

인공지능과 인간의 저작권 이야기를 다루기 전에, 인간이 아닌 존재가 저작권을 가진 사례가 있는지 확인해보자. 2011년 야생동물 사진가인 데이비드 슬레이터David J. Slater는 인도네시아 술라웨시 섬의 동물 보호 구역에 실수로 카메라를 두고 떠났는데, 이를 일곱 살 정도의 검정짧은꼬리원숭이 '나루토Naruto'가 집어서 자기 자신을 몇 장 촬영했다. 나중에 슬레이터가 이 사진을 확인하고서 나루토가 찍었다는 표현을 포함해 2014년에 사진집을 출판한 뒤 여행 경비를 웃도는 수익을 벌게 되었다. 이 사실을 알게 된 동물 권리 보호 단체 PETAPeople for the Ethical Treatment of Animals가 나루토의 대리인으로서 수익금이 '나루토'에게 쓰이지 않았다는 것을 문제 삼고 소송을 제기했다. 이에 슬레이터는 저작권법에 근거해 나루토는 법적으로 소송

263

을 제기할 자격이 없다고 주장했다.

'원숭이 셀피 사건'으로 유명해진 이 사례는 앞으로 인공지능과 인간의 저작권을 이야기할 때 중요한 이정표가 된다. 그 후 어떻게 되었을까? 법원은 '저작권법은 인간의 창작물에만 적용된다'라고 명확히 밝히고 소송을 받아들이지 않았다. 또 PETA는 나루토의 대리인으로 소송을 제기할 자격이 없다고 판결했다. 이와 별개로 긴 소송에 지친 슬레이터가 원숭이 셀피로 벌어들인 수익 중 25퍼센트를 인도네시아의 검정짧은꼬리원숭이 보호 단체에 기부하기로 하면서 일단락되었지만, 이 판결은 인간이 아닌 존재가 저작권을 가질 수 없음을 명확하게 정하는 중요한 판례가 되었다.

원숭이 셀피 사건이 마무리될 즈음, 미국의 스티븐 탈러Stephan Thaler 박사는 '창작 기계Creativity Machine'라고 불리는 인공지능 시스템을 개발하고, 전적으로 이 시스템에 의존해 〈파라다이스로 가는 입구A Recent Entrance to Paradise〉라는 작품을 창작했다. 이후 이 작품의 저작권을 보호하고자 '창작 기계 소유자의 업무상 저작물'로 저작권 등록을 신청했는데, 이에 미국 저작권청US Copyright Office, USCO은 '인간이 아닌 기계의 창작물은 저작권을 인정할 수 없다'고 거절했다. 이에 탈러 박사는 '인간의 창작물만 저작권을 부여받는 것은 헌법에 위배된다'라고 주장하며 재심사를 요청했고, 미국 저작권청 재심심판소는 '저작권의 보호를 위한 전제 조건은 인간의 창의성'임을 밝히며 저작권 등록 신청을 거절했다.

이후 2022년 8월 29일, 미국 콜로라도 주립 미술 대회Colorado State Fair Fine Arts Competition의 디지털아트 부문에서 〈스페이스 오페라 극장Théâtre D'opéra Spatial〉이 1등상을 받았다는 내용이 인터넷 커뮤니티 '디스코드Discord'에 올라왔다. 이 작품을 만든 게임 회사 CEO 제이슨 앨런Jason Allen이 자기가 인공지능으로 제작한 그림이 수상했다고 게시한 것이다. 앨런은 문장을 그림으로 만드는 소프트웨어 프로그램 '미드저니Midjourney'로 수백 장의 그림을 생성한 뒤 이미지 도구인 '포토샵Photoshop' 편집으로 작품을 완성해 출품했다고 밝혔다.

인공지능으로 만든 작품이 미술 대회에서 수상하자, 이 작품이 예술인지에 대한 논란이 불거졌다. 미술계에서는 '우리는 예술의 죽음을 목격하고 있다'며 인공지능으로 만든 예술 작품이 예술의 가치를 저하시킬 것이라 우려했다. 이와 달리 일부 예술가들은 '인공지능으로 작품을 만드는 것은 포토샵과 같은 이미지 편집 도구를 사용하는 것과 같다'처럼, 인공지능으로 만든 작품이 예술의 영역을 확장한다는 긍정적인 반응을 보이기도 했다.

심사위원들은 인공지능이 만든 작품이라는 사실을 사전에 알지 못했으나, 만약 알고 심사했더라도 여전히 1등 수상작으로 선정했을 거라고 밝혔다. 게다가 대회 규정에 디지털 기술을 사용하는 예술적 관행을 허용했기 때문에, 인공지능 창작 프로그램도 포토샵과 같은 이미지 편집 도구로 인정되었다. 이 대회의 수상 결과는 번복되지 않았지만, 인공지능으로 창작한 경우의 저작권에 대한 논란에 불을 지폈다.

비슷한 시기에 인공지능을 이용해 만든 창작물 〈새벽의 자리야 Zarya of the Dawn〉라는 작품의 저작권도 주목받았다. 이는 예술가이자 인공지능 전문가 크리스티나 카스타노바Kristina Kashtanova가 미드저니를 이용해 창작한 그림 소설이다. 카스타노바는 2022년 9월에 저작권 등록을 마친 뒤에 해당 사실을 SNS에 올렸다. 그러나 10월 28일, 미국 저작권청은 미드저니의 구체적인 역할과 기여도를 명시하지 않았기 때문에 저작권 등록이 부정확하거나 불완전하다고 통보했다. 2022년 11월, 카스타노바는 17페이지 분량의 이미지를 생성하기 위해 12일 동안 1500개의 프롬프트를 입력했다고 밝혔으나, 이듬해인 2023년 2월 21일, 미국 저작권청은 인공지능이 만든 그림에 저작권을 인정하지 않는다고 발표했다. 다만 카스타노바가 작성한 글이나 이미지의 선택, 조정 및 배열 등의 창작 요소에 대해서는 제한적으로 저작권을 인정한다고 발표했다.

새로운 등록증이 발급된 날로부터 바로 다음 달인 2023년 3월, 미국 저작권청은 '인공지능에 의해 생성된 소재를 담은 저작물의 등록 안내서Copyright Registration Guidance: Works Containing Material Generated by Artificial Intelligence'를 발표했다. 이 안내서에서 저작권은 인간에 의한 창작물에만 적용되며, '자동으로 작동하는 기계나 인공지능에 의해 생성된 작품은 저작권을 인정하지 않는다'라고 알렸다. 다만 인간이 인공지능 기술을 도구로 이용해서 창작물에 표현한 경우, 인공지능이 만든 결과물이 차지하는 부분을 명시하고 또 최소화해야 등록될 수 있다고 밝혔다. 다시 말해 전통적인 저작권의 요소인 문학적, 예술적, 음악적 표현 또는 선택이나 배열 등은 인간의 창작만 등록되며, 만약 인공지능이 만든 결과물을 인간이 선택하고 배열하며 수정했다면 해당 부분만 등록될 수 있다는 것이다. 또한 미국 저작권청의 보고서에 따르면 안내서 발간 이후 수백 건의 신청 중 100건 이상의 저작권이 등록된 것으로 보고되었다.

그 뒤 2023년 12월, 인공지능 그래픽아트 시각화 앱 'RAGHAV'으로 만든 결과물 〈일몰SURYAST〉은 캐나다나 인도에서는 저작권 등록이 승인되었으나 미국에서는 거절되었다. 인도의 지식재산권 변호사인 안킷 사흐니Ankit Sahni는 해가 지는 하늘 풍경을 촬영한 원본 사진을 자신이 보유한 앱 'RAGHAV'을 이용해 고흐풍 이미지로 변환

266

시킨 작품 〈일몰〉의 저작권 등록을 신청했지만, 인공지능을 활용해 작품을 만드는 과정에서 인간이 통제하지 않고 자동 또는 임의로 만들었다고 판단되어 저작권 등록이 거부되었다. 판례 등으로 미루어 볼 때, 저작권은 인공지능이 창작한 부분에는 부여되지 않고, 인간이 의도하고 주도적으로 개입하여 표현한 부분만 등록되는 추세다.

앞으로의 인공지능 창작과 저작권

예술에 사용되는 새로운 제작 기술에 대한 논란은 인공지능의 창작에서 처음 생겨난 것이 아니다. 19세기 중반, 카메라가 발명되었을 때도 인공지능 창작 기술의 첫 등장과 비슷한 반응이었다. 프랑스의 천재 시인이자 예술 평론가인 샤를 보들레르Charles Pierre Baudelaire는 사진이 예술을 오염시키고 있다며 맹렬히 비난할 정도였다. 단순히 버튼 몇 개만 눌러서 작품이 완성되는 것이 과연 예술이 될 수 있느냐는 비판적인 시각도 있었다. 여러 논란이 수십 년 동안 진행된 후, 사진은 회화를 대체하지 않고 다른 독립적인 예술 분야로 확립되었다.

현재 많은 나라가 인공지능이 만든 창작물에 대해 저작권을 인정하지 않으며, 특히 인간이 개입하고 통제하지 않는 임의나 자동 방식일 경우 더욱 그러하다. 우리나라도 마찬가지다. 현재 우리나라 저작권법은 저작물을 '인간의 사상 또는 감정을 표현한 창작물(저작권법 제2조 제1호)'로 정의한다. 즉, 오직 인간만이 저작물을 창작할 수 있다는 의미다. 만일 인공지능을 이용해 인간이 창작한 경우, 인간이 창작한 부분만 저작물로 인정하고 있다. 이에 대한 이해를 돕기 위해, 문화체육관광부와 한국저작권위원회는 2023년에

267

'생성형 AI 저작권 안내서'를 발간했다.

인공지능 창작 기술을 사용하면서 확실히 이전에 비해 작품을 완성하는 데 필요한 노력이 적어졌다. 이에 따라 기존 창작자들이 느끼는 불안감도 크게 늘고 있다. 그러다 보니 최근에는 저작권의 인정 범위와 보호 방안 또한 활발하게 논의된다. 2024년 8월, 영국에서 창작자권리연합Creators' Rights Alliance, CRA이 생성형 인공지능을 개발하고 서비스하는 기업에게 서한을 보냈다. 이 글에서 그들은 보호받는 저작물을 무단으로 학습에 이용하지 말고, 저작권과 저작인접권 등을 존중할 것을 요구했고, 이를 온라인에도 공개했다. 뒤이어 9월, 영국작가협회 역시 비슷한 내용을 인공지능 관련 기업에 보냈다. 사진 보유 기업이나 창작자들이 인공지능 이미지 생성 프로그램 회사를 상대로 소송을 제기하는 사례도 증가하고 있다.

현재까지의 사례를 살펴보았을 때, 인공지능이 발전을 거듭하더라도 인공지능을 이용한 창작물이 인간과 구분되어 저작권을 인정받기는 쉽지 않을 듯하다. 다만 사진이 독자적인 예술 장르로 저작권을 인정받게 된 것처럼, 인공지능을 이용한 창작물도 앞서 언급한 사회적 또는 윤리적 합의를 넘어설 때 다른 영역으로 인정받을 수도 있을 것이다. 물론, 이는 인공지능이 현재 법적 체계 내에서 인간의 도구로 사용될 때에만 해당된다. 만일 인공지능이 독립적인 저작권을 가질 수 있는 법적 지위를 얻게 된다면, 우리는 전혀 새로운 차원의 논의에 직면하게 될 것이다.

고준현   과학기술정책

우리는 어떻게 지구를 대표하는 종이 되었나

국립과천과학관에는 과학탐구관, 첨단기술관, 한국과학문명관 등 여러 상설 전시관이 있다. 특히 별과 함께 과학으로 들어가는 통로이자 공룡 화석을 볼 수 있는 자연사관을 좋아하는 사람들이 많다. 과학관에서 가장 비싼 전시물도 찾아보고 진짜 화석과 복제품을 구분하는 방법도 알아갈 수 있으면 좋겠다.

자연사관은 138억 년의 우주와 지구, 생명의 역사를 다루는 공간이다. '자연사'는 우리 인간을 비롯해 현재 지구에 존재하는 모든 것의 근간을 이해하는 데 매우 중요한 개념이기도 하다. 자연사는 왜 탐구해야 할까? 자연사의 주요 분야를 연구하는 천문학자, 지질학자, 생물학자가 우주와 지구, 생명에 대한 근본적인 질문을 던진다.

입구에 있는 거대한 종려나무 잎 화석은 5000만 년 전에 형성된 미국 그린리버 지층Green River Formation에서 발견된 것으로, 세계 최대 크기를 자랑한다. 나뭇잎 한 장의 길이가 무려 4미터에 이르는데 유추해보면, 나무 높이는 20미터를 넘었으리라 생각된다. 이 거대

한 화석은 놀랍게도 실물이라는 것을 독자분들께 살짝 말씀드린다. 이어지는 공간에서는 빅뱅부터 지구의 탄생까지를 담은 와이드 영상을 시청하고, 44킬로그램에 달하는 철질 운석을 직접 만져보며 우주 탄생의 순간을 느껴볼 수 있다. 그리고 지구의 역사를 24시간으로 나타낸 진화의 시계가 자연사관 여행의 시작을 장식한다.

이 시계에서 선캄브리아시대, 고생대, 중생대, 신생대를 하루 24시간으로 나누었을 때 최초의 생물은 14시 20분에, 공룡은 22시 50분에 등장한다. 호모사피엔스는 무려 23시 59분 57초에 등장하고 '3초'에 불과한 시간을 차지한다. 고작 3초 전에 출현한 호모사피엔스는 어떻게 지구를 대표하는 종이 되었을까?

첫 시작은 '그냥' 나무에 열린 열매를 따 먹고, 강에 있는 물고기를 잡던 그들이 농경을 하게 된 것이 중요한 계기였다. 오스트레일리아 출신의 영국 고고학자인 고든 차일드Gordon V. Childe는 1936년에 펴낸 그의 책 《신석기혁명과 도시혁명》에서 농경의 시작을 하나의 혁명적 사건이라는 뜻에서 신석기혁명The Neolithic Revolution이라고 명명했다. 수렵·채집에만 의존하던 인류가 농경이라는 전혀 새로운 차원의 생산양식을 발명(혹은 발견)함으로써 여러 가지 사회 문화적 발전을 이루었다는 시각이 담겨 있다.

구석기와 신석기로 나누는 시기 구분은 도구 제작 기술의 발전이라는 측면에서 의미가 있다. 보다 발전된 석기, 즉 갈아서 만든 석기(간석기)를 사용하게 되었고, 곡식을 저장하는 그릇(토기)의 존재는 구석기시대와 다른 전혀 새로운 기술 문화의 출현이다. 거의 유일한 산업인 농업의 생산력 증대는 식량의 잉여생산을 가능하게 했고, 인구의 증가와 함께 부의 축적, 집단 사이의 교역과 구성원의 분업화·전문화를 가져오게 했다. 이로써 사피엔스는 사회 내적·외적

지위의 차이를 맞이하게 되었으며 사회조직과 정치제도의 발달을 이끌었다. 씨족, 부족, 고대 '국가'를 잇는 '문명'이 성립하게 되었다. 문자를 중심으로 한 지식과 수학, 천문학 등을 바탕으로 한 과학기술은 이러한 과정에서 중요한 힘(권력)이 되었다.

물론 이스라엘의 역사학자이자, 너무나 유명한 《사피엔스》의 저자 유발 하라리처럼 농업혁명을 거대한 사기라고 규정하며, 사피엔스가 빠진 '함정'으로 보는 시각도 있다. 농업혁명으로 폭증한 인구를 부양하기 위한 불가피한 선택이라는 것이다. 이로써 인류는 농업을 멈출 수 없게 되었으며 이것은 동물과 지구를 병들게 하고 인류에게도 그다지 유익하지 않았다는 관점이다. 이 생각의 기반이 된 것을 인구압population pressure 이론이라고 하는데, 늘어난 인구의 압력이 커짐에 따라 더욱 많은 생산을 위해 어쩔 수 없이 농경 기술이 발전하고 생산성이 향상된다고 주장했다.

사실 어떤 시각이든지 농경이 인류를 새로운 시대로 이끌었다는 부분에서 고든 차일드의 이론을 부정하지는 않는다고 생각한다. 인류의 생산력을 이전과 비교할 수 없을 수준으로 끌어올린 엄청난 일이라는 점은 분명하다. 신석기혁명은 최초의 산업혁명이며 과학기술사의 시작을 장식한 대사건이라고 할 수 있을 것이다.

근대와 현대의 문을 연 원동력

산업혁명은 1760년대 영국에서 시작된 기계의 발명과 기술의 변화가 전 유럽으로 파급되면서 100여 년에 걸쳐 일어난 경제와 사회의 변모를 가리킨다. 산업혁명은 프랑스혁명과 더불어 유럽의 근대사회 성립에 결정적인 영향을 끼친 사건이라고 하는데, 프랑스혁

명이 정치적인 관점에서 근대를 열었다고 한다면 경제적 관점에서는 단연 산업혁명이라 할 것이다.●

이로 인해 영국은 '세계의 공장'으로서 경제뿐 아니라 군사적으로도 가장 영향력 있는 나라가 되어 팍스 브리태니카Pax Britannica를 구축하게 되었다. 노동 조건의 악화와 실업자의 증가, 자본가와 노동자 계층의 대립 등 여러 가지 문제가 함께 일어났지만, 산업혁명은 대량생산이 주는 물질적 풍요를 가져오고 인구의 증가와 자본주의 경제 확립의 근간이 되었다. 이 모든 것의 시작은 증기기관을 중심으로 한 과학기술의 발전이며 사회, 경제 구조의 일대 변혁을 이끌어냈다.

19세기 후반에 이르면 산업혁명은 전기, 제철 등 기술혁신에 기반한 호황(2차 산업혁명이라고도 부르는)으로 이어지게 된다. 미국은 이때 엄청난 성장을 이루게 되는데 1865년 남북전쟁이 끝나고 1873년에 시작되어 불황이 오는 1893년까지, 미국 자본주의가 급속하게 발전한 이 시기를 도금시대Gilded Age라고 부른다. 우리에게는 《톰 소여의 모험》으로 유명한 문학가 마크 트웨인과 찰스 두들리 워너가 쓴 《도금시대, 오늘날 이야기The Gilded Age: A Tale of Today》에서 유래했다.

트웨인은 이 책에서 도금시대를 사상누각의 호황과 배금주의

● 참고로 계속 언급되는 혁명을 뜻하는 말, 레볼루션(revolution)은 보통 체제를 완전히 뒤바꾼다는 의미로 쓰이는데, 이 단어의 어원은 과학사적으로 아주 중요한 코페르니쿠스와 관련이 있다. 1543년에 나온 코페르니쿠스의 유명한 저작물 《천구의 회전에 대하여(De revolutionibus orbium coelestium)》는 지동설을 담은 것으로 유명한데, 여기서 '레볼루티오니부스(revolutionibus)'는 천체의 회전을 뜻하는 것으로 즉, 레볼루션이다. 원래 천문학 용어였던 '레볼루션'은 이후 혁명적 변화를 일컫는 말이 되었다. 이 책은 소수의 전문가만이 이해할 수 있었기에 단 400부만 인쇄되었고, 심지어 다 팔리지도 않았다고 한다. 과학에서 퍼져 나간 가장 유명한 단어가 아닐까.

로 풍자했다. 실제로 엄청난 호황 뒤에 남겨진 부정부패와 빈부 격차가 심각했고, 특히 유럽이나 중국 등 아시아 이민자들에게는 빈곤하고 불평등한 시대였다. 이와 달리 이때의 미국은 특히 북부와 서부를 중심으로 급속한 경제성장을 맞았는데, 미국인 숙련공의 임금은 유럽보다 많이 높았으며 높은 임금을 보고 수백만 명의 이민자가 미국으로 갔다. 미국에서의 실질임금real wage은 1860년에서 1890년까지 60퍼센트 이상 올랐고, 그 이후로도 계속 올라갔다. 실질임금이란 노동자가 받는 화폐임금(명목임금이라고도 한다)을 소비자물가 또는 생계비 변동 지수로 수정한 것을 말하는데, 경제 발전으로 물가가 오른 것을 고려하고도 그 이상으로 임금이 올랐다는 말은 당시 미국의 호황 정도를 보여준다고 할 수 있다.

이 시기인 1884년에 과학기술은 물론 산업과 경제에 엄청난 영향을 미치게 될 인물이 유럽에서 대서양을 건너 미국 뉴욕으로 간다. 그가 가진 것은 자신이 쓴 시 몇 편, 동전 몇 개, 하늘을 나는 기계와 관련된 계산 결과 그리고 동료가 토머스 에디슨에게 전해주라고 한 추천서가 전부였다. 추천서 덕분에 그는 에디슨의 연구소에서 일을 할 수 있었지만 얼마 못 가 그만두고 만다. 그는 직류 신봉자였던 에디슨과 '전류 전쟁'을 시작하게 되는 니콜라 테슬라Nikola Tesla였다.

전쟁은 격해지고 에디슨은 개나 고양이를 교류에 일부러 감전시켜 죽이려는 식으로, 테슬라와 그를 지원하는 웨스팅하우스의 교류 시스템에 대해 위험성을 과장해서 선전했다. 하지만 1893년 개최된 시카고 세계박람회를 밝힐 전기로 테슬라의 교류가 채택되고 나이아가라폭포에 건설된 세계 최초의 수력발전소에 교류 시스템이 적용되면서 이 전쟁은 테슬라와 웨스팅하우스의 승리로 막을 내렸다. 이처럼 과학기술이 근대와 현대를 열었다면, 이제 우리는 인공지능과 빅데이터 등의 새로운 과학기술 혁신이 연 4차 산업혁명의 시대를 살아가고 있다.

한계를 돌파하는 지속 성장을 이끄는 힘

경제학은 '사회과학의 여왕'이라는 멋진 평과 함께 '경제학의 제국주의'라는 혹평도 존재한다. 사회, 행정 같은 분야뿐 아니라 범죄나 전쟁, 심지어 가정 문제까지 모두 경제학 방법론으로 접근해버리기 때문이다. 어쨌든 여러 주제에 대한 경제학적 설명의 힘이 크다는 데는 동의하는 것 같다. 그래서 이제부터는 본격적으로 경제학적 관점에서 과학기술을 살펴보고자 한다.

일반적으로 고전 경제학의 세계(이른바 고전학파 경제학)에서는 경제성장의 원동력을 토지, 노동, 자본으로 본다. 이 관점에서 보면 19세기 미국의 경제성장은 이민자들의 노동력과 광대한 토지, 유럽으로부터의 자본 유입에 의한 것이며, 영국의 식민 통치 또한 같은 맥락으로 이해할 수 있다. 고전학파 경제학의 대표적인 학자는 리카도David Ricardo와 맬서스Thomas Robert Malthus다. 그렇다, 여러분이 아시는 그 '인구론'의 맬서스다. 그는 인구가 기하급수적으로 증가하나 식량 생산은 이에 미치지 못하여 식량 부족, 생계 수준 하락, 임금 하락과 같은 악순환이 반복된다는 암울한 예측을 내놓았다.

이쯤 되면 고전 경제학이 말하는 성장의 논리를 유추하시는 분들도 계실 것이다. 경제성장의 원동력인 토지, 노동, 자본은 모두 자원이 한정적이고, 자원 투입을 많이 늘릴수록 생산이 늘어나는 비율은 점점 줄어드는 특성, 이른바 수확체감收穫遞減의 법칙을 가진다. 따라서 경제는 호경기와 불경기로 '변동'은 하지만 지속적으로 발전하기는 어렵다고 보았다.

경기변동Business cycle을 설명하는 이론들에서 경기변동은 짧게는 40개월에서 크게는 50~60년 주기로 온다고 보는데 가장 큰 주기의 장기 순환은 기술혁신에 원인이 있다고 여겼다. 이 긴 주기의 파동을 콘트라티예프 파동이라고 하며 경제학자 콘트라티예프Nikolai Dmitrievich Kondratiev의 이름을 딴 것이다. '기업가 정신'과 '창조적 파괴'로 유명한 조지프 슘페터Joseph Schumpeter 역시 이런 거대한 경제순환은 기술혁신과 대발명에서 기인한다고 주장했다. 이전의 경제학자들과 달리 경기순환의 원인을 기술, 생산성 변화와 같은 공급 요인으로 본 것이다. 여기서 경제는 단순히 순환하는 것이 아니라 '성장'하고 '발전'할 수 있다는 관점이 대두되었다. 바로 과학기술에 기반한 혁신innovation이 그 성장을 설명할 원인이 되는 것이다. 각각 파동의 원인은 위에서 서술한 산업혁명, 전기를 비롯하여 제철, 자동차, 화학공학 등에 기인한다고 보았다.

단순히 기술이 주어진 것이라고 생각했던 기존의 학자들과 달리 슘페터의 영향을 받은 경제학자가 있었다. 경제학으로 유명한 시카고대학교에서 경제학 박사를 받고, 교수를 지낸 폴 로머Paul Romer는 그의 논문 〈수확 체증(!)과 장기 성장Increasing Returns and Long Run Growth〉(1986)에서 혁신 성장의 원동력은 내생적 성장 이론endogenous growth theory에 기인한다는 주장을 펼쳤다. 앞서 말한 노동과 자본이 경제성장을 이끄는 핵심이고 기술 진보는 '외생 변수'로 간주해온 전통 경제학에서 벗어나 인적 자본과 아이디어 그리고 지식의 축적에 따른 '기술혁신이 장기적 경제성장을 주도'한다는 신성장 이론이었다. 폴 로머는 이 공로로 그의 스승인 로버트 루카스 주니어처럼 2018년에 노벨경제학상을 수상했다. 경제성장의 원동력, 특히 '지

275

속적'으로 경제가 성장할 수 있는 원동력으로 '과학기술의 혁신'이 인정받은 것이다.

로머에게 영향을 준 슘페터는 1950년에 사망했는데 그가 지금 살아 있었다면 1950년 이후 파동의 원인을 무엇으로 정의했을까? 아마 반도체, 인터넷, 인공지능으로 이어지는 IT 분야의 과학기술 혁신을 지목했을 것 같다. 이 분야는 사용자가 많아질수록 사용자의 효용이 기하급수적으로 늘어나는 특징을 가지게 되는데 이를 네트워크 외부성外部性이라고 한다. 상품의 가치가 그 상품의 사용자 수에 영향을 받는 현상, 예를 들어 전화, 스마트폰, SNS 등처럼 사용자가 늘어날수록 그 가치가 증가하는 현상을 가리킨다. 각 SNS의 초기 도입 과정을 지켜본 이들이라면 쉽게 이해할 수 있을 것이다. 이런 관점에서 IT 분야의 과학기술 혁신이 아주 빠르게 일어나고 급격히 파급되는 것을 설명할 수 있다.

우리나라의 경제성장에서도 과학기술은 중요한 역할을 했다. 우리는 초기에 노동 집약적 산업에서 시작했지만 자동차, 화학공업 등 중공업으로 아주 빠르게 전환하고 최근에는 IT 등 최첨단 분야에서 세계적인 경쟁력을 갖추었다. 하나의 예로 삼성전자와 SK하이닉스는 메모리 반도체에서 세계 1~2위를 다투는 기업이 되었다. 한때 삼성전자의 지나친 점유율 확대가 독점법의 규제 대상이 될까 우려하는 일도 있었다. 우리는 말 그대로 '압축 성장'을 이루어냈고, 그 저변에는 과학기술의 힘이 매우 컸다. 로머의 이론과 같이 인적 자본과 아이디어 그리고 지식의 축적에 따른 기술혁신이 우리나라의 장기적 경제성장을 주도하고 있다. 우리는 신성장 이론의 모델과도 같은 나라가 된 것이다.

앞으로도 기술 패권 경쟁에서 살아남고 미래 먹거리를 확보하기 위해서는 실패를 두려워하지 않는 혁신적, 도전적 DNA를 연구개발에 접목할 필요가 있다. 이제까지는 빠른 추격형 연구를 통해 성장해왔지만 이제는 남들이 가지 않는 길을 가야만 한다. 보다 과감하고 창의적인 R&D를 시도할 수 있도록 토대를 만들어주어야 할 것이다.

최근 과학기술정보통신부는 세계 최초, 최고에 도전하는 선도형 R&D로의 전환을 이끌어내기 위해 '혁신적·도전적 R&D 육성 시스템 체계화 방안'을 마련했다. 아울러 34개의 '혁신도전형 R&D 사업군'을 지정하고 'APRO(혁신도전형) R&D'라는 정책 브랜드를 만들었다. 혁신도전형 R&D 사업군은 AI, 반도체, 양자, 바이오, 로봇, 원자력, 우주항공, 첨단 소재, 차세대 통신, 국방 등 분야에서 세계 최초, 최고를 지향하거나 우리나라가 우위를 점해 경쟁국과의 격차를 더욱 벌리고자 하는 사업이 망라되어 있다.

'APRO'라는 이름은 우리말로 '앞으로', 이탈리아어로 '문을 열다'라는 뜻이 있으며, "대한민국이 앞으로 먼저 나아가는 퍼스트 무버로서 미래의 문을 열어가자"는 포부를 담고 있다고 한다. 2025년에는 약 1조 원의 예산을 지원할 예정이다. 그뿐 아니라 'APRO R&D'는 연구자들이 마음껏 도전할 수 있도록 단순히 성공과 실패로 양분하는 평가는 없애고 정성적 지표 기반의 컨설팅으로 전환하는 등 최대한 자율성과 도전성을 부여한다고 한다. R&D 생태계의 역동성을 높이고 가지 않은 길로 나서도록 담대한 용기를 불어넣으며 '앞으로' 우리나라의 지속적 성장을 이끌어내길 바란다.

달 표면에 새긴 조선의 천문학자

남경욱   과학문화

대한민국 최초, 달 표면에 새겨진 이름 '남병철 충돌구'
경희대 '다누리 자기장 탑재체' 연구팀(책임자: 진호 교수), 국
제천문연맹에 신청. 최종 심사 결과, 8월 14일 'Nam Byeong-
Cheol Crater(남병철 충돌구)' 이름 부여.
_〈경희대학교 보도자료〉 2024년 8월 19일 자

2024년 8월, 소백산천문대 탐방을 마치고 내려오는 길에 한국
천문연구원(이후 천문연) 고천문연구센터 양홍진 박사로부터 반가
운 연락이 왔다. 달 충돌구 중 하나에 남병철 선생의 이름이 헌정되
었다는 소식이다. 달 표면에 새겨진 우리나라 최초의 과학자라고 한
다. 몇 년 전부터 천문연과 남병철 선생의 저작《의기집설儀器輯說》에
나오는 천문 관측 기기 복원 연구를 해오던 터라 '남병철 충돌구' 명
명이 더 가슴 벅차게 다가왔다.

'남병철 충돌구'는 달 뒷면에 위치한 지름 132킬로미터나 되
는 거대 운석구덩이다. 면적(1만 3700제곱킬로미터)으로만 보자면
경기도 전체(1만 199제곱킬로미터)보다 더 넓으며, 1980년대 아폴

278

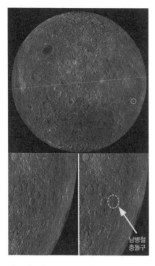

‡ 달 뒷면 남병철 충돌구(Unnamed crater).

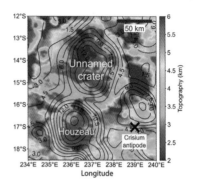

‡ 남병철 충돌구의 위치(지름 132km, 남위 14,66°, 경도 −123,41°)와 자기장 분포도.

로 시대 이후 명명된 것 중 가장 큰 충돌구라고 할 수 있다. 이 거대한 충돌구에 '남병철'의 이름이 붙은 데는 경희대학교 '다누리 자기장 탑재체' 연구팀과 천문연 양홍진 박사의 공이 크다. 경희대학교 연구팀과 미국 산타크루즈대학교 이안 게릭베셀Ian Garrick-Bethell 교수는 공동으로 달 표면 자기장 변화를 연구하면서 특이한 자기장 특성을 보이는 '이름 없는 거대한 충돌구'에 주목해왔다.

연구팀은 이 충돌구에 한국인 과학자 이름을 제안하는 것이 좋겠다는 의견을 모아 천문연 양홍진 박사에게 추천을 요청했다. 그리고 세계 천문학계에 잘 알려지지 않은 '19세기 천문학자 남병철'이 후보에 올랐다. '숨은 과학자'라는 이미지가 충돌구의 특징에 잘 맞았다. 달 뒷면에 있어 보이지 않지만, 연구 가치가 높다는 상징성에 부합한다고 판단한 것이다. 또한 최근 한국 고천문학계에서 관심을 받는 인물이라는 점도 한몫했다. '다누리 자기장 탑재체' 연구팀과 양홍진 박사는 국제천문연맹International Astronomical Union, IAU에 'Nam Byeong-Cheol Crater남병철 충돌구'를 신청해 2024년 8월 14일에 최종 승인을 받았다.

국제천문연맹의 '남병철 충돌구' 승인 소식이 알려지자 대중 매체에서는 "남병철 크레이터 달 표면에 첫 한국인 이름(《동아일보》 2024년 8월 20일 자)", "한국 최초 달 표면 크레이터 명명 남병철 크레이터(《문화일보》 2024년 8월 20일 자)" 등 '최초'를 부각해 보도했다. '남병철 크레이터' 명명은 단순히 시간적 순서가 가장 앞선 '한국 최초'라는 의미를 넘어 역사적, 사회적, 문화적 가치를 지니고 있다. 이 장에서는 달 표면에 명명된 '남병철 충돌구' 소식을 계기로 삼아 천체에 이름을 붙이게 된 과학의 역사, 한국 이름이 명명된 천체, 그리고 19세기 천문학자 남병철에 대해 살펴보도록 하겠다.

달에는 언제부터 이름을 붙이기 시작했을까?

누구라도 달을 이렇게 가깝게 바라본다면, 달 표면이 매끈하고 윤이 나기는커녕, 거칠고 울퉁불퉁하며 지구 표면처럼 아주 높은 산과 깊은 골짜기, 주름진 지형으로 가득 차 있다는 것을 확연히 알게 될 것이다.

_갈릴레오 갈릴레이, 《시데레우스 눈치우스Sidereus Nuncius》

달 표면이 지구와 같은 지형으로 이루어졌음을 과학적으로 증명한 과학자는 갈릴레오 갈릴레이다. 그는 직접 개량한 20배 배율의 망원경으로 1609년 11월 30일부터 12월 18일까지 20일간 달을 관측했다. 《시데레우스 눈치우스》에는 달 위상 변화를 그린 5개의 스케치와 함께 관측 내용이 자세히 기록되어 있다. 갈릴레오는 달 표면을 상대적으로 밝은 부분과 어두운 부분으로 나누고, 망원경을 이용해 달 표면의 작은 반점들을 여러 차례 반복해서 관측했다. 그 결과 달 표면이 매끈하지 않다는 점을 발견했다.

그는 "달과 모든 천체에 대해 옛날부터 많은 철학자가 믿었던 것과 달리 달 표면이 매끈하거나, 평평하거나, 완벽한 구 모양을 하고 있지 않다"고 하며, 따라서 달 표면도 지구처럼 높은 산과 깊은 계곡 그리고 분화구와 같은 지형으로 이루어져 있다고 주장했다. 이에 대한 근거로 달의 위상 변화 때 밝은 부분과 어두운 부분의 경계를 관측한 결과 울퉁불퉁하고 시간이 지남에 따라 그 모양도 바뀐다는 점을 들었다.

더 나아가 갈릴레오는 달 표면의 산이 지구보다 훨씬 높다는 것을 증명했다. 달 표면의 산 그림자를 이용해 높이를 계산한 결과 4마일(약 6.4킬로미터)보다 높게 나왔다. 지구의 일반적인 산 높이를 1마일(1.6킬로미터) 정도라고 했을 때 달 표면이 지구보다 훨씬 굴곡졌을 것으로 추정했다. 즉, 영원불변의 완전한 세계라 믿었던 천상계의 달도 지상계의 불완전한 형태를 한 지구와 다르지 않다는 것을 밝힌 것이다.•

• 1610년 갈릴레오가 저술한 《시데레우스 눈치우스》는 수천 년 동안 이어진 천체에 대한 관념을 깨는 데 공헌한 저작으로 알려져 있다. 당시의 통념이었던 아리스토텔레스 우주관에 따르면 천상계는 영원불변의 완벽한 세계다. 달을 포함한 천상계의 모든 천체는 지상계와는 다른 원소로 이루어져 있으며 완전한 구 형태로, 지구를 중심으로 원궤도를 돌고 있다고 믿었다. 15세기 중반 코페르니쿠스는 지동설을 제안해 아리스토텔레스의 우주관에 균열을 일으키기 시작했다. 16세기 초 갈릴레오가 망원경으로 발견한 천상계의 불완전함은 코페르니쿠스의 지동설을 지지하는 간접적인 증거로 널리 받아들여졌다.

갈릴레오의 관측 결과가 받아들여져 달 지형에 이름을 붙이기 시작한 것은 17세기 중반이 되어서다. 흥미롭게도 갈릴레오는 달이 아니라 자신이 발견한 목성의 4개 위성에 '메디치'라는 이름을 부여했다. 천체 명명에 대한 갈릴레오의 태도는 《시데레우스 눈치우스》를 출판하며 코시모 드 메디치 2세에게 보낸 편지에 잘 드러난다. 갈릴레오는 별에 이름을 부여하는 것이 위인을 영원히 기리는 가장 좋은 방법이라고 편지 서두에 장황하게 설명한다.

역사적으로 위대한 인물을 기리기 위해 대리석, 청동으로 조각상을 만들거나 도시에 이름을 붙이고, 더 나아가 노래나 문자로도 이름을 남겨왔지만 다 부질없는 일이었다고 말한다. 이러한 기념물들은 전쟁이 나면 부서지고, 시간이 지나면 잊히기 때문이다. 과거의 위대한 영웅들이 자신의 이름을 영원히 남기기 위해 앞다투어 밝은 별에 이름을 붙이면서, 후대에는 이름 붙일 별도 남아 있지 않게 되었다고 이야기한다. 갈릴레오는 로마의 황제 아우구스투스가 율리우스 카이사르를 기리기 위해 '율리우스의 별(혜성)'이라고 붙이려 했지만 사라져버려 실패했다는 사례를 든다.

편지의 본론으로 들어가 갈릴레오는 자신이 발견한 4개 별의 특별함을 설명한다. 이는 평범한 붙박이별과 달리 목성 주위를 빠른 속도로 도는 떠돌이별이라는 것을 밝힌다. 이어서 메디치가의 후원 덕분에 모든 천문학자에게 전혀 알려지지 않은 숨겨진 별을 발견할 수 있었다고 코시모 대공에게 감사와 존경을 표한다. 갈릴레오는 이 별들을 위대한 업적을 남긴 메디치 가문의 이름을 따서 '메디치별'로 명명하는 영예를 달라고 요청한다. 그리고 별을 처음 발견한 사람이 자신이기에 마땅히 그 이름을 정할 권리도 자기에게 있다고 주장한다. 코시모 대공만 허락한다면 발견한 별에 '메디치'라고 이름을 붙이는 데 누구도 부정할 사람이 없을 것이라고 설득했다.

갈릴레오의 '메디치별' 명명 전략은 성공했다. 1610년 8월 갈릴레오는 메디치가의 후원을 받아 수석수학자이자 철학자로 임명되었다. 갈릴레오는 명예와 부를 얻었을 뿐 아니라 자신의 천문학적 발견이 가져올 종교적, 사회적 논란으로부터 보호해줄 든든한 정치적 후원자를 갖게 되었다.• 갈릴레오의 성공은 유럽 천문학계에 망원경을 사용한 천체 발견과 명명 활동에 열풍을 일으켰다.

17세기 중반 천문학자들은 앞다투어 달 지도를 제작했고 달 지형에 이름을 붙이기 시작했다. 1645년 네덜란드 천문학자이자 지도 제작자인 랑그렌Michael van Langren은 300개의 지형에 이름을 붙인 달 지도를 출판했다. 그는 달의 다양한 지형에 왕족, 귀족, 과학자, 후원자의 이름을 부여했지만 널리 받아들여지지는 않았다. 심지어 달의 충돌구와 바다 중 하나에는 자신의 이름을 따 '랑그레누스 크레이터Langrenus Crater'와 '마레 랑그레니Mare Langreni'라고 했다.

폴란드 천문학자 헤벨리우스Johannes Hevelius는 지구의 지질학적 특징을 반영한 달 명명 체계를 도입했다. 1647년 출판된 그의 저술 《월면학 또는 달에 대한 설명Selenographia sive Lunae descriptio》에는 고전 지리학에서 유래한 지명 300개를 달 지형에 부여했다. 그중 '알프스', '아펜니노산맥' 등 10개만 현재까지 쓰이고 있다.

오늘날까지 사용하는 달 지형 명명법의 기초를 세운 천문학자가 리치올리Giovanni Battista Riccioli다. 그는 그리말디Francesco Maria Grimaldi

---

• 갈릴레오는 망원경으로 관측한 결과가 획기적인 발견임을 강조하면서도 학계와 종교계에 큰 파문을 일으킬 것을 염려했다. 《시데레우스 눈치우스》 문장 곳곳에서 "누구에게도 알려지지 않은", "최초로 발견한", "너무 의심스럽고 믿기 어려운"과 같은 수식어구를 쉽게 찾아볼 수 있다.

와 함께 관측한 달 지도와 명명법을 《새로운 알마게스트Almagestum Novum》(1651)에 포함시켰다. 리치올리는 역사적으로 천문학 발전에 공헌한 사람들을 목록화하고, 그중 248명의 이름을 달 지형에 붙였다. 달 표면에 가장 눈에 띄는 튀코 브라헤, 코페르니쿠스, 케플러, 갈릴레오 충돌구 등이 모두 리치올리에 의해 부여된 이름이다.

리치올리는 달의 바다와 호수에 분위기를 담은 단어를 붙여 평온의 바다, 위기의 바다, 희망의 호수 등이 지금까지도 사용된다. 1969년 아폴로 11호가 착륙한 고요의 바다Mare Tranquillitatis도 리치올리가 붙인 이름이다. 그의 달 명명법은 더 이상 신화나 왕, 귀족 등 후원자에 의존하지 않고, 천문학 발전에 공헌한 과학자에게 헌정하는 전통으로 자리 잡게 했다.

18~19세기 달 지도 제작은 더 정밀해지고 명명법은 체계화되었다. 18세기 말 독일의 천문학자인 슈뢰터Johann Hieronymus Schröter는 리치올리의 달 명명법을 기초로 70개 이상의 새로운 이름을 부여했으며, 달 지형의 2차 특징을 식별할 수 있는 기호 체계를 도입했다. 충돌구crater, 골짜기rille 등 대중적인 용어를 사용하기 시작한 것도 슈뢰터의 기여라 할 수 있다.

1834년부터 1837년까지 비어Wilhelm Wolff Beer와 메들러Johann Heinrich von Mädler가 출판한 《월면 지도Mappa Selenographica》와 설명서 《달 Der Mond》은 현대 달 지도 제작법과 명명법의 기초를 마련한 것으로 평가받고 있다. 《월면 지도》는 지름 1미터 크기로 그린 달을 4권으로 나누어 세밀하게 표현했고, 정밀 축적법과 체계화된 표기법을 적용했다. 설명서에는 148개 분화구의 지름과 830개 산의 고도 그리고 140개 이상의 새로운 이름을 포함했다.

19세기 정밀한 달 지도는 슈미트Johann Friedrich Julius Schmidt에 의

해 정점을 찍었다. 1874년 제작한 《달의 산 지도Charte der Gebirge des Mondes》에는 지름 2미터 크기로 그린 달을 25개 구역으로 나눈 차트가 실렸다. 3만 3000개 이상의 분화구, 348개의 협곡, 3000개의 산 높이가 차트에 정밀하게 설명되었다.

역설적이게도, 19세기 말 이후 달 지도 제작이 더 정밀해지면서 달 명명법은 혼란스러운 상황에 빠졌다. 각국이 서로 다른 방식을 사용하거나 같은 달 지형에 여러 이름이 붙으면서 우선권 논쟁이 일기도 했다. 천문학자들 사이에서 달 명명법 표준화와 국제 협력이 필요하다는 공감대가 형성되기 시작했다.

1919년 국제천문연맹이 설립되면서 달 명명법 표준화를 위한 달 위원회가 조직되었다. 영국 천문학자 블래그Mary Adela Blagg가 합류해 표준화 연구에 핵심적인 역할을 담당했다. 블래그는 영국 왕립천문학회 첫 여성 회원이자 넬슨, 메들러, 슈미트의 달 목록을 비교 분석한 《대조 목록Collated List》(1913)을 출판한 이 분야 최고 전문가였다. 국제천문연맹 달 위원회의 달 표준화는 1935년 블래그와 뮐러Karl Müller의 공동 저작 《명명된 달의 지형Named Lunar Formations》 출판으로 일단락되었다. 1권 달 목록과 2권 달 지도로 구성된 이 보고서는 국제천문연맹이 공식적으로 채택한 최초의 달 명명 체계가 되었다.

한국 이름이 붙은 천체

'남병철 충돌구'가 천체에 명명된 첫 번째 한국 이름은 아니다. 2022년 제임스웹우주망원경으로 관측한 항성 WD0806-661과 외계 행성 WD0806-661b의 이름은 공모를 통해 마루Maru와 아라Ahra가 채택되었다. 2019년, 국제천문연맹 100주년을 기념해 진행된 '외계 행성 이름 짓기 캠페인'에서는 백두Baekdu(8 Umi)와 한라 Halla(8 UMi b)가 선정되었다. 특히, 외계 행성 한라는 2015년 보현 산천문대에서 이병철 박사 등 우리나라 천문학자가 발견한 것으로, 더 의미가 깊다.

외계 행성은 태양계 밖 우주에 있는 항성 주위를 공전하는 행성을 말한다. 최초의 외계 행성이 발견된 1995년 이후 지금까지 5600개가 넘게 발견되었다. 그 대부분은 과학적 명칭만 있어 국제 천문연맹에서는 2015년부터 3회(2019년, 2022년)에 걸쳐 '외계 행성 이름 짓기 공모전'을 진행해 고유명사를 부여했다.

태양계 행성과 위성 지형에서도 한국 이름을 찾아볼 수 있다. 수성의 충돌구에는 조선의 대표적인 시인 '윤선도Yun Sun-Do'와 '정철 Chung Ch'ul'의 이름이 붙었다. '50년 이상 예술사적으로 중요한 인물로 인정받은 예술가, 음악가, 화가, 작가'라는 수성 충돌구의 명명

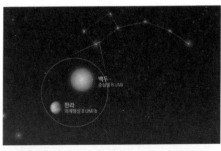

⋯ 작은곰자리에 위치한 주황색 거성 백두와 외계 행성 한라.

⋯ 백색왜성 마루와 외계 행성 아라.

주제에 맞추어 제안되었다. 1970년대에 승인된 첫 한국 이름 중 하나다. 금성에는 9개의 지형에 한국 이름이 부여되었다. 사랑의 여신 비너스로 불리는 금성의 지형 명명 주제는 여신과 관계된다. 충돌구 크기에 따라 지름 20킬로미터 이상은 '해당 분야에 탁월한 공헌을 한 여성', 20킬로미터 이하 충돌구는 '일반 여성 이름'을 붙인다. 계곡은 길이가 400킬로미터 이상이면 '다양한 언어로 된 비너스Venus 이름'을, 이하면 '강의 여신을 뜻하는 단어'가 주제다.

이외에도 금성 지형에 따라 달·바다·땅·하늘·물·전쟁·사랑의 여신 등이 명명 주제로 정해져 있다. 금성 지형에 부여된 한국 이름은 '사임당Samintang, 황진이Hwangcini, 연옥Yonok, 연숙Yonsuk'이 충돌구에, '금성Kumsong'이 계곡에 그리고 여신 '마고할미Mago-Halmi', 달의 여신 '세오녀Seo-Ne', 제주 여신 '설문대할망Sonmunde', 출산을 관장하는 제주 여신 '삼신할미Samsing'가 있다.

화성 지형에서 충돌구 이름은 크기가 50킬로미터가 넘으면 '화성 연구에 기여한 과학자나 화성 전설에 기여한 작가'를, 50킬로미터보다 작으면 '인구 10만 명 이하의 마을'을 주제로 한다. '진주Chinju, 창성Changsung, 나주Naju, 태진Taejin, 조리Jori'가 화성 충돌구에서 보이는 한국 이름이다. 계곡도 크기에 따라 '다양한 언어의 마르스Mars 이름'과 '강 이름'을 부여하는데, 한국 이름으로는 1982년 '낙동강Naktong Vallis'이 올라갔다.

그 밖에 화성과 목성 사이에 있는 왜행성 세레스Ceres의 충돌구에도 한국 이름을 찾아볼 수 있다. 제주 대지 여신 '자청비Jacheongbi'는 독일항공우주센터 슈테판 슈뢰더Stefan Schröde 박사가 제안해 2017년에 명명되었다. 2020년 뉴호라이즌팀이 제안해 명왕성 평원 지역 중 하나에는 신라 고승 혜초Hyecho의 이름이 붙었다. 토성의 두 번째 위성인 레아Rhea에는 '창조 신화에 나오는 인물과 장소'란 주제에 맞는 '단군Dangun, 환인Whanin, 아나닌Aananin, 태백산Thebeksan' 이 명명되었다.

| 태양계 행성과 위성 지형에 명명된 한국 이름 |

행성 (위성)	이름	지형	크기 (km)	승인 연도	설명
수성	윤선도 (Yun Sun-Do)	Crater	76	1976	Korean poet (1587~1671)
	정철 (Chung Ch'ul)	Crater	143	1979	Korean poet (1536~1593)
금성	사임당(Samintang)	Crater	25.9	1991	16th century Korean poet
	황진이(Hwangcini)	Crater	30.2	1991	16th century Korean poet
	금성(Kumsong)	Vallis	700	1997	Korean name for planet Venus
	마고할미 (Mago-Halmi)	Tessera	400	1997	Korean helping goddess
	세오녀(Seo-Ne)	Chasma	430	1997	Korean moon deity, sun's wife
	설문대(Sonmunde)	Fluctus	400	1997	Korean mountain goddess
	연옥(Yonok)	Crater	9.5	1997	Korean first name
	연숙(Yonsuk)	Crater	8.5	1997	Korean first name
	삼신(Samsing)	Corona	165	2003	Korean childcare deity, a good grandmother
화성	진주(Chinju)	Crater	65.71	1976	Town in the Republic of Korea
	창성(Changsung)	Crater	33.54	1976	Town in the Democratic People's Republic of Korea
	나주(Naju)	Crater	8.03	1979	Town in the Republic of Korea
	낙동(Naktong)	Vallis	669.63	1982	River in the Republic of Korea
	태진(Taejin)	Crater	28.06	1991	Town in the Republic of Korea
	조리(Jori)	Crater	31	2018	Town in the Republic of Korea

왜행성 세레스	자청비(Jacheongbi)	Crater	31	2017	Korean(jeju island) Earth goddess
왜행성 명왕성	혜초(Hyecho)	Palus	322.56	2020	Korean traveler and scholr(704~787)
지구 (달)	남병철 (Nam Byeong-Cheol)	Crater	132	2024	Korean astronomer and mathematician of the late Joseon Dynasty (1817–1863)
토성 (레아)	아나닌(Aananin)	Crater	34.9	1982	Korean god of the Heavens
	환인(Whanin)	Crater	66.9	1982	Korean creator of all things
	단군(Dangun)	Crater	77.5	2010	Mythical ancestor of Korean nation, son of creator god
	태백산(Thebeksan)	Catena	220	2010	Holy mountain in Korean mythology, where creator god came onto the earth

한국 이름이 가장 많이 명명된 천체는 소행성이다. 30여 개 소행성에 한글 이름이 붙어 있다. 소행성의 이름은 고유 번호와 이름을 병기한다. 일반적으로 소행성 이름 제안은 발견자에게 권한이 주어진다. 소행성 '23880 Tongil(통일)'은 1988년 한국인 처음으로 아마추어 천문학자 이태형이 발견해 이름을 붙였다. 한국 이름이 명명된 소행성들에는 특히 과학자 이름이 많이 보인다. '최무선, 유방택, 이천, 장영실, 이순지, 허준, 서호수, 김정호' 등 전통 시대 과학자 이름을 가진 소행성들을 찾아볼 수 있다. 이들은 2000년부터 한국천문연구원 보현산천문대에서 발견한 소행성에 전통 시대 한국인 과학자 이름을 제안해 명명된 것이다. 아쉽게도 '7365 Sejong(세종)'은 1996년 일본 아마추어 천문학자 와타나베 가즈오渡辺和郎가 발견한 소행성의 이름이 되었다.

근현대 한국 과학자 이름의 소행성도 있다. '99503 Leewonchul(이원철)'은 2002년 천문학자 전영범이 보현산천문대에서 발견한 소행성으로, 우리나라 최초 천문학 박사인 이원철을 기려 명명했다. 아폴로 박사로 알려진 조경철, 한국 천문학사 선구자인 전상운과 나일성 그리고 외교관이자 아마추어 천문학자인 서현섭 이름을 딴 소행성은 와타나베 가즈오가 제안했다. 2021년에는 로웰천문대에서 발견된 소행성 6개에 소행성을 연구하는 천문학자 '최영준, 장안영민, 양홍규, 김명진, 김윤영, 문홍규'의 이름이 부여되었다.

흥미롭게도 우리나라 고등학생의 이름이 명명된 소행성들도 목록에 보인다. '민수빈, 박청하, 김동영, 조형훈, 김나연, 민류정, 최효나, 주가현, 신수빈, 서진영, 신동주' 등이다. 이들은 국제과학기술경진대회International Science and Engineering Fair, ISEF에서 우승한 학생들이다. MIT 링컨연구소와 과학공공협회는 세레스 커넥션Ceres Connection 프로그램의 일환으로 2001년부터 ISEF 우승자 이름을 소행성에 붙여오고 있다. 하늘에 이름을 올리고 싶은 고등학생이라면 도전해볼 만하다.

| 한국 이름이 명명된 소행성 |

구분	소행성 한글 이름
전통시대 과학자 (9)	최무선(63145 Choemuseon), 세종(7365 Sejong), 유방택(106817 Yubangtaek), 이천(63156 Yicheon), 장영실(68719 Jangyeongsil), 이순지(72021 Yisunji), 허준(72059 Heojun), 서호수(126578 Suhhosoo), 김정호(95016 Kimjeongho)
현대 과학자 (11)	이원철(99503 Leewonchul), 조경철(4976 Choukyongchol), 전상운(9871 Jeon), 나일성(8895 Nha), 서현섭(6210 Hyunseop), 최영준(28884 Youngjunchoi), 정안영민(28969 Youngminjeongahn), 양홍규(32633 Honguyang), 김명진(33489 Myungjinkim), 김윤영(37218 Kimyoonyoung), 문홍규(42112 Hongkyumoon)

ISEF 수상자 (11)	민수빈(21705 Subinmin), 박청하(21718 Cheonghapark), 김동영(25103 Kimdongyoung), 조형훈(25104 Chohyunghoon), 김나연(25105 Kimnayeon), 민류정(25106 Ryoojungmin), 최효나(26458 Choihyuna), 주가현(26526 Jookayhyun), 신수빈(26459 Shinsubin), 서진영(28480 Seojinyoung), 신동주(28481 Shindongju)
기타(5)	통일(23880 Tongil), 보현산(34666 Bohyunsan), 관륵(4963 Kanroku), 광주(12252 Gwangju), 밀양(11602 Miryang)

19세기 조선의 남병철은 어떤 천문학자였을까?

달 뒷면에 숨겨진 '남병철 충돌구'와 같이 19세기 천문학자 남병철도 잘 알려지지 않은 인물이다. 조선 후기 실학자로 널리 알려진 홍대용이나 정약용에 비하면 남병철은 '숨은 과학자'라 할 만하다. 2014년 천안에는 홍대용의 과학적 업적을 기린 '홍대용 과학관'이 문을 열었고, 남양주 정약용 유적지에는 2009년 '실학박물관'이 개관해 정약용을 비롯한 조선 후기 실학 사상 관련 전시와·연구를 하고 있다. 이에 비해 남병철은 2000년대 들어서야 그의 천문학적 성과와 과학사적 의미가 조금씩 드러나고 있다.

사대부 과학자
19세기 조선 최고 천문학자
학문에 두루 통달한 통유通儒
격치(과학)를 중시한 실사구시 유학자
전통 천문학의 도미掉尾를 장식한 전근대 천문학자

모두 남병철을 평가하는 수식어다. 그는 1837년 21세의 젊은 나이로 과거에 급제해 지금의 도지사급인 전라도·평안도 관찰사와 장관급인 예조·이조·형조·병조판서를 두루 거친 최고위 관료다. 1859년, 43세에는 나라의 학문을 총괄하는 홍문관 대제학에 올라 당대를 대표하는 학자로 명예를 얻었다. 그는 유교 경전을 연구하는 경학에 통달했으며, 시문학, 경세학, 천문역산학, 산수학 등 실사구시학에도 두루 박학다식해 지인들에게 '통유'로 칭송받았다. 특히, 중년 이후에는 서양 과학 연구에 매진하여 《의기집설》(1859년경), 《해경세초해》(1861), 《추보속해》(1862) 등 천문학과 수학 분야 전문서를 저술했다.

천문역산학, 천문의기, 산수학 관련 저술에서 나타나는 전문 지식은 남병철이 19세기 조선 학계에서 가장 수준 높은 천문학적 인식을 보유하고 있었음을 잘 보여준다. 천문역산서인 《추보속해》에서 남병철은 케플러의 타원궤도 이론과 구면삼각법을 적용하여 태양과 달의 운동을 설명한다. 18세기 중국에 소개된 서양의 천문학 이론을 완벽히 소화해 재해석하는 수준에 올랐다고 평가받는다.

《의기집설》은 조선 후기를 대표하는 천문의기 전문 저술로, 남병철이 천문의기의 역사, 구조, 제작법, 사용법, 계산법 등 뛰어난 기술적 지식까지 갖추고 있었음을 보여준다. 수학 저술인 《해경세초해》에서는 고차방정식 풀이법인 천원술天元術의 원리와 풀이를 설명하는 등 그의 전문성이 돋보인다.

남병철은 서양 과학이 지니는 장점을 객관적인 태도로 인정하고 받아들였다. 서양 과학의 우수성이 '측험의 정밀함'에 있다고 판단했다. 정밀한 관측 기기를 만들어 하늘을 관측하고, 명징한 수학을 사용해 자연의 현상을 증명하는 서양 과학의 방법론을 가장 큰 장점으로 여겼다. 또한 많은 전문가의 노력과 오랜 기간의 연구 성과가 축적된 결과, 서양 천문학이 중국 천문역산학보다 앞서게 되었다며 객관적인 자세로 받아들였다.

그렇다고 전적으로 서양 과학을 칭송한 것은 아니었다. 서양 과학은 도道가 결여되어 있어 성인이 되기 위한 학문으로는 한계를 지닌다고 보았다. 남병철에게 서양 과학은 성인의 도를 이해하기 위한 하나의 좋은 방법 또는 도구로 받아들여졌다. 그는 경학에서는 도리道理를, 서양 과학에서는 방법론을 취하자는 실사구시적 태도를 견지했다. 이는 19세기 말 개화사상으로 대두된 동도서기론東道西器論과도 맥락이 닿아 있다.

이러한 남병철의 학문적 태도는 최근에 복원된 '재극권 혼천의'에서도 잘 나타난다. 《의기집설》 상하권에는 10개의 천문 관측 기기가 기술되어 있다. 9개는 서양에서 전래된 관측 기기이고, 혼천의 1개만 조선 전통의 천문 기기다. 남병철은 〈혼천의〉 상권 전체를 할애해 혼천의 역사를 고증하고, 개량한 재극권 혼천의의 제작법, 사용법, 계산법을 자세히 설명한다. 사실 중국뿐 아니라 조선에서도 혼천의는 수백 년 동안 더 이상 관측 기기로 사용되지 않았다. 남병철은 주로 교육용이나 천체 시계로 활용되던 혼천의를 19세기에 관측 기기로 재탄생시켰다.

개량한 재극권 혼천의에는 경학의 도리와 서양 과학의 방법론이 함축되어 있다. 재극권 혼천의는 유교 경전인 《서경》에 나오는 '선기옥형도'의 원형을 본받았다. 하늘의 구조와 이치를 표상하는 혼천의 전통을 계승한 것이다. 여기에 관측의 편리성과 효용성을 높이기 위해 극축 조정 기능과 천체 좌표계 변환용 재극권 환을 덧붙였다. 재극권 혼천의만 있으면 어느 지역에서나 정밀한 관측이 가능하다. 또한 하나의 관측 기기를 가지고 천체의 위치를 적도좌표계, 황

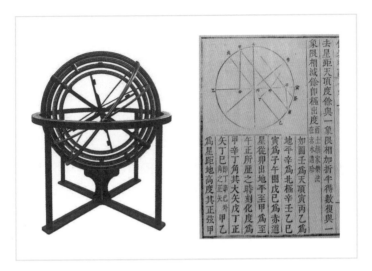

‡   남병철의 혼천의 모델 복원품(2023)과 《의기집설》〈혼천의〉 '북극 고도 계산법'.

도좌표계, 지평좌표계로 변환할 수 있다. 남병철의 시도는 여기에 머무르지 않았다. 〈혼천의 사용법〉에 '계산법'을 첨부해 삼각함수에 기반한 서양 천문학을 설명한다. 서양 과학의 방법론인 '측험의 정밀함'을 재극권 혼천의에 적용한 것이다. 즉, 재극권 혼천의는 19세기 중반 조선의 지식인이 동서양의 과학을 어떻게 융합하려고 했는지를 보여주는 대표적인 '과학 문화유산'이라 할 수 있다.

천체에 이름을 명명한다는 것

달 표면에 드리워진 '남병철 충돌구'를 계기로 우리는 달 명명의 역사와 한국 이름이 붙은 천체들을 살펴보고, 19세기 천문학자 남병철의 학문적 성과와 과학사적 의미를 되새겨보았다. 갈릴레오가 망원경으로 달을 관측해 천상계에 있는 달도 지구와 같은 지형을 가졌음을 증명했다. 자신이 발견한 목성의 4개 위성을 메디치가에 헌정함으로써 천체 관측과 명명의 과학적 의미뿐 아니라 사회적·경제적·정치적 가치를 보여주었다.

16세기 중반 이후 천문학자들은 달의 산, 계곡, 평원, 바다, 호수 등 지형에 이름을 붙이기 시작했다. 더 이상 달은 인간이 넘보지 못할 신이 사는 신성한 천상계가 아니었다. 더 이상 천체 명명이 권력자의 전유물도 아니었다. 망원경 기술이 발전하며 더 많은 천체가 발견되었고 인류의 지적 발전에 공헌한 인물에게도 천체 명명의 기회가 주어졌다.

20세기 초 국제천문연맹이 설립되고 국제 협력이 강화되면서 천체 명명의 표준화와 함께 세계 각국의 다양한 역사, 문화, 인물, 지역 등이 이름에 포함되기 시작했다. 그럼에도, 천체 명명이 서구 문명과 남성에 편향되었다는 비판에서 지금까지도 벗어나지는 못하고 있다. 대표적인 예로 현재까지 명명된 달 지형 9190개 중 7942개가 유럽 대륙의 이름으로, 전체 85퍼센트의 압도적인 점유율을 보이며, 북아메리카대륙의 것이 856개로 9.3퍼센트를 차지한다.

그 외에 아시아 286개 3.1퍼센트, 아프리카 61개 0.6퍼센트, 남아메리카 21개 0.2퍼센트 등 모든 대륙을 다 합쳐도 5퍼센트가 채 되지 않는다(국가별로 분류해보면 유럽에서는 독일 1677개, 프랑스 1185개, 영국 906개, 이탈리아 820개, 미국 785개, 그리스 722개, 네덜란드 300개, 러시아 222개 등이다). 이 중 아시아에서는 중국이 43개, 일본이 29개, 한국이 1개다. 영국의 한 연구에서는 달 충돌구 1578개 중 32개인 2퍼센트만 여성 이름이 부여되었다며 남성 편향적인 천체 명명법의 문제점을 강하게 지적했다.

최근 국제천문연맹은 천체 명명에서 포용성을 강조하며 다양한 노력을 기울이고 있다. 2015년부터 진행하고 있는 '외계 행성 이름 짓기 캠페인NameExoWorlds'이 대표적인 사례다. 2019년에는 세계 각국의 토착어와 고대 도시의 이름들이 선정되기도 했다. 앞에서 언급했듯이 한국 이름으로는 2019년 백두, 한라, 2022년에는 마루, 아라가 명명되어 주목을 받았다. 21세기 천문학 연구와 우주탐사에 인류 전체의 관심과 협력이 필요한 만큼 천체 명명 문화가 전 인류 문명으로 확대되길 기대한다.

서구 문명과 남성 중심의 편향성은 단지 천체 명명에만 국한되는 것은 아닌 듯하다. 16세기 이후 서구 문명 중심으로 형성된 근현대 과학으로 인해 인류의 다른 문명에서 이룩한 자연에 대한 오래된 지식과 지혜가 자리를 잃었다. 19세기 서세동점 시대를 살았던 조선 천문학자 남병철의 실사구시적 태도에서 동양의 전통적 자연관을 이어가려는 노력을 엿볼 수 있었다.

남병철은 서양 과학의 장단점을 간파하고 있었다. 서양 과학이 지니는 정밀한 관측과 명징한 수학의 과학 방법론 그리고 지식의 축적과 진보적 과학관을 장점으로 보았다. 이와 달리 자연 지식으로부터 본받을 삶의 지혜 즉, 도리는 서양 과학에서 찾아볼 수 없다고 판단했다. 따라서 남병철은 자신의 천문학 연구에도 동양의 도리에 서양 과학의 방법론을 취하는 자세를 견지했다. 하지만 남병철의 동서 과학을 융합하려는 시도는 실패로 돌아갔다. 수천 년을 쌓아온 우리의 전통 자연 지식은 끊어지고 말았다. 21세기 현대 과학기술 문명을 살아가는 인류에게 단절된 다양한 문명의 자연 지식과 지혜가 어떤 역사적 성찰과 혜안을 줄 수 있을지 자못 궁금해진다.

이제 막 발을 내딛은 한국 달 탐사 프로젝트에 '남병철 충돌구'

가 주는 의미는 특별하다. 2022년 한국 최초의 달 탐사선인 다누리호가 달 궤도에 성공적으로 진입하며 우리나라는 세계 7번째로 달 탐사 국가에 합류했다. 2024년 5월에는 우주탐사를 총괄할 우주항공청이 설립되어 국제 우주탐사의 일원으로서 공식적인 체계를 갖추었다. 우주항공청은 2032년 달 착륙을 목표로 총력을 기울이고 있다. 이 시점에 '남병철 충돌구' 명명은 한국 달 탐사에 대한 공감대 형성과 지지를 이끌 상징적 의미를 지닌다. "다누리 달 궤도선으로 한국의 우주탐사가 열리는 시점에서 달에 조선시대 학자 이름이 있다는 것은 새로운 도전이 시작되었다는 상징이라고 본다"는 경희대학교 연구팀의 기대가 현실로 이루어지길 꿈꿔본다.

기후위기 시대의 탄소중립 과학관

박은지   과학문화

     다수의 기후변화 시나리오가 지금과 같은 추세라면 2050년에는 인류가 지구에서 살기 어려울 거라고 전망한다. 해안선이 달라져서 더 이상 거주할 수 없는 지역이 많아지고, 기온 상승과 물 부족으로 기르거나 구할 수 있는 먹거리도 달라질 것이며, 자원 부족 때문에 생필품의 생산과 구매마저 쉽지 않을 수 있다. 당장 지금도 사과, 복숭아, 감귤 재배지가 북상해 시장의 과일 수급이 달라지거나 폭우, 가뭄이 심해져 살기 어렵다는 지역을 떠올려본다면, 결코 지나친 상상이라고만 할 수가 없을 듯하다. 설령 우리가 여러모로 노력을 기울여 지구에서 계속 살아갈 수 있게 되더라도, 우리의 삶은 변하지 않을 수 없다.

     여기서 문제는, 변화가 이미 시작되었지만 우리는 그 끝을 가늠하지 못한다는 점이다. 전 세계가 앞다투어 탄소중립 관련 정책들을 수립하고 시행해나가고 있으며, 우리나라 역시 2050년까지 탄소중립 사회로 이행하고자 2030년 이전에 온실가스를 2018년 대비 40퍼센트까지 감축하기 위한 정책을 전 방면에서 쏟아내고 있다. 예를 들어, 다양한 녹색 기술을 적극적으로 개발하도록 장려하

298

고 지원하는 동시에 교통이나 건축, 에너지, 농수산 등 각종 산업에서 일상생활에 이르기까지 여러 면에서 탄소 배출을 규제한다. 기후위기에 따른 불평등을 해소하기 위한 제도 등도 끊임없이 발굴하고 있다. 그래서 탄소중립 사회로의 이행은 현재 진행형이며, 결과를 예상하기란 결코 쉽지 않은 상황이다.

그렇다면 초점을 좁혀서, 우리가 25년 후에도 지금처럼 과학관을 계속 찾게 될지를 한번 생각해보자. 과학관은 변하지 않을 것인가? 그때도 지금처럼 누구나 언제든지 찾도록 문을 열고 있을까? 여전히 다양한 교통수단으로 과학관까지 이동할 수 있을까? 전시물은 현재와 같은 모습일까? 이런 질문이 어느 정도 일리 있게 느껴진다면, 지난 감염병 대유행 기간 동안 과학관을 비롯한 모든 문화 기관이 문을 닫았던 일은 물론, 모두가 아예 방문할 생각을 하지 않았던 경험을 가지고 있기 때문이다.

세계의 여러 과학관 역시 더 이상 상상이 아닌 현실로서 기후위기 시대를 통과(한다고 믿고 싶어)하며, 과연 어떤 모습으로 계속 남을 수 있을지를 끊임없이 고민한다. 그 결과, 저마다 지속 가능한 과학관으로서 '탄소중립 과학관'의 개념을 새롭게 만들어나가고 있으며, 국립과천과학관도 그중 하나다. 이는 과학관의 근본적인 역할이 대중을 향한 일방향적 과학 내용의 전달과 보급에 있지 않고 단순히 학령기 인구에게 학교를 대안하는 데에도 국한되지 않으며, 누구나 과학을 소통하고 즐기는 장으로서 기능해야 한다는 관점에서 마땅히 그래야 한다. 즉, 과학도 인류가 꽃피운 하나의 생활양식이자 문화로 보았을 때, 과학관이라는 대중문화 기관에서 현재 가장 큰 사회적 과학 쟁점인 '탄소중립'을 어떻게 다룰 것인가에 대한 문제와도 닿아 있는 것이다.

하지만 1년에 한 번조차 방문이 어려운 많은 사람은 각 과학관이 어떤 면에서 얼마큼의 노력을 기울이는지 자세히 알기 어려울 것이다. 따라서 이번 장에서는 '탄소중립 과학관'으로 도약하려는 국립과천과학관의 도전을 세계 여러 과학관(각종 과학박물관, 과학센터 등)의 대표적인 성공 사례와 함께 소개하고자 한다.

첫 번째 도전: 비전과 전략 수립

　　세계의 과학관이 개별적으로 환경 분야에서 노력해온 지는 꽤 되었으나, 본격적으로 지속 가능성에 관심을 가지게 된 것은 2016년 이후라고 할 수 있다. UN이 지속가능발전목표Sustainable Development Goals, SDGs●를 2015년에 인준하고, 이듬해인 2016년 11월 10일에 국제연합교육과학문화기구와 세계과학관협회 간에 '지역, 국가, 국제적 수준에서 즉각적인 이벤트 운영을 통해 지속가능발전목표를 소통하기 위한 플랫폼으로서 과학관을 이용'하는 협약을 맺은 것이다. 이어서 2017년 11월 세계과학관정상회의에서는 지속가능발전목표 지원을 위한, 세계 과학관의 역할에 관한 협정인 '도쿄 의정서'도 체결한 바 있다.

　　같은 맥락에서 2016년에 국제 과학센터 및 과학관의 날이 제

● 지속가능발전목표는 총 17개의 목표로 구성되는데 다음과 같이 크게 사회 발전, 경제성장, 환경 보존의 세 가지 축을 기반으로 한다.
1. 빈곤 퇴치 2. 기아 해소와 지속 가능 농업 발전 3. 보건 증진 4. 양질의 교육과 평생학습 기회 보장 5. 성 평등 달성과 여성 역량 강화 6. 물과 위생 제공과 관리 강화 7. 에너지 보급 8. 경제성장과 일자리 증진 9. 인프라 구축과 산업화 확대 10. 불평등 해소 11. 지속 가능 도시 구축 12. 지속 가능 소비 생산 증진 13. 기후변화 대응 14. 해양과 해양자원의 보존과 이용 15. 육상생태계 등의 보호와 이용 16. 평화로운 사회 증진과 제도 구축 17. 글로벌 파트너십 강화

정되고 각국 과학관의 지속가능발전목표 지원 사례를 모은 사이트가 개설되기도 했다(2024년 현재 안타깝게도 접속이 어려운 상태다). 국립 과천과학관에서 이 사이트에 소개된 각국 과학관의 46개 사례를 조사한 바에 따르면, 13번 목표인 '기후변화 대응에 대한 지원'이 4번 목표인 '양질의 교육과 평생학습 기회 보장에 대한 지원' 다음으로 2순위를 차지할 정도로 많았다. 그리고 청소년이나 학생, 교사 및 특정 전문가 집단을 대상으로 하는 것보다 과학관을 방문하는 관람객이라면 누구나 참여할 수 있는 전시나 워크숍을 통한 지원이 가장 많은 것으로 나타났다.

한편 위와 같은 일련의 과정 이전에도 기관의 비전과 전략을 지속 가능 발전과 관련하여 설정한 과학관도 있었다. 2008년 재건축을 거치며 '과학, 학습, 협업을 통한 자연 재생'을 비전으로 삼은 캘리포니아 과학 아카데미나 '기후위기에 대한 행동 고취'를 전면에 내세운 미국 기후박물관 등이 그 예라고 할 수 있다.

그러나 2020년 감염병 대유행과 함께 기후위기의 심각성이 보다 가시화된 이후에는 더욱 많은 과학관이 과학관 자체, 즉 기관 경영 차원에서 지속 가능성 및 탄소중립을 활발히 논의하고 있다. 가령 글래스고 과학센터는 2021년 제26차 기후변화협약 당사국총회 COP26의 대표 문화 행사 기관 중 하나로 지정되면서 '탄소중립', '지역 연계', '교육 및 사회적 책무성', '공간 조성' 등 4개 분야에서 지속 가능한 과학관 비전을 새롭게 제시한 바 있다. 한편 맨체스터대학교 소속의 맨체스터 박물관은 2022년 '탄소 소양carbon literacy' 개념을 제시하며 영국 북서부 박물관 발전단, 탄소 소양 신탁 등과 협력하여 박물관을 위한 탄소 소양 지원 도구 모음을 개발하고 여러 기관과 직원들에게 보급한 바 있다.

국립과천과학관 역시 2023년에 울산과학기술원 뉴디자인 스튜디오(이승호 교수)의 도움으로, 과학관 직원 및 각계각층의 관람객과 전문가가 모여 여러 번 의견을 교환했다. 그리고 '교육', '생태계 역량 강화', '운영과 행동 변화', '거버넌스'의 전체 4개 영역에서 총 7개의 정책 패키지를 발굴했다. 물론 이 모든 패키지가 단기간에 정착할 수는 없더라도 과학관 내외부의 지속적인 연대와 공감대 형성을 통해 2050년 전까지는 많은 부분이 실현되기를 고대한다.

두 번째 도전: 기반 시설 및 체계 마련

전 세계의 대표적인 과학관을 조금이라도 다녀본 사람이라면, 자연과 환경을 생각하는 곳으로 캘리포니아 과학 아카데미를 떠올리지 않을 수 없을 것이다. 미국 샌프란시스코에 위치한 이 과학관은 1853년에 설립된 유서 깊은 기관이지만, 1989년 대지진에 의해 건물이 큰 피해를 입었다. 2008년에서야 새로운 디자인으로 재건축되었는데, 친환경 건축물 인증 제도인 LEED_{Leadership in Energy and Environmental Design}에서 플래티넘 인증을 받은 유일한 과학관이자 박물관이 되었다.

특히 재생 콘크리트, 태양광 발전 패널, 못 입는 청바지를 이용한 단열재 등을 사용했을 뿐 아니라, 옥상 표면적의 87퍼센트를 들판으로 조성하여 지역 야생동물에 보금자리를 제공했다. 동시에 박물관을 친환경적으로 유지하는 '숨 쉬는 지붕'을 만들어 외관상 아름답기로도 유명하다. 또한 자체 발전을 통한 전력 공급, 재생에너지를 이용한 냉난방 시스템 등을 구축하고, 대체 교통수단(대중교통, 자전거, 도보 등) 출퇴근에 대한 보상 정책이나 동물 복지와 공정 무역을 준수한 식재료, 못난이 농산물 등으로 구성된 식당 식단 등을 운영한다. 2015년 파리기후협정에도 주요 박물관 기관으로는 처음으로 참여하여 2050년까지 온실가스 감축을 수행 중이기도 하다.

이처럼 다른 과학관들도 건축물 자체를 아예 친환경적으로 새로 지을 수 있다면 좋겠으나, 현실적으로 어렵기도 하거니와 탄소중립 측면에서 결코 나은 방법이라고 할 수 없을 것이다. 따라서 각 과학관은 기존 건축물을 좀 더 친환경적으로 운영하고자 태양광 발전 등 자체 발전 시설을 갖추거나 냉난방, 단열, 채광, 환기 시설과 구조 등을 개선하고 에너지 정책을 새롭게 수립하는 등의 노력을 기울인다. 국립과천과학관도 2023년에 에너지 진단을 실시하여 중장기적인 시설 보완, 개선 계획을 세우는 한편, 보다 적극적인 탄소중립형 에너지 정책을 마련하고자 궁리한다.

이와 달리 미국 기후박물관은 2017년 설립 이래 별도의 영구적인 건물을 짓지 않은 채로, 기존 건물을 옮겨 다니며 팝업 형태의 전시와 교육, 행사 등을 개최하는 '건물 없는 박물관'이다. 기관 사이트에 소개된 바에 따르면, 2018년부터 현재까지 8회의 자체 전시회와 5회의 공동 전시회를 개최했으며 패널, 워크숍, 공연 등 350회 이상의 행사를 열었고 15만 명 이상의 방문객을 맞이했다. 건물이 없다 보니 온라인 플랫폼도 활발히 이용한다. 이는 과학관이라면 응당 건물부터 있어야 한다는 선입견을 완전히 뒤집은 발상으로, 기관 관계자들 역시 이 과정을 '개념 증명 단계'라고 부른다(물론 지금은 기관으로서의 역할과 파급력이 충분히 증명되었기 때문에, 고정된 사무실과 소규모 전시실을 갖춘 작은 공간을 마련하고자 노력하고 있다).

한편 시카고의 필즈 자연사박물관은 기관 내 먹거리 부분에 자원 순환 개념을 도입한 것으로 유명하다. 박물관 내부에 채소 정원은 박물관 식당에 공급할 식재료를 재배하는 곳이자 주변 동물의 서식지가 되기도 한다. 정원에 필요한 물은 빗물 저류 장치를 통해 공급하는데, 이런 시설 덕분에 탄소 흡수는 물론 박물관 내 열섬 효과를 감소시키는 효과도 있다. 또 참여형 농작물 재배 프로그램을 운영하며 관람객의 생태 환경 경험을 증진시키는 동시에, 직원 간 소통을 돕는 역할도 수행한다.

덧붙여 식당에서 배출되는 모든 폐기물은 무게를 측정하고, 재활용하거나 퇴비로 만들어 사내 정원에 활용하는데 결과적으로 이렇게 순환하는 비율이 74퍼센트에 달한다. 이러한 시도를 할 수 있었던 건 1989년부터 지속 가능 정책을 만들고 운영하는 '그린팀'이 존재했기 때문이다. 이 팀은 여러 부서에 속한 40여 명의 구성원이 정기 회의를 통해 박물관 전체에 적용할 프로그램을 기획하고 성공 여부를 공유하고 있다.

국립과천과학관 역시 식당에서 '친환경 식단의 날', '잔반 없는 날' 등을 지정하여 친환경 식재료 비율을 높이거나 음식 쓰레기를 줄이고자 노력한다. 카페에서도 순환 컵과 보증금 제도를 도입하고 탄소 저감 커피 원두를 사용한다. 하지만 그 이후의 과정은 지역사회 차원의 처리 과정을 거치는 것으로 마무리되어서, 필즈 자연사박물관같이 과학관 자체의 자원 순환은 아직 이루어지지 않고 있다. 이런 아쉬움 때문에, 과학관에서 발생하는 여러 순환 자원 중 카페에서 발생하는 커피 찌꺼기를 중심으로 시민과 함께 앞으로 어떤 형태의 자원 순환이 가능할지 모색해보는 프로그램을 전문 업체(커피큐브)와 협력하여 운영 중이다.

이쯤에서, 과학관은 친환경과 탄소중립을 고려해서 전시를 설계하거나 구현할 수 없는지 그리고 실제로 그런 노력을 기울이고 있는지도 궁금할 것이다. 이는 관람용 전시물을 보유한 모든 박물관이 고민하는 지점이기도 하다. 2023년 영국의 디자인 박물관에서는 '우리 시대의 전시 설계: 전시의 환경적 영향을 줄이기 위한 지침'을 발표한 바 있다. 이 지침은 전시 설계 과정에서 어떻게 친환경적 원칙을 포함시킬지 또 설계자와 계약자, 공급자는 서로 어떻게 협력할지 등을 포함했다. 따라서 전시 수명 주기 전반(설계→전시품 이동→설치→재활용 자원 선택→전시 운영→폐기→순회 전시)에 걸쳐 단계마다 탄소 배출량을 줄일 방법을 모색할 수 있게 한다.

국립과천과학관에서는 2023년 브랜드 기획전 '탄소C그널'부터 2024년 브랜드 기획전 '보이지 않는 우주'까지 계속해서 지속 가능한 전시를 시도하는 중이다. 특히 친환경 소재인 허니콤 보드 및 재생 펠트 등을 사용한다든지, 벨크로 등을 활용해 언제든지 조립과 분해가 가능한 가벽 구조를 만들어서, 전시 종료 이후에도 재활용하거나 폐기물의 최소화를 꾀하고 있다.

세 번째 도전: 모두의 학습과 실천의 장

탄소중립 과학관은 비전과 전략, 기반 시설과 체계만 마련되면 다 이룬 것일까? 보이는 것에 집중하면 그렇게 말할 수도 있겠다. 하지만 이면의 보이지 않는 것까지 고려한다면, 과학관을 중심으로 시민 모두의 학습과 실천을 위한 시간과 장소를 마련하는 일이 무엇보다 중요하다고 할 수 있다.

앞서 각국 과학관의 지속가능발전목표 지원 사례 분석 결과에서 언급했다시피, 어찌 보면 이 도전은 지난 몇 해 동안 가장 활발히 시도되었다고 할 수 있다. 가령 글래스고 과학센터에서는 시민 참여

과학 프로그램의 일환으로 해양의 미세플라스틱을 관찰하고 수집하여 분류하는 활동(미세플라스틱 사냥 활동), 강이나 그 주변에 쌓인 쓰레기를 관찰하고 등급을 매기는 활동(해양 쓰레기 데이터 시민 조사단)을 수행한 바 있다. 호주 박물관의 경우, 스마트폰 앱으로 개구리의 울음소리를 녹음해서 데이터를 모으는 시민과학 프로젝트를 운영했다. 이에 따라 토착 초록청개구리의 감소 현상을 파악하고 원인이 외래 개구리의 서식지 확장에 따른 것임을 밝혀내기도 했다.

그러나 지금부터는 위와 같은 개별 시민과학 프로젝트 수준을 넘어, 더욱 큰 사회적 영향력과 규모를 고려한 공동체적 학습과 실천 사례에 관해 소개해보고자 한다. 우선 앞서 등장한 글래스고 과학센터는 최근 더욱 다양하고 통합적인 성격의 지역 기반 시민과학 프로젝트를 운영 중이다. 그중 기후변화에 관심 있는 누구나 궁금증을 해결하고 서로 이야기를 나누는 기후카페를 운영하거나, 분야별 전문성을 가진 여성들이 기후변화로부터 파생한 나름의 문제의식을 창작 활동으로 풀어내는 과정을 지원하거나, 여러 재능을 보유한 남성들을 대상으로 지역의 숨은 공간을 정원이자 전시 공간으로 만들어가는 작업을 지원하는 프로젝트 등을 운영한다.

보스턴 과학관의 경우, 2024년 연간 사업 추진 방향을 기후위기 대응을 위한 획기적인 방안 마련과 삶에 대한 긍정적인 자세를 기반으로 하는 '어스샷earthshot'에 두고, 이와 관련된 각종 전시와 프로그램을 1000여 개 가까이 연이어 운영했다. 먼저 기후과학, 환경 보건 및 정의, 생물 다양성, 청정에너지, 토지 이용에 대한 광범위한 전문 지식을 다양한 전시와 프로그램에 녹인다. 그 뒤 체험한 관람객 스스로가 각자의 거주 지역 의회에서 발의된 생활, 이동, 식사, 업무 방식 관련 기후변화 대응책을 탐색하고, 이에 대해 발의안 지지 메시지 전달 등 다양한 행동을 취할 수 있도록 한 것이다.

이와 비슷하게 미국 기후박물관에서도 관람객이 스스로의 목소리를 내도록 만드는 체험형 전시를 통해 기후변화 대응책에 대한 체험학습을 제공한다. 예를 들어 청소년 기후 운동과 마찬가지로, 주로 청소년(중고등학생)이 참여 주체가 되어, 현재 제시되는 다양한 기후위기 대응 또는 실천 방안뿐 아니라 이를 수행하기 어려운 환경에 대한 전시 해설을 진행한다. 그리고 개인의 실천 영역에서 가능한 행동 대안을 탐색하고 관계 기관이나 정부, 대통령에게 변화를 촉구하는 엽서를 보내는 등의 활동을 수행한다.

이와 더불어 정기적으로 온라인 또는 현장 토론회를 열어, 기후위기의 다양한 측면에 대한 패널 강의 후 전 세계 시민이 서로 밀도 높은 의견을 주고받을 수 있게 한다. 가령 기후위기 상황에 대한 과학적 질의응답뿐 아니라, 기후 우울증에 대응하는 방법, 정치적으로 올바른 방향성에 대한 토론 등을 진행하며 기후예술가에서 스탠드업 코미디언까지 다양한 패널과 함께 기후위기에 대해 행동할 방법을 모색하는 시간을 갖는다.

국립과천과학관은 2023년 한 해 동안 탄소중립 정책 패키지 발굴을 위해 총 세 번의 직원-관람객-전문가 간 정책 학습의 기회를 마련했다. 먼저 내부자 시선에서 탄소중립 과학관이 되기 위해 필요한 정책과 과학관의 현실적인 문제를 검토하기 위해 다양한 업무와 직위를 가진 직원 간 워크숍을 열었다. 모두 적극적으로 참여해준 덕에 총 10개 부서 25명의 사무관, 전문관, 주무관, 연구사, 연구원, 팀장 등이 모여 허심탄회하게 이야기를 주고받는 하루를 보냈다.

특히 과학관 내부에서도 '탄소중립'에 관한 이해와 관심이 확장되고 있으나, 이를 시행하는 과정에서 시설이나 운영의 변화를 도입할 경우 발생할 마찰과 새로운 이해관계를 잘 파악해야 한다는 점에 많은 참여자가 동의했다. 일례로, 건물 조명 사용으로 인한 에너지 감축을 의도할 경우, 낮은 조도로 인한 관람 불편 또는 업무 효율 저하나 안전사고 문제 등을 고려해야 한다. 따라서 실무자의 의견을 반영한 에너지 감축 정책이 필요하다.

식당 메뉴에서도 비건이나 채식 위주의 식단을 구성할 때 아직까지 국내 식자재 유통망과 관계 법률, 규정 등에 따르면 재료의 공급부터 쉽지 않으며 무엇보다도 단가 인상의 문제도 충분히 생각해야 한다. 이런 여러 의견을 거칠게 분석하고 결과를 참고하여 과학관을 주로 이용하는 가족 단위 관람객 대상 프로그램을 준비했다. 총 29쌍(총 58명)의 부모, 아동이 참여해 기후위기가 심각하게 도래한 미래의 과학관은 어떤 모습으로 변할 수 있을지, 또 어떻게 준비해야 할지에 대해서 서로 대화를 나누었고 참신한 의견을 두루 제안했다.

이어서 최종적으로 직원, 관람객, 전문가가 모두 함께하는 워크숍을 마련하여 두 번의 분석 결과를 소개했다. 총 48명의 관람객 및 일반 시민(10명), 환경·교육·문화 등 여러 분야의 전문가(21명), 그리고 직원(16명)까지 함께 자리하여 이제까지 모인 의견을 목록별로 나누어 재차 검토했고 각자의 시선에서 다시 의견을 개진하고 덧붙였다. 이런 일련의 과정은 이제까지 국립과천과학관에서 좀처럼 시도하지 않았던 방식이었기 때문에 다소 불안한 면도 있었으나, 결론적으로 과학관이 앞으로도 충분히 모두의 학습과 실천을 위한 장으로서 기능하리라는 기대를 품게 만들었다고 할 수 있겠다.

지금까지 세계 여러 과학관의 탄소중립을 향한 행보와 함께, 국립과천과학관 역시 같은 길에 서서 막 발걸음을 떼고 있는 모습을 소개해보았다. 이 글을 읽는 독자 가운데 아직 국립과천과학관에 와 본 적이 없다면, 그리고 기후위기를 함께 겪는 동시대인으로서 궁금 증이 생겼다면, 한번쯤 방문하여 여러 시도를 목격하고 직접 참여해 보며, 과학관이 지치지 않고 계속 나아갈 수 있도록 지지해주길 부 탁드린다.

전시 패널의 교육적 활용

문희라   과학문화

전시 패널의 교육적 기능

현재 과학관은 의미 있는 경험을 전하는 교육의 장이다. 대중의 이러한 인식과 같이 과학관은 '교육'이라는 목적에 근거해 운영된다. 우리나라의 과학관은 천문 우주부터 자연과 생명을 아우르는 기초과학과 첨단 기술에 이르기까지 다양한 지식을 얻고 체험하며 교육받을 수 있는 학습의 공간이다. 이와 같이 과학관의 목적에 '교육'은 빠지지 않는다. 이를 통해 많은 과학관이 비형식 학습의 장소로서 역할을 함을 알 수 있다.

구성주의 입장에서 박물관 학습은 학습자, 즉 관람자의 능동적 참여가 필수적이다. 박물관 교육 연구자인 조지 하인George Hein은 전시 유형을 교육 이론에 따라 나누는 시도를 했는데, 지식 이론과 학습 이론 두 축을 중심으로 이해하고자 했다. 지식 이론 축은 지식이 학습자의 외부에 독립적으로 존재하는지, 학습자에 의해 구성되는지를 양 끝으로 설정한다. 그리고 학습 이론 축은 한쪽은 수동적 학습, 다른 쪽은 능동적 학습으로 구분되는 가로축으로 했다.

310

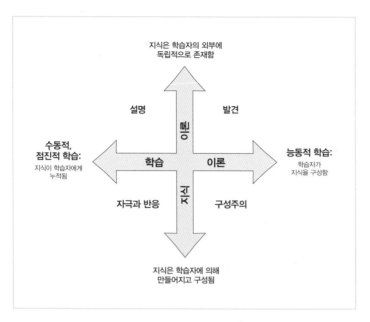

지식은 학습자의 외부에
독립적으로 존재함

설명　　　　　발견

이론

수동적,　　　학습　　　이론　　　능동적 학습:
점진적 학습:　　　　　　　　　　　학습자가
지식이 학습자에게　　　　　　　　지식을 구성함
누적됨

지식

자극과 반응　　　구성주의

지식은 학습자에 의해
만들어지고 구성됨

하인의 박물관 전시와 교육 이론.

　　수동적 학습 이론에 따르면, 지식은 학습자에게 누적된다. 이
와 달리 능동적 학습에서 지식은 학습자가 구성하고 만들어가는 것
이다. 하인을 비롯한 최근 연구들은 전시 교육이 학습자가 지식을
구성하도록 하는 방향으로 이루어져야 한다고 주장한다. 형식 학습
과 과학관 속 비형식 학습의 차이는 의도적 교육 목적이 반영되었는
가 또는 관람객이 스스로 학습 내용을 구성하는가에서 온다.

　　'진열display', '전시회exhibition'와 달리, '전시exhibit'는 관람객을
교육하고자 하는 목적에서 어떤 메시지나 개념을 제시해 진열보다
전문성을 더 내포한 의미다. 베르하르Jan Verhaar와 메터Han Meeter는
전시가 가진 핵심 요소를 '전시물'과 '정보'로 하여 전시의 양상을

311

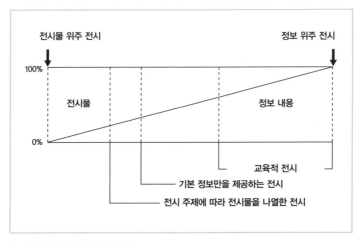

정보 위주 전시

100%

전시물

정보 내용

0%

교육적 전시

기본 정보만을 제공하는 전시

전시 주제에 따라 전시물을 나열한 전시

베르하르와 메터의 전시 구분.

312쪽 그림과 같이 도식화했다.

전시물Object Content 위주의 전시는 오직 전시물만 존재할 때를 의미하며 오른쪽으로 갈수록 정보Information Content가 차지하는 비중이 높아지는데 이는 정보 위주의 전시라고 볼 수 있다. 전시물 위주의 전시는 '주제에 따라 전시물을 나열한 전시'와 '기본 정보만을 제공하는 전시'에 가깝다. 이와 달리 정보 내용이 큰 비중을 차지할 때 '교육적인 전시'라고 볼 수 있다. 관람객의 학습을 증진하는 데 목적을 둔 교육적 전시에서는 교육의 목표와 정보 전달을 성취하기 위해 다양한 전략과 자료가 쓰인다. 전시는 전시물의 가치를 효과적으로 관람객에게 전달할 수 있는 전달 매체를 사용해야 한다.

전시 매체를 구현하는 방법에 따라 실증적 매체, 설명적 매체, 영상 매체, 상황적 매체 등으로 구분할 수 있고, 그중 설명적 전시 매체가 문자, 그림, 그래프, 사진, 연표 등을 활용해 해설하는 설명 패널이다. 전시 패널은 전시 라벨 또는 설명판이라고도 하는데, 텍스트와 그래픽이 주어짐으로써 전시의 교육적 기능을 한다.

교육적 활용 측면에서 본 해석적 패널

세렐Beverly Serrell은 관람객 행동과 전시 교육에 관한 국외 선행 연구들을 바탕으로 패널을 크게 비해석적 패널과 해석적 패널로 나누었다. 전시 패널은 텍스트와 그래픽을 하나의 정보로 구성하여 관람객에게 전달함으로써 교육적 기능을 한다. 따라서 대부분의 관람객은 전시물을 감상하고 체험하는 데 패널에 크게 의존한다. 특히, 패널은 전시물만으로는 성취할 수 없는 과학 탐구 활동을 이행할 수 있도록 하는 데 필수 요소다.

'해석interpretation'은 '설명하다' 또는 '번역하다'를 뜻하는 라틴어 'interpretari'에서 기원한 말로, 박물관 연구에서 해석은 어떤 것의 의미를 설명하는 행위를 뜻한다. 학자들은 1950년대부터 이미 해석을 교육적 행위로 정의했다. 특히 관람자에 대한 배려라는 측면에서 박물관에서 제공하는 해석 자료는 갈수록 주목받고 있다. 따라서 이제는 박물관 해석의 중요성이나 해석 자료 제공의 여부에 대한 논의보다는 '어떠한 해석을 제공할 것인가'에 대한 문제로 초점을 옮겨야 할 시점이라고 할 수 있다.

관람객에게 교육적 메시지를 용이하게 전달하는 효과적인 패널 제작에 관한 연구들은 오래전부터 활발하게 이루어졌다. 많은 연구가 패널 제작에 영향을 주는 변수들을 조사했고, 이에 기반하여 비트굿Stephen Bitgood은 효과적인 해석 패널을 디자인하기 위해 관람객의 심리 분석을 제안하게 된다. 전시에 집중하도록 하려면, 관람객이 전시에 참여하기 위해 전반에 걸쳐 사용하는 정신적 자원을 최소한으로 쓸 수 있도록 해야 한다. 형식 측면에서, 기획자는 패널의 문장 길이와 수를 조절하여 구문의 복잡성을 최소화하는 것이 좋다.

| 정보 사용자 기억 체계의 특징 |

	감각 기억	작업 기억	장기 기억
의미	감각기관을 통해 지각된다.	감각 기억의 주의 집중을 통해 생긴다.	작업 기억에서 선택적 과정을 통해 생긴다.
지속 시간	0.5~2초	15~30초	영구적
용량	많은 양	5~9개	많은 양
예시	자연 풍경, 음식점, 전시물	처음 접한 전시 내용, 낯선 곳에서의 강연, 처음 알게 된 전화번호	자전거 타는 법, 처음 받은 생일 선물

　학습은 감각 기억, 단기 기억, 장기 기억의 세 단계 과정을 거쳐서 이루어진다. 처음 외부로부터 들어온 자극을 감각 기억에서 수용하고 이에 주의를 잘 기울이면 자극은 단기 기억에 저장된다. 감각 기억은 매우 일시적이며, 단기 기억은 정보를 해석하기 위해 일시적으로 보존하는 것이다. 이때 단기 기억에 저장할 수 있는 정보의 양은 제한적이고, 더 오래 기억하기 위해 장기 기억에 저장하게 된다. 이 중 전시 관람과 밀접한 관련이 있는 건 단기 기억이다.

　단기 기억은 작업 기억의 개념으로 대체할 수 있는데, 카원 **Nelson Cowan**은 실제 작업 기억의 용량은 4개라고 주장했다. 이에 따르면 지나치게 많은 양의 핵심 개념 수는 관람객이 패널로 학습하기 어려울 수 있다. 또한 패널 내용의 길이가 짧을수록 효과적인데, 시야

각 안에 52개 이상의 단어가 나오는 패널은 학습에 어려움을 준다. 비슷한 맥락에서 서체의 수, 글자 꾸밈의 수, 글자 크기 수는 3개 이하가 인지하기 적당하고 패널 내 그래픽과 글, 여백의 면적이 2:1:1에 가까울수록 관람객이 머무는 시간이 늘어난다.

내용 측면에서 스토리텔링은 해설 매체가 전시물이나 주제에 대한 정보를 효과적으로 전달하는 해석적 기능을 하는 방법이다. 스토리텔링의 요소에는 관람객에게 대입되는 인물이나 역할(페르소나), 동질감을 유발하도록 가공된 감정 경험(감정 이입), 친숙한 속담이나 은어(비유), 갈등을 해결하는 과정(플롯), 관람객 맥락에서 재가공하는 학습 활동(경험), 시간을 연결하여 맥락을 도입하는 내용 전달 전략(시간성)이 있으며, 이러한 요소를 활용하면 스토리텔링이 있는 패널이 된다. 이외에도 주목할 만한 패널의 특징에는 시점이 있는데 일인칭 시점인지, 전지적 시점인지 확인해볼 수 있다.

한편, 미국과학진흥협회는 '프로젝트 2061Project 2061'을 통해 "과학은 일정한 법칙을 가진 자연 세계를 예측하는 것이며 과학 개념은 증거에 기초해 만들어졌고 새로운 증거에 의해 언제든지 변할 수 있다"고 하며 과학을 이해하는 데 탐구가 중요함을 말했다. 이에 따라 결과론적 과학 개념만을 담은 패널, 즉 결과적 지식보다는 과학자의 사고실험, 질문, 개념이 도출되는 과정 등과 같이 탐구 내용을 담은 패널(과정적 지식)을 제작할 필요가 있다.

구성주의 학습 이론에 따르면 새로운 생각과 지식을 형성하기 위해서는 이미 아는 것과 학습하려는 것을 결합할 수 있어야 한다. 전시에서 학습을 위해서는 생소한 지식을 친숙함과 연결시켜야 한다는 것이다. 이러한 맥락에서 전혀 접한 기억이 없는 새로운 정보를 습득하기 위해서 일상의 상황을 비유적으로 끌어오는 장치는 패널을 작성하는 방법으로 효과적이다.

　　마지막으로 패널의 정보 수준은 거의 모든 사람(초등학생에서 중학생까지)이 읽고 이해할 수 있어야 한다는 것이 여러 연구에서 유사하게 제안되었다. 하지만 과학관과 전시관의 성격에 따라 제시할 내용이 한정적이거나 전시 기획 시 특정 대상 관람객을 설정하는 경우가 있기 때문에 미래의 전시에는 각각에 맞는 이상적 수준을 설정하는 것이 필요하다.

천문학 패널의 특성

　　지구과학은 우주와 지구의 자연현상을 통합적으로 다루며, 우리의 일상에서 당연하게 여겨지는 것과 쉽게 찾아볼 수 있는 것을 탐구 대상으로 한다. 과학관의 지구과학 교육은 다양한 측면에서 교육적으로 긍정적 효과를 이끈다. 지구과학에서 탐구 대상이 되는 깃들은 거대한 시공간적 규모와 접근 불가능성 등의 특성을 지니며, 이로 인해 실험적으로 다루기 어려운 경우가 대부분이다. 그중에서도 천문학 분야는 지구 외적인 내용을 다루는 학문으로, 추상적 개념이 많이 포함된다. 패널에 반영할 천문학 특성 항목에는 '시공간 인포그래픽', '천문 은유', '매체 융합'이 있다.

　　첫 번째로 시공간 인포그래픽은 그래픽 패널 중에서 천문학 개념을 포함하고 있으면서 공간 개념을 형성하는 데 도움을 주는 경우다. 패널의 그래픽은 관람객에게 흥미로운 과학 정보나 전문 지식을 전달하는 시각 커뮤니케이션 매체다. 그러나 천문 영역에서는 지구의 자전과 공전, 달의 위치와 위상 변화, 별의 운동, 별의 밝기와 거리, 행성의 크기 등에서 천문학적 공간 개념이 없으면 그 내용을 이해하기 힘들다. 여기서 천문학적 공간 개념이란 천체의 위치와 운동, 시간에 따른 변화와 같은 천문학 내용을 배경으로 한 공간 위치, 공간 추리, 공간 변화 등과 관련이 있다. 따라서 효과적 교육을 위한 전략을 수립하려면 천문학 공간 개념의 이해가 필요하다. 공간 추리, 공간 변화, 공간 위치 등의 정보를 가진 그래픽을 시공간 인포그래픽이라 지칭하고 그러한 특성을 천문 패널이 포함했는지 주목할 만하다.

두 번째 항목은 천문 은유다. 어떠한 개념을 학습자가 쉽게 이해하도록 일상 언어를 사용하는 것은 매우 효과적이라고 할 수 있다. 사람의 일상적 사고의 많은 부분은 은유적이며, 학습 개념은 사람이 경험적으로 지각한 바를 구조화한 것이다. 따라서 과학 개념을 정립할 때도 질서를 세우기 위한 수단으로 은유가 자주 쓰인다. 기존 이론으로부터 새 이론을 구성하는 방법 가운데 하나가 은유적 사용이며, 새로운 개념은 기존 언어를 통해서 기술될 때가 많기 때문이다.

| 은유가 사용된 태양계 패널의 예시 |

구분	패널 내용
A	태양계의 가족을 소개합니다. 지금으로부터 약 50억 년 전에 태양이 생기고, 차례대로 8개의 행성을 비롯한 여러 천체가 만들어지면서 우리가 사는 지구를 포함한 태양계가 만들어졌습니다. (⋯) 모든 생명을 낳게 한 '태양' (⋯) 우리가 사는 초록 행성 '지구' (⋯) 태양계의 맏형 '목성' (⋯) 떠도는 방랑자 '혜성' (⋯)

B	행성마다 하루가 달라요. #태양계 #하루 #자전 지구의 하루는 24시간 금성의 하루는 지구의 몇 시간일까요? (…) 태양계 행성들은 지구보다 얼마나 클까요?
C	태양의 비밀 50억 살의 별, 태양 태양은 수소와 헬륨 기체로 이루어진 거대한 공입니다. 태양은 핵융합 에너지를 통해 태양계 전체에 열과 빛을 제공합니다. 현재 50억 살의 태양은 앞으로 50억 살을 더 살고 나면 거대한 붉은 별로 커졌다가 빛을 잃고 조그마한 검은 별이 되고 말 것입니다. (…)
D	태양계의 행성들 (…) 가면을 쓴 새벽의 여신, 금성 (…) 태양의 큰아들, 목성 (…) 얼음처럼 차가운 빙하의 여왕, 해왕성 (…)

A는 태양과 행성을 태양계 '가족'이라고 은유적으로 표현했다. '생명을 낳았다'로 태양을, '방랑자'로 혜성을, '태양계의 맏형'으로 목성을 의인화했고, 지구를 '초록색'으로 표현하기도 했다. B는 태양계 천체들의 자전과 그 주기를 해당 천체의 '하루'로 은유했는데, '하루'는 실제 일상 속 24시간이 아닌 각 천체가 한 바퀴 자전하는 데 걸리는 시간을 빗댄 것이다. 천체의 자전주기가 다르다는 것을 이해하기 쉽게 '하루'가 몇 시간인지 생활 속 개념과 연결했다.

C에서는 태양의 나이가 '50억 살'이라고 하며 태양이 생성된 지 50억 년이 지난 것을 사람이 나이를 먹은 것처럼 표현했다. D는 내행성이라서 새벽에 관측되는 금성을 '새벽의 여신'으로, 크기가 가장 큰 목성을 '큰아들'로, 온도가 낮은 해왕성을 '빙하의 여왕'으로 은유했다. 이와 같은 표현들은 천문학에서 특징적으로 나타나는

데, 어려운 개념을 쉽게 설명하거나 쉬운 개념도 흥미롭게 접근할
수 있도록 도와 관람객의 읽는 동기를 높인다.

| 별의 진화 패널 내용 |

구분	패널 내용
A	까만 밤하늘을 아름답게 수놓다 밤하늘을 장식한 수많은 별은 태양처럼 스스로 빛을 내는 고온의 천체다. (…) 별도 생명체와 같이 우주 공간에서 살다가 죽음을 맞이한다. 별의 태동 (…) 별의 탄생 (…) 별의 성장 (…) 별들의 일생 중 90퍼센트 정도가 이 기간에 해당한다. (…) 별의 죽음 (…)
B	별의 요람에서 무덤까지 별의 탄생지이자 무덤, 성운 (…) 별의 최후, 초신성 (…) 죽은 별의 신호, 펄서 (…) 깜깜한 구멍, 블랙홀 (…)

별과 은하 주제의 패널은 천문 은유를 가진 경우가 많다. 지시
물의 유형 중 경험적 영역인 사람을 별, 은하 같은 천체와 연결하기
때문이다. A와 B는 별을 사람으로 나타냄으로써 별의 진화 과정을
'삶', '죽음', '태동', '성장', '일생', '요람', '무덤' 등으로 표현한다.

우주라는 바다에 별들이 모여 강을 이루다.
우리가 밤하늘에 볼 수 있는 별들은 모두 태양 같은 항성이다.
(…)

위의 은하 패널에는 두 가지 은유가 있는데, 하나는 우주를 '바
다'로 간주한 것이다. 이는 지구의 육상보다는 바다가 광활한 것에

319

서 그 이유를 유추할 수 있다. 다음으로 별이 모인 것을 '강'을 이루었다고 설명하는데, 지구의 환경에서 익숙하게 접하는 요소에 대응시킨 것으로 해석할 수 있다. 이와 같이 별과 은하 주제에서는 다양한 종류의 천문 은유가 사용된다.

천문학 특성의 마지막 세 번째 요소는 매체 융합이다. '전시'란 단순히 전시 자료를 진열만 하는 것이 아니라 전시물을 의미 있게 구성하는 등 교육적 목적을 가진다. 전시는 특별한 매체를 사용해 내용을 표현하고 정보를 관람객에게 전달한다. 다양한 매체를 활용해 관람객의 이해를 도울 수 있는 과학관에서 오직 패널만을 사용한다면 최근 동향이나 효과의 측면에서 효율적이지 않으며 유인력과 점유력, 교육적 효과도 떨어진다. 이를 고려해 타 매체를 패널과 융합하여 이해를 돕는 경우가 있다. 국내에서는 천문 패널을 모형이나 영상과 함께 활용해 시공간 개념을 효과적으로 도입한 사례를 볼 수 있다.

| 상대성이론 패널 |

구분	패널 내용
A	블랙홀은 어떤 모양일까? 렌즈에 눈높이를 맞추어 렌즈 주변에 나타나는 링을 찾아보세요. 중력렌즈를 통해 보는 LED 불빛이 어떻게 보이는지 살펴보세요. (…)
B	우주에서는 빛도 휘어진다?! 일반상대성이론 1. $E=MC^2$ 에너지는 질량에 빛의 속도의 제곱값을 곱한 것과 같다. (…) 일반상대성이론 2. 질량(중력)이 크면 공간이 구부러진다. 일반상대성이론 3. 질량(중력)이 아주 크게 되면 공간에 구멍이 생겨 빛조차 빨려 들어간다.

상대성이론의 주제 특성상 휘어진 공간 개념은 학습자가 처음 접했을 때 상상하기 어렵다. A는 중력렌즈 효과를 내는 렌즈를 모형으로 제작해 실제 전시가 불가능한 블랙홀에 대한 관람객의 이해를 돕고 있다. B도 모형 전시를 융합했는데, 공을 올린 부분이 움푹하게 들어간 망을 전시해 시공간의 휘어짐을 시각적으로 파악할 수 있게 했다. 이와 같이 상대성이론을 주제로 하는 천문 패널은 다양한 매체를 융합하는 경향이 나타났는데, 최근에는 전시 패널이 설명하는 공간 자체를 매체로 활용하는 시도도 보인다.

2025년 이후 미래에는, 계속해서 과학관 전시 기획과 교육 기획의 질을 향상시키고 체계화할 필요가 있다. 과학관은 관람객을 대상으로 교육적 활용 측면에서 효과적인 패널을 기획해야 하고, 이를 위한 패널 제작 지침이 필요하다. 따라서 과학관 및 박물관의 전시 패널이 효과적인 역할을 하기 위해 어떠한 방향으로 쓰여야 할지, 실질적으로 어떤 요소가 학습에 어떠한 영향을 주는지 관람객 행동 연구를 함께 진행하여 보완되어야 할 것이다.

과학문화 형성과 기초과학

김유진   과학문화

책 속의 과학

언젠가부터 서점의 자연과학 코너에 비치된 책의 소재가 다양해졌다. 표지뿐 아니라 띠지의 수식어까지 더 화려해졌다. 소위 말하는 '스타 저자'가 과학계에도 여럿 탄생했고 고전이 아닌 신간들도 잘 팔리게 되었다. 고전과 새로운 책이 적절히 섞여, 3대 인터넷 서점의 가장 잘 팔린 책 100위 안에 3~5권의 과학책이 올라 있다. 우연히도 자연사 전시물에서 인기가 많은 생물과 우주를 다루는 책이 대부분이다. 거기서 옆길로 살짝 샌 인문과학과 자연과학 사이라 볼 수 있는 책들도 있다.

과학책 안으로 들어가면 어려움의 단계별로, 분야별로 다양하게 분포되어 있다. 주제가 자잘하게 나누어져 조금 더 차분히 책을 음미하며 고르게 되었다. 인기 있는 과학책은 보통 문장이 읽기 쉽거나 유려하다는 특징이 있다. 그리고 내용은 두 유형으로 나뉘는데, 첫째는 비전공자 관점에서 새롭고 입문용인 쉬운 책이 있다. 둘째는 보통 두껍고 내용이 난도가 있는 책으로 소장 욕구를 불러일으

322

키는 쪽이다.

　이 두 번째 유형은 첫 번째보다 재독률이 높고, 의견이 극과 극으로 갈리기도 한다. 재미없다고 질색하는 독자들이 있고 몇 번을 다시 읽어도 좋다는 사람들이 있다. 어렵기 때문에 여러 차례 읽는 이가 많은 것도 재독률이 높은 데 한몫할 것이다. 호평에서 가장 도드라진 의견은, 철학과 지식을 다루는 많은 책이 그렇듯 무엇인가 새로운 걸 인식하게 해주었다는 것이다.

　그중 최근에 가장 눈에 띄는 성공을 거둔 것이 《물고기는 존재하지 않는다》라고 생각한다. 물고기는 존재하지 않는다. 원제는 '왜 물고기는 존재하지 않는가: 상실, 사랑, 그리고 숨겨진 삶의 질서에 대한 이야기Why Fish Don't Exist: A Story of Loss, Love, and the Hidden Order of Life'다. 물고기는 왜 존재하지 않는가?

　이 책은 출간 이래 빠른 성공을 거듭하며(113주 연속 베스트셀러) 무난하게 2024년 상반기에도 높은 판매량을 기록했다. 2년 전부터 서점에 방문하면 베스트셀러 코너의 과학 부문 서가에 늘 올라와 있었고, 검색 사이트마다 10여 페이지가 넘어가는 블로그, 서평과 리뷰 영상이 넘쳐난다. 인터넷 서점에도 400개가 넘는, 어떤 곳은 1000개가 넘는 리뷰가 등록되어 있다.

　꽤 많은 서평에서 물고기라는 대상에 대해 다시 생각해보게 되었다고 말했다. 물고기가 무엇일까? 물고기가 존재하지 않는다고 한다면, 자연사박물관 1층에서 먹이를 보고 솟아오르던 잉어들은 대체 무엇이란 말인가? 반짝이는 비늘이 있고 아가미가 있으며 물속에 사는, 다리가 아닌 지느러미로 움직이는 동물. 아주 오래된 척추동물이다. 크기도 색도 다양하며 가끔 독도 있고 일단 맛있는 동물. 오랫동안 '물고기'라고 생각해온, 그래서 학자들이 '어류'로 분류한 생물군….

물고기가 인간에게 의미가 있는 존재일까? 관상어와 생선 요리가 아닌 다른 의미를 물고기에 주는 것은 흔한 일이 아니다. 가끔 상어가 인간을 물어 주목받기는 한다. 가끔은 다큐멘터리 영화에 특이한 생태의 몇몇 종이, 상상 이상으로 기괴하게 생겼거나 예쁜 색 비늘을 가진 종들이 주목받기도 하고, 가끔은 외래 어종이 고유종 생태계를 해친다고 경각심을 일으키려는 뉴스가 나온다. 하지만 물고기를 그 자체로 사랑하고 몰두하는 사람이 얼마나 많을까?

생각보다 많은 사람이 물고기를 사랑한다. 자연사박물관 어류 전시 공간에는 살아 있거나 죽은 어류 표본을 눈을 크게 뜨며 바라보는 관객들이 찾아온다. 국립과천과학관 자연사관의 상어와 열대어도 인기가 많다. 인기 순위로는 공룡 화석에 밀리지만 많은 관객이 수조 앞에서 카메라를 꺼내고 시간을 보낸다. 그런데 상어는 연골어강이고 나비고기는 경골어강이며, 상어의 신체 구조가 고생대부터 크게 변하지 않았다는 것을 '살아 있는 상어' 앞에서 '알아보고' 흥미로워하는 사람은 얼마나 있을까?

기초과학에서 시작하는 예상치 못한 즐거움

이 질문을 1000여 가지의 세분된 과학, 그리고 거기서 파생되는 응용과학, 공학, 기술의 뿌리를 이루는 학문인 기초과학의 연구 대상으로 확장해보자. 사람들이 왜 양자역학에 관심 갖는가? 시간과 엔트로피는? 공룡, 얼음 속에서 찾아낸 매머드 화석, 맹수, 나비와 딱정벌레들은? 별, 블랙홀, 여러 가지 모양의 은하들은? 동물의 야생 환경에 맞춰 공간을 구성하고 행동 풍부화를 고민하는 동물원

324

을 사람들이 왜 칭찬할까? 오로라 여행이나 일식 여행, 수많은 종의 새를 찾아 북아메리카 대륙의 반과 섬들을 떠도는 '빅 이어', 과학관 방문, 천문대 등반, 자연사박물관 순례를 계획하며 두근거리는 사람들은 얼마나 많은가? 거기서 꿈을 시작하는 아이들은 또 얼마나 많은가?

자연사박물관 제일의 인기를 자랑하는 전시물은 이견 없이 공룡 화석이다. 그다음은 다른 생물들과 우주다. 신생대 이후를 다루는 자연사 전시실에서 사람들의 시선을 사로잡는 생물은 살아 있는 곤충이나 양서류, 소형 파충류다. 밥을 먹거나 움직이거나 아니면 서로에게 반응하는 것(싸우거나, 서로 포개져 있거나, 이상해 보이는 자세를 취하거나)이 어린 관객의 눈을 매혹한다. 다른 분야를 다루는 전시실에서는 어린이들이 체험 전시물 앞에 줄을 서서 기다린다. 7세 이하의 어린 관객을 대상으로 하는 전시물은 전체 다 체험으로 구성되어 있다. 가족 관객으로 늘 붐비는 곳이다.

자연사박물관은 가장 긴 시간을 보여줄 수 있는 전시물을 전시하고, 큰 박물관들은 유명한 관광지다. 고풍스러운 유리장 안의 표본 전시부터 반응형 미디어아트와 같은 첨단 기술까지 경험할 수 있는 곳이 오늘날의 자연사박물관이다. 규모가 클수록 예산이 많고 인력을 더 투입해 풍성한 콘텐츠를 만들어낸다. 다양하고 깊이 있는 전시를 만드는 토대가 관련 기초과학의 연구이고 그 분야의 연구자가 많을수록 전시에서 '예상치 못한 즐거움'을 마주칠 확률이 올라간다.

그럼 기초과학이란 무엇일까? 나와 같은 비이공계 성인에게는 고등학교 졸업 이후 흔히 말하는 '물화생지'가 희미한 기억으로 남아 있다. 새로운 연구 과제가 생기면 과학은 세분화된다. 그렇다 보니 필연적으로 연구 현장과 대중 사이에 인식의 괴리가 생겨난다. 여기에 개인의 흥미가 특정한 분야에 국한된다면 인식의 범위는 더 좁아진다. 어디까지가 기초과학, 순수한 학문 그 자체이고 어디부터가 생산성을 위한 응용과학과 공학일까? 어떤 기준으로 둘을 나누어야 할까?

기초과학과 응용과학의 분리는 사실상 과학자들 사이에서 무의미하다고 한다. 즉, 기준이 어떠하다고 단언할 만큼 또렷하지 않다. 경계가 불분명하고 연구의 결론이 어떻게 나올지 모르기 때문이다. 하지만 기초과학에서 응용과학으로 넘어가는 경계가 불분명하고, 어느 방향으로 갈지 모르기 때문에 더더욱 중요하다고 할 수 있다. 기초과학 연구의 성과나 결론이 산업 현장에 곧바로 적용되는 경우가 있고, 어떤 것이 그러한 결과를 도출할지는 연구가 어느 정도 진행될 때까지 아무도 모른다.

연구자들은 생각보다 다양한 분야를 섭렵하며, 독해를 중심으로 하는 영어 실력과 논문 집필, 기금 마련을 위한 글솜씨, 논리력, 전공 지식에 더해 디지털 데이터를 만들고 해독하는 코딩 능력에, 정부의 지원을 받는 연구소에서 근무한다면 서류 처리용 행정 능력까지 갖춰야 한다. 연구에 집중하다 보면 언젠가 만나는 것이 더 이상 넘을 수 없는 벽인데 그 부분을 넘기 위한 협업 능력도 갖추어야 한다. 어느 날 우연히 읽은 책에서 영감을 받는 것처럼 학자들 사이의 깊이 있는 교류에서 돌파구가 나오는 경우가 많기 때문이다. 《네이처》나 《사이언스》 같은 정점의 학술지에 등재되는 논문을 살펴보면 복수 저자가 매우 많은 이유다.

연구자가 넘어야 하는 허들

기업 연구소로 들어가 자기 연구를 포기하고 산업형 연구로 돌아서지 않는 한, 연구자가 계속하고 싶은 것보다는 국가의 요구 상황에 맞추어 방향을 틀 수밖에 없다고 한다. 덧붙이자면 오랫동안 많은 힘과 돈을 투자해야 하는 것이 기초과학이다. 국가 과학 연구 사업은 연구 성과의 생산성에 맞추어져 있으며 예산 심사는 까다롭고 지원 기간도 길지 않다. 거칠게 말하자면 10년 이상을 들여야 하는 연구를 하고 싶어도 예산은 3년치만 받는 일이 생긴다고 할 수 있다.

연구 역량은 올라가야 하고 까다로운 지원 기준을 통과해야 하며 필요 분야(과학자 본인이 연구하고 싶은 분야와 겹친다면 더할 나위 없겠으나 그런 경우는 흔치 않을 것이다)를 저격하는 날카로움이 있어야 한다. 마치 100명 자리도 안 되는 국립미술관의 아티스트 레지던시 프로그램의 작업실에 입주를 지원하는 것과 같지만, 지원되는 돈의 규모가 달라지기에 더 까다롭고 힘든 준비를 거쳐야 할 것이라고 짐작한다. 레지던시 프로그램보다 지원받는 인원은 많지만 개인이 감당해야 하는 부담감의 종류 또한 더 많을 것이다.

다른 예를 하나 더 들어보자. 옆에서 지켜보고 당사자와 이야기해본 자연사 또는 과학 학예연구사의 일상이다. 국적을 막론하고 일반적인 전시 기관의 학예연구사가 되면 전시 업무를 맡아 일하게 된다. 공립 전시 기관이면 10~20퍼센트의 업무는 본인의 전공이 약간 연계된 연구를 할 수 있는 경우가 있다고 한다. (전시를 기준으로 잡고 가는 연구가 아닐 수 있다. 오히려 연구 결과를 전시에 녹이려는 방향일 것이다.) 그리고 나머지는 행정 업무다.

이것이 효율적인 업무 배분인지 의심을 품게 되는 것이, 기획

전 담당이 되면 그 전시에만 몰두하는 게 아니라 평소 하던 업무에 전시 만들기가 더해지기 때문이다. 기관에 따라 다르겠지만 자잘한 소형 전시를 더 준비해야 한다면? 비슷한 업무가 작은 규모로 몰려오겠지만 소형 전시의 경우 각 학예사의 전공이 반영될 확률이 올라간다. 그러니 업무가 과중하더라도 상대적으로 할 만할 수도 있다.

기획 전시를 만들기 위해 필요한 행정 업무 또한 모든 학예사에게 국적을 가리지 않고 찾아온다. 표본을 새로 구매해야 할 때는 예산에 대한 서류를 만들어야 하고 다른 기관에서 표본을 빌리려면 공문서를 작성해 주고받아야 한다. 전시가 적절하게 준비되고 있는지, 예산안에서 모든 전시물 제작 및 구매가 이루어지는지, 주제에 맞는 전시물인지 감사와 자문을 거치기도 한다.

전시 구상 및 자문 과정에서 최신 연구 결과를 반영하고 그에 맞추어 내용의 범위를 조절한다. 시의적절한 주제인지, 관객을 얼마나 오게 할 수 있을지에 대한 고민도 절차마다 하고, 회의 후 보고서 작성이라는 행정 업무가 필수로 들어간다. 절차 하나하나가 예산 집행이 들어가는 경우가 매우 많기 때문이다. 이런 점은 한국에서 과학자로 산다고 할 때 달라지지 않을 것으로 보인다. 굳이 따지자면 연구자가 더 제약이 없을 수 있다. 그럼 왜 생산성이 당장 보장되지 않는 연구가 중요한가. 당연한 말이지만 기반 지식 없는 응용과학은 있을 수 없기 때문이다.

기초과학을 뺀 응용과학은 없다

자연사를 예로 들어보자. 우주의 탄생부터 신생대 홀로세까지 다루는 것이 자연사다. 여기 엮인 학문은 천문학, 화학, 기후과학,

지질학, 고생물학, 미생물학, 진화생물학, 행동생태학, 계통분류에서 출발한 분자생물학 등이 있다. 살아 있거나 죽어 있거나 아니면 살아 있던 적이 없던 것이 유기적인 관계를 맺어온 시간을 보여주기 위해 자연사박물관의 전시가 구성된다. 취향에 맞는다면 전시관 안이 더없이 황홀하겠지만 이러한 전시가, 이 분야의 연구가 과연 근시일 내의 산업에 얼마나 도움이 될까?

당장의 쓸모만 생각하면 과연 그게 무슨 소용이냐고 생각할 수 있지만, 매우 놀랍게도 많은 도움이 된다. 야생 생물의 멸종이 가속 중이고 기후변화 때문에 지구 환경은 인류 생존에 불리한 방향으로 빠르게 변하고 있다. 다른 생물이 어떻게 변화하고 진화하거나 아니면 야생 절종 상태로 전환되었다가 마지막으로 멸종하는지를 알아보려면 20~30년부터 1000만 년 단위의 데이터를 분석해야 할 때가 있다. 특정 환경이나 기후에 대한 빠른 데이터가 필요하면 그 조건에서 부화 또는 우화하는 곤충 종 연구가 중요한 자료가 될 수 있다. 이런 연구는 보통 기초과학에서 시작해 범위를 확장한다.

다시 전시관으로 돌아가 사람들이 왜 공룡을 좋아하는지를 생각해보자. 공룡은 잉어가 될 수도 있고 황새가 될 수도 있고 농게가 될 수도 있으며 운석이나 부전나비, 상괭이 아니면 호랑꽃무지가 될 수 있다. 연구자가 아니더라도 이들에 매혹되는 사람이 많다. 흥미에서 시작해서 책을 조금 찾아 읽고, 어쩌다 보니 강연을 듣고, 유튜브에서 특정 채널이나 정보를 찾는다. 가벼운 흥미에 머물기도 하고 깊이 파고들기도 한다. 주변을 살펴보면 과학은 지적 유희를 즐기는 사람들 사이에서 자주 화제에 올랐다.

비전공자가 과학 분야의 지적 유희를 시도하거나 즐기는 것은 모험과 같다. 그것도 아주 호되게 거친 환경에서 펼쳐지는 모험. 그래도 좋은 길잡이가 많으니 너무 겁먹지 않아도 좋다. 물론 그 길잡이들 사이에서도 길을 잃을 수는 있지만 길이 없어도 상관없지 않을까? 낯선 환경에서 익숙한 새를 찾듯, 자기 길을 만들며 천천히 주변의 모든 것을 음미하고 관찰하자. 그렇게 나아가다 보면 정보가 연결되고 사이의 구조를 이해하게 되는 과학적 사고에 익숙해지는 순간도 올 것이다. 나는 그때까지 사유의 시간을 즐겨볼 계획이다.

2024 노벨상 특강

부록

유전자 발현 조절 미세 분자, 마이크로RNA_노벨생리의학상
인공지능이 밝혀낸 단백질의 비밀_노벨화학상
인공신경망을 이용한 머신러닝과 인공지능_노벨물리학상

future science trends

유전자 발현 조절 미세 분자,
마이크로RNA

김선자   2024 노벨생리의학상

2024년 노벨생리의학상 주인공은 '마이크로RNA_{miRNA, micro}

RNA'다. 세포가 만드는 단백질의 종류를 조절하는 즉, 유전자 발현을 조절하는 분자인 마이크로RNA를 발견한 공로였다. "세포가 어떻게 작동하는지, 개체가 어떻게 발달하는지 이해하는 것은 근본적으로 중요하다"라며 유전자 조절에 대한 새로운 메커니즘을 밝혀낸 획기적인 발견이라고 노벨위원회는 극찬했다.

2023년 코로나19 '게임체인저'로 인정받은 메신저RNA_{mRNA} 백신이 노벨상을 수상한 데 이어 2024년도 RNA다. RNA 연구의 중요성은 이미 오래전부터 인식되어왔다. 2006년에는 노벨생리의학상과 노벨화학상을 동시에 RNA 연구자들이 수상하는 기록을 세우기도 했다. RNA가 단순히 DNA와 단백질 사이의 중간 매개체가 아니라, 유전자 발현에 핵심 역할을 한다는 사실을 인정받은 것이다. 코로나19로 시작된 RNA에 대한 관심 덕분에 사실 최근 몇 년간 노벨상 수상의 단골 주제였다. RNA 전성시대는 언제까지 이어질까?

333

생명 탄생과 유전에 관여하는 RNA

생명과학의 중요 두 줄기로 '생물의 진화'와 '생명 중심의 원리 central dogma'*를 든다. 이 두 줄기로 생명 탄생과 유전 현상의 시작을 말할 수 있다. 생명체가 어떻게 탄생하게 되었고 진화해 지금에 이르렀는지, 그리고 진화 과정에서 어떻게 자신의 유전정보를 다음 세대에 전달했는지를 상세하게 설명하지는 못해도 가장 먼저 DNA의 존재를 떠올릴 것이다. 조금 더 관심이 있다면 RNA도 중요하다고 외칠 누군가도 많아졌다.

생명체는 DNA의 유전정보에 따라 단백질로 발현되는 생명 중심의 원리로 생명 활동이 이루어진다. 이렇듯 생명체는 DNA, RNA, 단백질의 고분자화합물에 지배를 받는 것이고, 이 세 물질의 반응에 따라 생명 활동이 좌우되며 하나라도 존재하지 않으면 생명현상은 일어나지 않는다. 이런 생명 활동은 세포 안에서 단백질을 제조함으로써 이루어지기 때문에 보통 생명 활동을 이야기할 때 세포를 '공장', DNA를 '설계도', RNA를 '설계도의 부분 사본'으로 비유한다.

세포 공장이 단백질이라는 제품을 만들어내려면 설계도가 필요하다. 그 설계도 역할을 하는 것이 핵에 담긴 DNA다. 핵 안에 존재하는 DNA는 기본적으로 1세트밖에 존재하지 않지만 세포 공장에서는 수백 개의 단백질을 만들어내야 하기 때문에 '설계도의 부분 사본'이 필요해진다. 이것이 RNA다. RNA는 DNA로부터 필요로 하는 단백질 정보만을 복사해 단백질이 제조되는 현장까지 운반하는

* DNA의 유전정보가 RNA에 전달되고, RNA 정보로 아미노산이 만들어지고, 아미노산의 조합으로 단백질이 만들어지는 과정.

역할을 함으로써 DNA를 안전한 핵 안에 두며 제조 현장에 필요한 정보를 전달하는 것이다. 다시 말해, DNA가 '전체 정보를 가진 설계도'라면 RNA는 '필요한 부분의 정보만을 복사한 설계도의 부분 사본'인 셈이다.

그런데 문제가 있다. 바로 '필요 없게 된 설계도의 부분 사본인 RNA를 어떻게 할 것인가'다. 그대로 방치할 경우 단백질 제조 현장은 필요 없는 단백질을 계속 생산하게 된다. 물론 세포 공장 안에는 불필요한 단백질을 제거하는 단백질 분해 효소 복합체도 존재해 세포의 항상성이 유지되기는 한다. 하지만 제품을 생산하는 공장 입장에서는 굳이 만들지 말아야 할 제품을 만든다는 것은 효율성을 떨어뜨리는 일이 된다. 이를 막기 위해 존재하는 것이 바로 '마이크로RNA'다.

유전자 발현을 조절하는 마이크로RNA

단백질을 만드는 데 관여하는 메신저RNA의 염기는 200~300개인 것과 달리, 마이크로RNA는 20~24개의 염기로 이루어진 작은 '리보핵산RNA'이다. 너무 많이 만들어버린 RNA에 결합하는 기능이 있고, 설계도의 부분 사본으로 작용하지 않도록 한다. 즉 일반적인 RNA는 단백질을 암호화하는 역할을 하지만, 마이크로RNA는 여분의 RNA가 불필요한 단백질을 만드는 것을 저해함으로써 유전자 발현을 미세하게 조절한다.

쉽게 말하면 마이크로RNA는 메신저RNA에 붙어서 우리 몸의 세포들이 어떤 종류의 단백질을 얼마만큼 만들어야 하는지 제어하는 '감독관' 같은 존재다. 과거에는 아무 역할이 없는 쓸모없는 RNA

조각 정도로 여겼지만, 2024년 노벨생리의학상 수상자인 미국 매사추세츠 의과대학교의 빅터 앰브로스Victor Ambros 교수와 하버드 의과대학교의 게리 러브컨Gary Ruvkun 교수 들의 연구를 통해 마이크로 RNA가 유전자 조절 메커니즘에 필수적인 역할을 한다는 것을 발견했다.

인체는 약 60조 개에 이르는 많은 수의 세포 집합체다. 피부세포, 근육세포, 신경세포, 면역세포 등 다양한 크기와 형태를 가지며 각각이 고유의 기능을 가졌으면서도 서로 조화롭게 어울려 복잡한 생명체를 이룬다. 이 모든 세포의 설계도는 세포핵에 있는 DNA에 저장되어 있고, 한 사람의 체내 세포들은 정확하게 동일한 DNA 설계도로 만들어진다. 어떻게 이런 일이 가능한 걸까?

바로 세포 내 유전자 발현 조절로 가능하다. DNA 설계도상에서 하나의 기능을 수행하는 단위를 유전자라고 하는데 각 유전자는 메신저RNA라는 중간 단계를 거쳐 단백질로 만들어진다. 앞서 언급한 세포의 다양한 크기, 형태와 기능은 그 세포 내에서 어떤 단백질이 얼마나 만들어지는가에 달린 것이다. 그리고 두 과학자의 기초연구 결과가 이를 알 수 있게 했다. 즉 세포가 언제, 어떻게 특정 유전자를 활성화하거나 억제할지 결정하는 유전자 조절을 통해 각 세포마다 정상 유전자 세트만 활성화되도록 할 수 있음을, 유전자 조절이 잘못되면 암을 비롯한 질병으로 이어질 수 있다는 기초를 알게 된 것이다.

작은 벌레 연구의 혁신

1980년대 후반, 앰브로스와 러브컨이 1밀리미터 길이의 보잘

것없는 작은 회충인 예쁜꼬마선충(C. elegans)•의 유전적 구성을 연구하면서 특이점을 발견했다. 특정 유전자에 문제가 생기면 이 선충이 제대로 자라지 않는 것이었다. 두 과학자는 이 현상을 이해하고자 유전자 변이를 조사하게 되었고 lin-14가 성장을 억제한다는 것을 알았지만 왜 그런지 당시는 몰랐다. 이후 두 사람은 각자 계속 연구를 이어갔다.

1993년 앰브로스는 lin-4라는 작은 RNA 분자가 특정 유전자의 발현을 억제한다는 사실을 밝혔다. 이 lin-4가 바로 최초로 발견된 마이크로RNA다. lin-4는 lin-14라는 메신저RNA에 붙어 lin-14의 번역을 억제함으로써 예쁜꼬마선충의 발달을 조절했다. lin-4는 lin-14의 단백질 생산을 억제하여 세포가 적절한 시점에 분화되고 발달하는 것을 돕는 것이다. 즉, lin-4 유전자가 제대로 작동하지 않으면, lin-14라는 유전자가 과도하게 활성화되어 회충의 발달에 문제가 생긴다.

이는 유전자가 단순히 DNA에 의해 지시받는 것이 아니라, 마이크로RNA와 같은 작은 RNA 조각들에 의해 세밀하게 조절될 수 있다는 사실을 보여준 중요한 발견이었다. 이어 러브컨은 lin-14 유전자를 복제했고, 두 과학자는 lin-4 마이크로RNA 서열이 lin-14 메신저RNA의 상보적인 서열과 일치한다는 사실을 알아내 예쁜꼬마선충의 lin-4 마이크로RNA와 lin-14 유전자 간의 관계를 입증했다.

• 1억 개의 염기쌍을 가지며 작은 크기에도 불구하고 더 크고 복잡한 동물에서도 발견되는 신경세포와 근육세포 같은 많은 특수 세포 유형을 가지고 있다. 따라서 다세포 유기체에서 조직이 어떻게 발달하고 성숙하는지 연구하는 데 유용한 모델생물이다. 이 선충 관련 연구를 통해 나온 노벨상은 이번이 네 번째다. 이러한 활약으로 '지구상에서 가장 멋진 유기체'로 인정받고 있다.

이 연구 결과 발표 후 처음에 과학계에서는 큰 파동이 일어나지 않았다. 결과는 흥미로웠지만, 유전자 조절의 특이한 메커니즘은 예쁜꼬마선충만의 것으로, 인간과는 무관하다고 여겼기 때문이다. 러브컨은 앰브로스의 연구 결과를 이어받아 마이크로RNA의 기능과 그 메커니즘을 더 깊이 있게 연구했다. 이후 2000년도에 여러 개체에서 let-7이라고 하는 다른 종류의 마이크로RNA를 발견하게 되면서 다시 한번 마이크로RNA에 대한 관심을 끌어 올렸다.

let-7 유전자는 동물계 전체에서 진화적으로 보존되어 존재했다. 이후 몇 년 동안 수백 개의 다른 마이크로RNA가 확인되었다. 인간에게는 1000개가 넘는 마이크로RNA 유전자가 있으며, 마이크로RNA에 의한 유전자 조절은 다세포생물에서 보편적이라는 것을 알게 되었다. 또한 예쁜꼬마선충에서 두 번째 마이크로RNA인 let-7을 발견하며 마이크로RNA의 중요성을 더욱 확고히 했다.

국내 마이크로RNA의 대가, 김빛내리 교수

매년 노벨상 시즌이 되면 한국 최초 수상자 후보로 김빛내리 서울대학교 생명과학부 석좌교수가 언급된다. 김빛내리 교수는 마이크로RNA 분야의 세계 석학이다. 김 교수의 연구 주제인 마이크로RNA가 이번 노벨생리의학상을 수상했다는 점에서 그 어느 때보다 아쉬움이 크다. 그는 세계 최초로 코로나19의 원인인 사스코로나바이러스-2$_{SARS-CoV-2}$의 유전자지도를 완성해 코로나19 치료제 개발에 결정적인 기여를 한 과학자이기도 하다.

2024년 노벨생리의학상을 수상한 두 과학자가 마이크로RNA의 존재와 기능을 밝혔다면, 김빛내리 교수는 2000년대 초반부터 마이크로RNA의 생성 과정을 세계 최초로 규명해 큰 주목을 받았다. '드로셔Drosha'와 '다이서Dicer'라는 효소 단백질이 기다란 RNA를 잘라내면서 마이크로RNA가 만들어지는 과정을 밝혀 마이크로RNA 생성 과정 비밀의 마지막 퍼즐을 맞추었다.

　　김 교수 연구팀은 마이크로RNA를 만드는 데 관여하는 단백질 '다이서'의 핵심 작동 원리와 3차원 구조를 처음 밝혀냈다. 다이서는 도끼 모양으로 생긴 10나노미터의 단백질로, RNA 절단 효소 중 하나다. 기다란 핵산인 마이크로RNA 전구체*라는 재료를 절단 효소인 드로셔와 다이서가 순차적으로 잘라내 마이크로RNA가 만들어지는 것이다. 이 중 다이서는 드로셔가 절단한 마이크로RNA 전구체의 끝부분을 인식하는 것뿐 아니라 내부 염기 서열도 인지해 스스로 절단 위치를 결정한다는 것을 알아냈다.

　　일부 암 환자들이 다이서 특정 부분에 돌연변이가 생겨 마이크로RNA 전구체를 제대로 인지하지 못해 마이크로RNA를 만드는 데 문제가 생기는 것까지 알아낸 성과도 있어, 생명과학계 최대 난제 중 하나인 암과의 연관성을 밝혔다는 평가를 받았다. 마이크로RNA 생성 과정을 이해하면 질병의 발생 원인을 파악하는 데 도움이 되고 나아가 유전자치료 기술을 발전시킬 단초가 된다. 따라서 질병의 진단이나 치료 분야에 다양하게 응용될 수 있다.

● 생체 내 대사 과정이나 화학반응 시 원하는 구조의 물질이 되기 전 단계의 물질들을 통칭한다.

암, 희귀 질환 등 차세대 치료제로 주목받다

마이크로RNA는 단백질을 암호화하지 않고 메신저RNA가 각 세포에 맞게 적절한 양의 단백질을 만들어낼 수 있도록 유전자 발현 조절 역할을 한다. 마이크로RNA가 제대로 작동하지 않으면, 세포는 비정상적으로 작동하게 된다. 이는 암, 당뇨병, 자가면역질환 등 다양한 질병으로 이어질 수 있다. 따라서 마이크로RNA는 세포의 성장과 발달, 분화 등 여러 중요한 생물학적 과정에서 필수적인 역할을 하고, 유전체 발현 이상에 의해 발생하는 질환의 치료를 위해 반드시 이해해야 하는 분야다.

이미 미국에서는 마이크로RNA를 이용한 암 치료제가 임상 시험 중이다. 이에 더해 암을 진단하고 예측하는 도구로도 사용될 수 있다. 암뿐 아니라 심혈관, 치료하지 않으면 암을 일으킬 수 있는 바이러스 감염병 분야에도 폭넓게 적용 가능하다. 현재까지 마이크로RNA를 직접 이용한 치료법이나 의약품이 상용화된 사례는 없지만 암과 희귀 질환 치료제 연구 개발이 본격적으로 진행되고 있는 건 사실이다.

"인간의 유전자는 대부분 마이크로RNA의 영향을 받는다", "마이크로RNA 하나가 서로 다른 단백질 유전자 수백 개에 영향을 주기 때문"이라고 김빛내리 교수는 말했다. 일반 RNA보다 수백 배 작은 크기를 지닌 마이크로RNA지만 모든 생명현상에 관여하는 위력과 잠재력을 보았을 때 또 한 번의 혁신이 일어나기를 기대한다. 한동안 RNA 전성시대는 계속될 것 같다.

인공지능이 밝혀낸 단백질의 비밀

정광훈   2024 노벨화학상

    2024년 노벨화학상 수상자는 새로운 단백질을 만들어내는 데 성공한 데이비드 베이커David Baker와 단백질의 구조를 알아낼 수 있는 AI를 개발한 데미스 허사비스Demis Hassabis와 존 점퍼John M. Jumper로 결정되었다. 화학자들은 생명체의 기능을 수행하는 기본 도구인 단백질을 완전히 이해하기 위해 오랫동안 노력해왔다. 그동안의 노력은 실험을 통해 구조를 하나씩 밝혀내는 수준에서 이뤄졌다면, 이들의 노력은 AI를 이용해 짧은 시간에 단백질의 구조를 예측하고, 만들어낼 수 있게 하는 것이었다.

    생명체는 어떻게 움직이고, 기능을 할 수 있을까? 이에 대한 답은 단백질에서 찾을 수 있다. 일반적으로 20가지 종류의 아미노산은 무수히 많은 종류의 단백질을 만들 수 있다. 이러한 아미노산은 세포의 DNA에 저장된 정보를 청사진으로 삼아, 서로 연결되어 긴 끈을 형성한다. 그런 다음 단백질을 구성하는 아미노산 끈이 뒤틀리고 접혀 3차원 구조(모양)가 된다. 서로 다른 구조를 가진 단백질은 각각 생명체 내에서 고유한 기능을 수행한다.

    어떤 단백질은 근육, 뼈, 털 등을 만들 수 있는 구조가 되고, 어

341

떤 단백질은 호르몬이나 항체가 되어 기능을 수행한다. 또 단백질 중 상당수는 효소를 형성하여 생명체에서 화학반응을 유도하고, 세포 표면에 있는 단백질은 세포와 주변 환경 사이에서 커뮤니케이션을 한다. 이처럼 단백질은 여러 가지 모양을 가지면서 고유한 역할을 수행하기 때문에 생명체를 구성하는 모든 단백질의 구조를 밝히면 단백질 구조의 문제로 생기는 다양한 질병의 원인을 파악하고, 치료제를 개발하는 데 큰 도움이 된다.

하지만 그동안 아미노산 서열이 밝혀진 단백질은 약 2억 개 이상인데 실험적으로 그 구조가 밝혀진 것은 약 20만 개다. 즉 구조가 밝혀진 단백질의 비율은 0.01퍼센트에 불과했다. 실험적인 방법으로 단백질의 구조를 모두 밝히는 데 시간적인 한계가 있었다. 하지만 AI를 이용해 2억 개의 단백질 구조 예측이 가능해졌다. 또 그동안 존재하지 않았고, 완전히 새로운 기능을 가진 단백질을 만드는 일도 가능하게 되었다.

생화학의 위대한 도전

화학자들은 19세기부터 단백질이 생명체에서 중요하다는 사실을 알고 있었지만, 연구자들이 단백질을 더 자세히 탐구할 정도로 화학 도구가 정밀해지기까지 시간이 걸려서 1950년대부터 본격적으로 연구가 시작되었다. 케임브리지대학교 연구원 존 켄드루John Cowdery Kendrew와 맥스 퍼루츠Max Ferdinand Perutz는 X선 결정학이라는 방법을 사용하여 최초로 3차원 단백질 모델을 제시하는 데 성공하면서 획기적인 발견을 했다. 이 발견을 인정받아 1962년 노벨화학상을 받았다. 그 후 연구자들은 주로 X선 결정학을 사용하여 약 20만

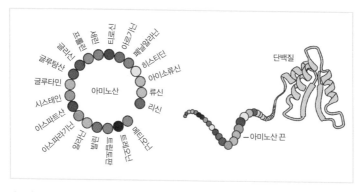

단백질

아미노산

아미노산 끈

발린 / 트레오닌 / 세린 / 티로신 / 트립토판 / 페닐알라닌 / 히스티딘 / 아이소류신 / 류신 / 리신 / 메티오닌 / 프롤린 / 글리신 / 알라닌 / 아스파라긴 / 아스파트산 / 시스테인 / 글루타민 / 글루탐산

⠇ 단백질은 수십 개에서 수천 개의 아미노산으로 구성될 수 있다. 아미노산 끈은 단백질의 기능을 결정하는 3차원 구조로 접힌다.

개의 단백질 구조를 성공적으로 밝혔으며, 이는 2024년 노벨화학 상의 토대가 되었다.

　　미국 과학자 크리스천 안핀슨Christian Boehmer Anfinsen은 다양한 화학적 트릭을 사용하여 단백질을 펼친 다음, 다시 접히도록 해보았다. 그랬더니 단백질이 매번 정확히 같은 모양으로 접힌다는 것을 알아냈다. 1961년, 안핀슨은 단백질의 3차원 구조가 전적으로 단백질의 아미노산 서열에 의해 좌우된다는 결론을 내렸고, 이 업적으로 1972년 노벨화학상을 받았다. 그러나 안핀슨의 논리에는 1969년 사이러스 레빈탈Cyrus Levinthal이 지적한 역설이 포함되어 있었다.

　　레빈탈은 단백질이 100개의 아미노산으로만 구성되어 있더라도 이론적으로 최소 10^{47}개의 서로 다른 3차원 구조를 가질 수 있음을 계산했다. 아미노산 사슬이 무작위로 접힌다면 올바른 단백질 구조를 찾는 데 우주의 나이보다 더 오래 걸릴 것이다. 하지만 실제로 세포에서는 몇 밀리초밖에 걸리지 않는다. 그렇다면 아미노산 끈은 어떻게 접힐까? 안핀슨의 발견과 레빈탈의 역설은 접기가 미리 정해진 과정임을 암시했다. 즉, 단백질이 어떻게 접히는지에 대한 모든 정보는 아미노산 서열에 존재해야 한다는 것이다.

안핀슨의 발견은 화학자가 단백질의 아미노산 서열을 알면 3차원 구조를 예측할 수 있다는 믿음을 갖게 했다. 흥미로운 아이디어였고, 성공하면 단백질의 구조를 밝히기 위해 더 이상 X선 결정학을 이용할 필요가 없으며 많은 시간을 절약할 수 있다. 또한 X선 결정학으로 밝히지 못하는 단백질에 대한 구조도 알아낼 수 있게 된다. 이것은 생화학의 가장 큰 과제인 예측 문제에 대한 도전이었다.

1994년 연구자들은 단백질 구조 예측 대회Critical Assessment of techniques for protein Structure Prediction, CASP를 시작했고, 경쟁 대회로 발전했다. 격년으로 열리며, 전 세계 연구진은 구조가 막 결정된 단백질의 아미노산 서열 정보만을 받아 구조 예측을 시작했다. 물론 구조는 참가자들에게 비밀로 유지되었다. CASP는 많은 연구자를 끌어들였지만 예측 문제를 해결하는 것은 매우 어려운 일이었다. 경쟁에 참여한 연구자들의 예측과 실제 구조 간의 일치성은 거의 개선되지 않았다. 하지만 2018년에 체스의 대가, 신경과학 전문가, 인공지능의 선구자인 한 사람이 이 분야에 진출하면서 새로운 돌파구가 열렸다.

보드게임 마스터, 단백질 올림픽에 참가하다

데미스 허사비스는 네 살 때 체스를 두기 시작했고, 열세 살 때 마스터 수준에 도달했다. 그는 10대에 프로그래머이자 성공적인 게임 개발자로 경력을 시작했다. 인공지능을 탐구하기 시작했고 신경과학을 다루면서 여러 가지 혁신적인 발견을 했다. 2010년에는 인기 보드게임용 마스터 AI 모델을 개발한 회사인 딥마인드를 공동 설립했다. 딥마인드는 2014년에 구글에 매각되었고 2년 후, 딥마인드는 가장 오래된 보드게임 중 하나인 바둑의 세계 챔피언을 물리치며, 세상의 주목을 받았다. 그 당시 알파고가 인간 바둑 챔피언과의 대결에서 모두 이겼는데 유일하게 이세돌 9단과 5번 중 네 번째 게임에서 졌을 뿐, 경쟁자가 없었다. 하지만 허사비스에게 바둑은 목표가 아니라 더 나은 AI 모델을 개발하기 위한 수단이었다. 우승 이후 그의 팀은 인류에게 더 중요한 문제를 해결할 준비가 되어 있었기 때문에 2018년, 13번째 CASP에 참가 등록을 했다.

지난 몇 년 동안 연구자들이 CASP에서 예측한 단백질의 구조는 기껏해야 40퍼센트의 정확도를 보였지만, 허사비스팀의 AI 모델인 알파폴드는 거의 60퍼센트의 정확도로 단백질의 구조를 예측했고, 우승했다. 예상치 못한 성과였고, 많은 사람을 놀라게 했다. 하지만 해결책으로는 충분하지 않았다. 성공을 위해서는 목표 구조와 비교했을 때 예측의 정확도가 90퍼센트에 달해야 했다. 허사비스와 그의 팀은 알파폴드를 계속 개발했지만, 알고리즘은 완전히 성공하지 못했다. 그러던 중 존 점퍼는 알파폴드를 개선할 결정적인 방법을 알아냈다.

존 점퍼의 우주에 대한 관심은 그가 물리학과 수학을 공부하게 된 계기가 되었다. 그러나 2008년 슈퍼컴퓨터를 사용하여 단백질과 단백질 동역학을 시뮬레이션하는 회사에서 일하기 시작하면서 물리학에 대한 지식이 의학적 문제를 해결하는 데 도움이 된다는 사실을 깨달았다. 점퍼는 2011년 이론물리학 박사학위 과정을 밟으면서 단백질에 관심을 갖기 시작했다. 대학에서 공급이 부족했던 컴퓨터 용량을 절약하기 위해 그는 단백질 역학을 시뮬레이션하는 더 간단하고 기발한 방법을 개발하기 시작했다. 2017년 그가 박사학

| 알파폴드2의 단백질 3차원 구조 예측 과정 |

1	개발 과정에서 AI 모델은 알려진 모든 아미노산 서열과 결정된 단백질 구조로 훈련한다.
2	구조가 알려지지 않은 아미노산 서열이 알파폴드2에 입력되면, 데이터베이스를 검색하여 유사한 아미노산 서열과 단백질 구조를 찾는다.
3	AI 모델은 서로 다른 종의 유사한 아미노산 서열을 정렬하고, 진화 과정에서 어떤 부분이 보존되었는지 조사한다. 다음 단계에 3차원 단백질 구조 내에서 어떤 아미노산이 서로 상호작용할 수 있는지를 찾는다. 상호작용하는 아미노산은 함께 진화하는데, 하나가 전하를 띠면 다른 하나는 반대 전하를 띠어 서로 끌리게 된다. 또, 하나가 물에 잘 젖지 않은 성질로 대체되면, 다른 하나도 소수성(물을 싫어하는)으로 변한다.
4	이러한 반복 과정을 통해 서열 분석과 거리 지도를 최적화하며, 트랜스포머라는 신경망을 사용하여 중요한 요소를 식별하고, 다른 단백질 구조에 대한 데이터를 활용한다.
5	알파폴드2는 모든 아미노산을 조합해 가설적 단백질 구조를 생성한다. 이 과정은 여러 번 반복되며, 최종적으로 특정 구조에 도달한다. AI 모델은 이 구조의 각 부분이 실제 구조와 일치할 확률을 계산한다.

위를 취득했을 때, 구글 딥마인드가 비밀리에 단백질 구조를 예측하기 시작했다는 소문을 듣고, 지원서를 냈다. 그는 입사 후 알파폴드를 개선할 창의적인 방법을 고안했고, 점퍼와 허사비스는 AI 모델을 근본적으로 개선하는 작업을 공동 주도했다.

새로운 버전인 알파폴드2는 점퍼의 단백질에 대한 지식을 바탕으로 만들어졌고 트랜드포머라는 신경망을 활용한다. 전보다 유연한 방식으로 방대한 양의 데이터에서 패턴을 찾을 수 있으며, 특정 목표를 달성하기 위해 무엇에 집중해야 하는지 효율적으로 결정할 수 있다. 연구팀은 알려진 모든 단백질 구조와 아미노산 서열 데이터베이스의 방대한 정보로 알파폴드2를 학습시켰고, 알파폴드2는

2020년 CASP에서 X선 결정학과 거의 비슷한 성능을 보였다. 매우 놀라운 결과였다. CASP의 창시자 중 한 명인 존 몰트가 2020년 12월 4일, 대회를 마감하면서 이제 어떻게 되느냐고 물었을 정도다.

세포에 관한 교과서의 방향을 바꾸다

데이비드 베이커는 하버드대학교에서 공부하기 시작하면서 철학과 사회과학을 선택했다. 그러나 진화생물학 과정에서 그는 지금은 고전 교과서인 《세포 분자생물학》을 발견했다. 이로 인해 그는 인생의 방향이 바뀌었다. 세포생물학에 빠져들었고 결국 단백질 구조에 매료되었다. 1993년 시애틀의 워싱턴대학교에서 그룹리더로 시작한 그는 실험을 통해 단백질이 어떻게 접히는지 탐구하기 시작했다.

그리고 1990년대 말, 단백질 구조를 예측하는 컴퓨터 소프트웨어인 로제타Rosetta를 개발했다. 베이커는 1998년 로제타로 CASP에 데뷔했으며, 다른 참가자들과 비교했을 때 정말 좋은 성적을 거두었다. 이는 베이커팀이 소프트웨어를 거꾸로 사용할 수 있다는 새로운 아이디어로 이어졌다. 로제타에 아미노산 서열을 입력하여 단백질 구조를 얻는 대신, 원하는 단백질 구조를 입력해 아미노산 서열 정보를 제안받아 새로운 단백질을 만들 수 있었다.

연구자들이 새로운 기능으로 맞춤형 단백질을 만드는 '단백질 설계' 분야의 역사는 1990년대 말로 거슬러 올라간다. 많은 경우 연구자들은 기존 단백질을 조정하여 유해 물질을 분해하거나 화학 제조 산업에서 도구로 기능하도록 하는 작업을 수행했다. 그러나 천연 단백질의 범위는 제한적이었고, 베이커팀은 완전히 새로운 기능을 가진 단백질을 처음부터 만들고자 했다. 베이커는 "비행기를 만들고 싶다면 새를 개조하는 데서 시작하는 것이 아니라 공기역학의 첫 번째 원칙을 이해하고 그를 바탕으로 비행기를 만드는 것이다"라고 말했다.

완전히 새로운 구조를 가진 단백질을 추출한 다음, 원하는 단백질을 생성할 수 있는 아미노산 서열의 종류를 로제타에 계산하도록 했다. 이에 따라 로제타는 알려진 모든 단백질 구조의 데이터베이스를 검색하고 원하는 구조와 유사한 짧은 단백질의 에너지 환경에 대한 기본 지식을 사용하여 이러한 조각을 최적화하고 아미노산 서열을 제안했다. 얼마나 성공적이었는지 알아보기 위해 베이커는 원하는 단백질을 생성하는 박테리아에서 제안된 아미노산 서열의 유전자를 가져와 X선 결정학을 사용하여 단백질의 구조를 결정했다. 그 결과 로제타는 실제로 단백질을 만들 수 있다는 사실이 밝혀졌다. 연구진이 개발한 단백질인 Top7은 설계한 구조와 거의 정확히 일치했다.

베이커는 2003년에 자신의 발견을 발표했다. 그의 실험실에서 생성된 수많은 단백질 중 몇 가지를 349쪽 그림에서 확인할 수 있다. 베이커는 로제타 코드를 공개했고, 글로벌 연구 커뮤니티에서 이 소프트웨어를 지속적으로 개발하여 새로운 응용 분야를 찾아낼 수 있었다.

데미스 허사비스와 존 점퍼는 알파폴드2가 실제로 작동한다는 사실을 확인하고 모든 인간 단백질 구조를 계산했다. 그런 다음 연구진은 지금까지 지구 생물을 매핑할 때 발견한 거의 모든(약 2억 개) 단백질의 구조를 예측했다. 구글 딥마인드는 알파폴드2의 코드를 공개적으로 사용할 수 있도록 했으며, 누구나 이 코드에 액세스

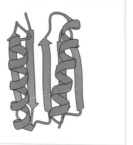

Top7 단백질은 알려진 모든 기존 단백질과 완전히 다르다.

나노 물질 및 단백질의 응용.

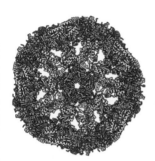

2016년: 최대 120개의 단백질이 자발적으로 결합하는 새로운 나노 물질

2017년: 펜타닐에 결합하는 단백질(보라색), 환경에서 펜타닐 탐지에 사용 가능

2021년: 인플루엔자 바이러스를 모방한 단백질이 있는 나노 입자(노란색), 백신으로 사용 가능

2024년: 외부 영향에 따라 모양을 바꿀 수 있는 기하학적 형태의 단백질

할 수 있다. 2024년 10월까지 190개국에서 200만 명 이상이 알파폴드2를 사용했다. 이전에는 단백질 구조를 얻는 데 수년이 걸리는 경우가 많았으나, 이제는 몇 분 안에 완료할 수 있다. AI 모델은 완벽하지는 않지만 생성된 구조의 정확성을 추정하므로 연구자들은 예

349

2022년: 세포핵을 둘러싼 막을 통해 구멍을 형성하는 거대한 분자구조의 일부	2022년: 플라스틱을 분해할 수 있는 자연 효소. 재활 용용 단백질 설계 목표	2023년: 항생제 내성을 유발하는 박테리아 효소. 항생제 내성 예방 방법 발견에 중요

↕ 알파폴드2로 결정된 단백질의 구조.

측을 얼마나 신뢰할 수 있는지 알고 있다. 350쪽 그림은 알파폴드2가 연구자에게 어떻게 도움이 되는지 보여주는 몇 가지 예다. 2020년 CASP가 끝난 후, 데이비드 벵커는 트랜스포머 기반 AI 모델의 잠재력을 깨닫고 로제타에 인공지능 모델을 추가하여 단백질의 새로운 디자인도 촉진했다. 최근 몇 년 동안 베이커의 실험실에서 놀라운 단백질 생성이 연이어 발견되었다.

화학 도구로서 단백질의 다재다능함은 생명체의 방대한 다양성에 나타난다. 이제 우리가 이 작은 분자 기계의 구조를 쉽게 시각화할 수 있다는 사실은 정말 놀랍다. 일부 질병이 발병하는 이유, 항생제 내성이 발생하는 이유, 일부 미생물이 플라스틱을 분해할 수 있는 이유 등 생명체의 기능을 더 잘 이해할 수 있게 되었다. 새로운 기능이 탑재된 단백질을 만드는 능력도 대단하다. 이로 인해 새로운 나노 소재, 표적 의약품, 백신의 빠른 개발, 최소한의 센서, 친환경 화학 산업 등 인류의 큰 이익을 위한 몇 가지 응용 분야가 탄생할 수 있다.

인공신경망을 이용한 머신러닝과 인공지능

이양복   2024 노벨물리학상

인공신경망Artificial Neural Networks, ANN을 이용한 기계학습Machine Learning의 기초는 생물학적 신경망에서 영감을 받아 설계된 수학적 모델이다. 이 모델은 데이터를 처리하고 패턴을 인식하는 데 매우 효과적으로, 주로 인공지능 분야에서 사용된다. 인공신경망은 여러 개의 노드(뉴런)로 구성되며 이들 노드는 여러 층으로 배열되어 있다. 기본적으로 입력층, 은닉층hidden layer, 출력층으로 구성되는데 입력층은 데이터를 받아들이고, 은닉층은 데이터를 처리하며, 출력층은 최종 결과를 생성한다. 노드 간 연결에는 각 연결의 중요성을 나타내는 값으로 가중치weights가 부여되며, 이는 학습 과정에서 조정되고 각 노드는 입력값을 받아 계산한 후, 활성화 함수를 통해 출력값을 결정한다.

인공신경망은 이미지 인식Computer Vision, 자연어 처리Natural Language Processing, NLP, 음성 인식, 게임 AI 등 다양한 분야에서 활용되는데 특히 심층학습Deep Learning 기술 발전에 힘입어 성능이 크게 향상되었다. 주어진 데이터를 기반으로 새로운 데이터를 생성하거나 그럴듯한 결과물을 만들어내는 인공지능 분야의 기술인 생성형 인공

351

지능Generative AI은 기술혁신의 시대를 여는 중심에서 우리의 상상을 넘어서는 가능성을 보여주고 있다. 이 기술은 주로 자연어 처리와 이미지 생성 분야에서 활발히 연구되며, 최근에는 음성 생성 등으로 확장되고 있다.

노벨위원회는 2024년 노벨물리학상 수상자로 인공지능 분야의 선구적인 연구로 머신러닝의 기틀을 마련한 두 과학자, 존 홉필드John Joseph Hopfield(미국 프린스턴대학교 명예교수)와 제프리 힌턴Geoffrey Everest Hinton(캐나다 토론토대학교 교수)을 선정했다. 노벨위원회는 수상 이유로 두 과학자가 "인공신경망을 이용한 머신러닝을 가능하게 만드는 기반 발견 및 발명"에 기여한 공로를 인정했다고 밝혔다. 이들의 주요 업적은 인공신경망을 이용한 머신러닝의 기초 확립과 AI 연구 분야에서 선구자적 역할 수행인데, AI 분야에서 최초로 노벨상 수상자가 나왔다는 점에서 역사적 의미가 있다. 또한 AI 기술의 중요성과 과학계에서의 위상이 높아졌음을 보여준다.

그러나 수상 소감에서 두 과학자는 AI 기술의 발전에 대한 우려를 표명했다. 홉필드 교수는 AI가 통제 불가능한 수준으로 발전할 수 있다는 점을 지적하며, 정보 흐름과 AI의 결합이 가져올 수 있는 통제 사회에 대해 경고했다. 힌턴 교수도 AI가 통제에서 벗어나 생존을 위협할 수 있다는 점을 언급하며, 이를 역사적 분기점으로 보았다. 이번 수상은 AI 기술의 중요성을 인정하는 동시에, 그 발전 방향에 대한 신중한 접근의 필요성을 시사한다.

인공신경망의 역사

인공신경망의 역사는 여러 단계로 나눌 수 있으며, 다음과 같은 주요 사건이 있다. 초기(1940년대~1950년대) 연구는 워런 매컬러Warren McCulloch와 월터 피츠Walter Pitts가 제안한 최초의 신경망 모델로 간단한 뉴런 모델을 수학적으로 설명한 매컬러–피츠 모델(1943)과 도널드 헵Donald Hebb이 제안한 헤비안Hebbian 학습(1949)이다. "함께 발화하는 뉴런은 연결된다Neurons that fire together wire together"는 원리가 신경망 학습의 기초가 되었다. 1950년대 퍼셉트론(1958)은 프랭크 로젠블랫Frank Rosenblatt이 개발한 단층 신경망으로, 단순한 패턴 인식 문제를 해결해 초기에는 큰 관심을 받았으나, 신경망에 대한 비판과 한계로 인해 투자와 관심이 줄어들며 인공신경망 연구가 침체되는 1970년대 AI 겨울을 맞이했다.

그러나 1980년대 제프리 힌턴, 데이비드 럼멜하트David Rumelhart, 로널드 윌리엄스Ronald Williams가 역전파 알고리즘을 소개하여 다층 신경망의 학습 가능성이 열리면서 새로운 발전기가 도래했다. 다층 퍼셉트론Multi-Layer Perceptron, MLP, 역전파 알고리즘Backpropagation Algorithm(1986)과 같은 딥러닝의 기초가 되는 여러 알고리즘과 기술이 힌턴의 연구로 개발되어 2000년대부터 현재까지 딥러닝 혁명이 일어나게 되었다.

인터넷과 GPU의 발전으로 대량의 데이터와 계산 능력을 활용할 수 있게 되면서 얀 르쾽Yann LeCun의 CNN, 알렉스 크리제브스키Alex Krizhevsky의 알렉스넷 등 다양한 구조가 발전하며 이미지 인식, 자연어 처리 등에서 획기적인 성과를 달성했다. 또한 이언 굿펠로Ian Goodfellow가 제안한 GANGenerative Adversarial Networks은 이미지 생성 등의 새로운 응용 가능성을 열어주었다. 현재 자율주행차, 의료 진단, 게임 AI 등의 분야에서 인공신경망이 사용되는데 AI의 윤리, 편향성 문제 등이 대두되며 연구와 논의가 활발하게 이루어지고 있다. 이러한 역사를 통해 인공신경망은 지속적으로 발전해왔으며, 현재는 많은 분야에서 핵심 기술로 자리잡고 있다.

다층 퍼셉트론과 역전파 알고리즘

다층 퍼셉트론과 역전파 알고리즘은 인공신경망의 중요한 구성 요소로, 이 두 가지를 통해 신경망이 데이터를 학습하고 예측할 수 있는 능력을 갖추게 되었다. 다층 퍼셉트론은 인공신경망의 기본적인 형태로 입력층, 하나 이상의 은닉층 그리고 출력층 등 여러 층layer의 뉴런(노드)으로 구성된 구조다. 각 뉴런은 이전 층의 뉴런과 연결되며 이를 통해 복잡한 데이터 패턴을 학습할 수 있다. 입력층은 외부 데이터(특징)를 받아들이는 층으로, 노드의 수는 입력 데이터의 차원에 따라 결정된다. 은닉층은 입력층과 출력층 사이에 위치하며, 데이터의 복잡한 특징을 학습한다. 여러 개의 은닉층이 존재할 수 있으며, 깊이가 커질수록 더 복잡한 패턴을 모델링할 수 있다. 출력층은 모델의 최종 예측 결과를 생성하는 층으로, 분류 문제인 경우 클래스의 수에 맞게 노드 수가 결정된다.

다층 퍼셉트론은 입력 데이터가 네트워크를 통해 순차적으로 전달되고, 각 노드는 입력값과 가중치를 곱한 후 각 노드의 출력을 결정하는 활성화 함수를 적용하여 출력을 생성하는 순전파Feedforward와, 출력층에서 생성된 예측값과 실제값의 오차를 계산해 오차를 각 뉴런으로 역으로 전파하여 이 과정에서 기울기를 계산하고 경사하강법 등을 사용해 가중치를 조정하는 역전파Backpropagation로 작동된다. 여러 개의 은닉층과 활성화 함수 덕분에 다층 퍼셉트론은 비선형 문제를 해결할 수 있어 선형 분리가 불가능한 문제에 대해서도 효과적으로 학습할 수 있다. 따라서 다양한 종류의 데이터에 적용 가능하며 이미지, 음성, 텍스트 등의 분야에서 활용되는 유연성을 지닌다. 다층 퍼셉트론은 딥러닝의 기초적인 구성 요소로, 더 복잡한 신경망 아키텍처의 기초가 되는 중요한 모델이다.

역전파는 인공신경망의 학습 과정에서 매우 중요한 알고리즘으로, 네트워크의 가중치를 조정하여 모델의 예측 정확도를 향상시키는 방법이다. 즉 네트워크가 출력한 예측과 실제값 간의 오차를 줄이기 위해 가중치를 업데이트하는 과정이다. 먼저, 입력 데이터가 신경망을 통과하여 출력이 생성되고, 이후 손실 함수Loss Function에 의해 손실(오차)이 계산된다. 손실 계산은 회귀 문제의 경우 평균 제곱 오차Mean Squared Error, MSE, 분류 문제의 경우 교차 엔트로피Cross-Entropy를 사용할 수 있다. 이 손실을 바탕으로 역전파를 통해 가중치를 조정한다.

역전파 알고리즘은 네트워크의 모든 뉴런에 대한 기여도를 효율적으로 계산한다. 따라서 대규모 신경망에서도 효과적으로 학습할 수 있는 효율성을 갖추었고 다양한 구조의 신경망에서 사용될 수 있어 다른 활성화 함수나 손실 함수를 적용 가능하다는 유연성이 장점이다. 그러나 학습 데이터에 너무 맞추어져 새로운 데이터에 대해 일반화 능력이 떨어지는 과적합 문제와 경사하강법의 지역 최적해 문제가 있으며, 학습률Learning Rate이 너무 높으면 발산하고 너무 낮으면 학습 속도가 느려질 수 있어 적절한 학습률을 찾는 것이 중요하다. 역전파 알고리즘은 신경망의 효율적 학습을 가능하게 하는 핵심 기법이며 현대 딥러닝 모델의 기반이 되는 중요한 기술로, 머신러닝과 딥러닝의 발전에 큰 기여를 하고 있다.

머신러닝과 딥러닝

머신러닝은 데이터에서 패턴을 학습하고 예측하는 알고리즘과 모델을 개발하는 분야로 주로 통계학, 컴퓨터과학, 데이터 분석의 원리를 활용해 컴퓨터가 스스로 학습할 수 있도록 한다. 머신러닝은 크게 세 가지 학습 방식으로 나눌 수 있다. 입력 데이터와 그에 대한 정답(레이블)이 주어지는 지도 학습Supervised Learning과 입력 데이터만 주어지고, 정답이 없는 비지도 학습Unsupervised Learning 그리고 에이전트가 환경과 상호작용하며 보상을 최대화하는 방향으로 학습하는 강화 학습Reinforcement Learning이다.

앞서 언급했듯 딥러닝은 인공신경망의 한 분야로, 여러 층의 뉴런(노드)을 활용해 데이터를 분석하고 학습하는 기술이다. 일반적인 머신러닝보다 더 많은 데이터와 복잡한 구조를 처리할 수 있으며 특히 이미지, 음성, 텍스트 처리에서 뛰어난 성능을 보인다. 딥러닝은 다층 구조로 입력층, 여러 개의 은닉층, 출력층으로 구성된 심층 신경망Deep Neural Network을 사용하는데 은닉층이 많을수록 모델이 더 복잡한 패턴을 학습할 수 있다.

딥러닝 모델은 대량의 데이터에서 특징을 자동으로 추출하고, 이를 통해 학습한다. 사전 학습된 모델을 새로운 데이터집합에 맞게 재학습시키는 기법인 전이 학습은 데이터가 부족한 상황에서도 좋은 성능을 낼 수 있게 해준다. 주요 기술로는 주로 이미지 인식에 사용되며, 이미지의 지역적 특징을 추출하는 데 특화된 합성곱 신경망Convolutional neural network, CNN과 시퀀스 데이터(텍스트, 음성 등)를 처리하는 데 적합한 순환 신경망Recurrent Neural Network, RNN 그리고 최근 자연어 처리에서 주목받는 구조로, 문맥을 이해하고 처리하는 데 매우 효과적인 트랜스포머가 있다. 즉 BERT, GPT와 같은 모델이 이 구조를 기반으로 한다. 딥러닝은 최근 몇 년 동안 많은 발전을 이루었고, 다양한 산업에 큰 영향을 미치고 있다.

머신러닝과 딥러닝은 밀접하게 관련되어 있지만 몇 가지 중요한 차이점이 존재하는데, 머신러닝은 데이터에서 패턴을 학습해 예측이나 결정을 내리는 알고리즘을 개발하는 분야이며 지도 학습, 비지도 학습, 강화 학습 등 다양한 기법이 포함된다. 예를 들어, 선형 회귀, 결정 트리, 서포트 벡터 머신support vector machine, SVM 등이 있고, 데이터의 특성을 이해하고 적절한 알고리즘을 선택해 모델을 구축하는 과정이 중요하며 비교적 적은 양의 데이터로도 잘 작동하는 특징이 있다.

딥러닝은 머신러닝의 하위 분야로, 인공신경망(특히 다층 신경망)을 사용해 복잡한 패턴을 학습하는데, 더 복잡한 대규모 데이터에서 높은 성능을 낼 수 있도록 설계되었다. 여러 개의 층으로 구성된 신경망을 사용하며, 이로 인해 높은 차원의 데이터에서 특징을 자동으로 추출할 수 있다. 대량의 데이터와 강력한 컴퓨팅 자원이 필요하고 이미지 인식, 자연어 처리, 음성 인식 등에서 탁월한 성능을 발휘한다. 그러나 학습 시간이 길고 해석이 어려울 수 있다.

생성형 인공지능과 인공일반지능

인공지능은 기계나 소프트웨어가 인간의 지능을 모방하여 문제를 해결하고 의사 결정을 할 수 있도록 하는 기술 및 이론의 집합이다. AI는 크게 두 가지 유형, 좁은 인공지능Narrow AI과 일반 인공지능General AI으로 나눌 수 있다. 좁은 인공지능은 특정 작업이나 문제를 해결하는 데 특화된 AI 시스템인 음성 인식, 이미지 인식, 자연어 처리, 추천 시스템 등으로 현재 대부분의 AI 응용 프로그램은 좁은 인공지능에 해당한다. 일반 인공지능은 인간과 유사한 수준의 인지 능력을 갖춘 AI를 의미하는데 지식을 습득하고, 문제를 해결하며, 창의성을 발휘하는 능력을 가지고 있다. 현재 일반 인공지능은 이론적 개념에 가깝고, 실제로 구현된 사례는 없다.

생성형 인공지능과 인공일반지능Artificial General Intelligence, AGI은 서로 다른 개념이다. 생성형 인공지능은 특정한 데이터나 패턴을 학습해 새로운 콘텐츠를 생성하는 시스템이다. 텍스트, 이미지, 음악 등을 만들어내는 AI 모델들이 이에 해당하고 GPT 모델이나 DALL-E 같은 것이 있다. 이들은 주어진 입력에 대해 그에 맞는 출력을 생성하는 데 강점을 가진다. 이와 달리 인공일반지능은 인간과 유사한 수준의 지능을 갖춘 AI를 의미한다. AGI는 다양한 문제를 해결하는 능력을 가졌으며, 상황에 따라 학습하고 적응하는 능력을 포함한다. 즉, 특정한 작업을 넘어 폭넓은 이해와 인지 능력을 갖춘 AI를 말한다. 현재 기술 수준에서는 AGI가 아직 실현되지 않았으며 대부분의 AI가 특정 작업에 특화된 상태로 AGI가 실현된다면, 인간의 지능과 유사한 수준으로 다양한 분야에서 자율적으로 활동할 수 있게 될 것이다.

생성형 인공지능은 사용자가 제공하는 프롬프트(인공지능에 명령을 내리거나 질문을 할 때 쓰이는 명령어)에 따라 텍스트, 이미지, 기타 미디어를 생성하는 AI 시스템이고 학습한 데이터의 패턴과 구조를 기반으로 새로운 데이터를 만들어낸다. 대표적인 생성형 AI로는 ChatGPT, 빙챗, 구글의 바드(제미니) 그리고 이미지 생성 모델인 스테이블 디퓨전Stable Diffusion, 미드저니, DALL-E 등이 있다. 생성형

358

AI는 예술, 작문, 소프트웨어 개발, 의료, 금융 등 다양한 산업에서 활용될 잠재력을 가졌으며, 최근 몇 년 동안 이 분야에 대한 투자가 급증했다. 그러나 이러한 기술의 발전과 함께 '가짜뉴스', '딥페이크' 같은 오용 가능성에 대한 우려도 커졌다.

인공지능의 내일은

인공지능의 미래는 매우 흥미롭고, 여러 가지 가능성을 내포한다. AI의 발전 방향과 그에 따른 사회적, 경제적 영향 몇 가지 예를 들어보았다.

먼저 AI는 다양한 산업에서 작업을 자동화해 생산성과 효율성을 높일 것이다. 제조업, 물류, 서비스업 등에서 반복적인 작업을 AI가 맡게 되어 인력의 부담이 줄어들고, 새로운 일자리도 창출될 수 있다. 다음으로 AI는 진단, 치료 계획, 약물 개발 등 의료 분야에서 중요한 역할을 할 것이다. 데이터 분석을 통해 더 정확한 진단과 개인 맞춤형 치료를 제공할 수 있다. 또한 자율주행차와 스마트 시티의 발전으로 교통 흐름이 개선되고, 에너지 효율이 높아질 것이다. AI는 교통 관리, 에너지 소비 최적화 등에서 활용될 수 있다. 마지막으로 AI는 인간의 업무를 보조하고, 창의적인 작업에서 협업의 도구로 발전할 것이다. 예를 들어, 디자인, 글쓰기, 작곡 등에서 AI의 도움을 받아 새로운 형태의 창작이 이루어질 수 있다.

그러나 AI의 발전에 따라 윤리적 문제와 사회적 이슈도 대두될 것이다. 프라이버시, 편향성, 일자리 대체 등을 해결하기 위한 논의와 규제가 필요할 것이고, 일상생활에서도 AI의 영향력이 커질 듯하다. AI의 발전은 많은 가능성을 열었지만, 그에 따른 책임과 윤리적 고민도 중요하다.

AI의 윤리는 인공지능 기술의 개발과 활용에 따른 윤리적, 사회적 문제를 다루는 분야다. 그에 관한 주요 이슈와 고려 사항으로는 데이터 편향과 공정성, 투명성과 설명 가능성, 개인 정보 보호, 책임의 귀속 문제, 일자리 대체와 경제적 불평등 등이 있다. AI 기술이 사회에 미치는 영향에 대한 논의가 필요하며, 긍정적인 방향으로 기술을 활용하는 것이 중요하다. 이 기술이 환경과 사회에 기여하도록 지속 가능한 개발 방향성을 설정해야 한다. 윤리 관련 문제는 AI 기술이 발전함에 따라 점점 더 중요해지고 있으며 연구자, 개발자, 정책 입안자 모두가 함께 고민해야 할 것이다. 향후 기술이 어떻게 발전할지 지켜보면서 인류가 통제 가능한 인공지능으로 발전해가기를 기대한다.

참고 자료

CHAPTER 1. 우주과학

| 다시 달을 향해, NASA 아르테미스프로그램 |

'The Moon is a 4.5-billion-year-old time capsule Artemis.' NASA, November 11, 2024, url: https://www.nasa.gov/humans-in-space/artemis/

국립과천과학관,《2023 미래 과학 트렌드》, 위즈덤하우스, 2022

| 루빈천문대와 측광 연구 |

Graham, M.L., 2019, "The Large Synoptic Survey Telescope: Overview and Update", *IAU Symposium*, 339, pp. 189-192

Metzger, K., Higgs, C., 2024, "Rubin Observatory and Citizen Science-Engaging PeoplePower to Address Rubin's Massive Data Set", *NOIRLab The Mirror*, 7, p.30

Troxel, M.A., et al., 2023, "A joint Roman Space Telescope and Rubin Observatory synthetic wide-field imaging survey", *Monthly Notices of the Royal Astronomical Society*, 522(2), pp.2801-2820

'VERA C. RUBIN OBSERVATORY.' November 11, 2024, url: https://rubinobservatory.org/

| 천왕성과 해왕성 다시 보기 |

마이클 벤슨, 지웅배, 《코스미그래픽》, 롤러코스터, 2024

이정환, 《별나게 다정한 천문학》, 행성B, 2022

'Frederick William Herschel.' NCAR, November 11, 2024, url: https://www2.hao.ucar.edu/education/scientists/frederick-william-herschel-1738-1822

'William Herschel.' Britannica, November 11, 2024, url: https://www.britannica.com/biography/William-Herschel

'The Discovery of Uranus.' ROYAL MUSEUMS GREENWICH, November 11, 2024, url: https://www.rmg.co.uk/stories/blog/astronomy/discovery-uranus

'John Flamsteed.' WIKIPEDIA, November 11, 2024, url: https://en.wikipedia.org/wiki/John_Flamsteed

'Planets beyond Neptune.' WIKIPEDIA, November 11, 2024, url: https://en.wikipedia.org/wiki/Planets_beyond_Neptune

'하인리히 루트비히 다레스트.' 위키백과, 2024년 11월 11일, url: https://ko.wikipedia.org/wiki/%ED%95%98%EC%9D%B8%EB%A6%AC%ED%9E%88_%EB%A3%A8%ED%8A%B8%EB%B9%84%ED%9E%88_%EB%8B%A4%EB%A0%88%EC%8A%A4%ED%8A%B8

'그리니치 천문대.' 네이버지식백과, 2024년 11월 11일, url: https://terms.naver.com/entry.naver?docId=950200&cid=43081&categoryId=43081

'The Voyager Planetary Mission.' NASA, November 11, 2024, url: https://science.nasa.gov/mission/voyager/fact-sheet/

'Voyager at Uranus.' NASA, November 11, 2024, url: https://science. nasa.gov/gallery/voyager-at-uranus/

'Voyager at Neptune.' NASA, November 11, 2024, url: https:// science.nasa.gov/gallery/voyager-at-neptune/

'PIA00032: Uranus in True and False Color.' NASA, November 11, 2024, url: http://photojournal.jpl.nasa.gov/catalog/PIA00032

'pia00142-2d8332.' NASA, November 11, 2024, url: https://science. nasa.gov/image-detail/pia00142-2d8332/

'Voyager 1 and 2 Planetary Voyage.' NASA, November 11, 2024, url: http://photojournal.jpl.nasa.gov/catalog/PIA00047

'PIA00047: Neptune- Changes in Great Dark Spot.' NASA, November 11, 2024, url: http://photojournal.jpl.nasa.gov/catalog/PIA00057

'Storms in our Solar System.' NASA, November 11, 2024, url: https:// hubblesite.org/science/solar-system#section-15687e27-0321- 443f-83c2-cc70f474f224

'Uranus (Nov. 2014 and Nov. 2022).' NASA, November 11, 2024, url: https://hubblesite.org/contents/media/images/2023/007/01 GV3FQ5AQATQV8GTKPKN5SA5W?page=1&keyword=uranus

'Three Snapshots of Neptune.' NASA, November 11, 2024, url: https://hubblesite.org/contents/media/images/1995/21/289- Image.html?page=7&keyword=neptune&filterUUID=5a370ecc- f605-44dd-8096-125e4e623945

'Dark Spot on Neptune.' NASA, November 11, 2024, url: https:// hubblesite.org/contents/media/images/2016/22/3747-Image. html?page=2&keyword=neptune&filterUUID=5a370ecc-f605-

44dd-8096-125e4e623945

'Neptune.' NASA, November 11, 2024, url: https://hubblesite.org/contents/media/images/2021/047/01FM0QHCQC5XT0EXZCSB9PE2PZ?page=%ED%8E%98%EC%9D%B4%EC%A7%801&keyword=neptune

'New Webb Image Captures Clearest View of Neptune's Rings in Decades.' NASA, November 11, 2024, url: https://www.nasa.gov/solar-system/new-webb-image-captures-clearest-view-of-neptunes-rings-in-decades/

'James Webb Space Telescope.' NASA, November 11, 2024, url: https://webb.nasa.gov/

'35 Years Ago: Voyager 2 Explores Uranus.' NASA, November 11, 2024, url: https://www.nasa.gov/history/35-years-ago-voyager-2-explores-uranus/

'Uranus Orbiter and Probe.' WIKIPEDIA, November 11, 2024, url: https://en.wikipedia.org/wiki/Uranus_Orbiter_and_Probe

박종익, 〈다음 탐사는 천왕성?… 파랗게 빛나는 태양계 행성 비밀 푼다〉, 《나우뉴스》, 2022년 4월 20일 자

박정연, 〈NASA, 30년만에 천왕성 탐사 나선다… "향후 10년간 최우선 임무"〉, 《동아사이언스》, 2023년 2월 17일 자

고든 정, 〈30년 전 천왕성 첫 방문 뒤 제자리 걸음… 언제 다시?〉, 《나우뉴스》, 2016년 1월 28일 자

'Uranus Pathfinder.' November 11, 2024, url: https://www.mssl.ucl.ac.uk/planetary/missions/uranus/

'Uranus Pathfinder.' November 11, 2024, url: https://uranusp

athfinder.wordpress.com/about/

'Ice Giant Exploration: Advancements in Atmospheric Entry Technology.' THE EUROPEAN SPACE AGENCY, November 11, 2024, url: https://www.esa.int/Enabling_Support/Space_Engineering_ Technology/Shaping_the_Future/Ice_Giant_Exploration_ Advancements_in_Atmospheric_Entry_Technology

Arridge, Christopher S., 2012, "Uranus Pathfinder: Exploring the Origins and Evolution of Ice Giant Planets", *Experimental Astronomy*, 33(2-3), pp.753-791

Bocanegra-Bahamón, Tatiana, 2015, "MUSE: Mission to the Uranian system: Unveiling the evolution and formation of ice giants", *Advances in Space Research*, 55(9), pp. 2190-2216

'Neptune Odyssey.' WIKIPEDIA, November 11, 2024, url: https:// en.wikipedia.org/wiki/Neptune_Odyssey

'Exploration of Neptune.' WIKIPEDIA, November 11, 2024, url: https://en.wikipedia.org/wiki/Exploration_of_Neptune

| 화성 샘플 회수 프로그램 |

Cataldo, G., et al., "Mars Sample Return- An Overview of the Capture, Containment and Return System", 73rd International Astronautical Congress (IAC), Paris, France, 18-22 September 2022

Sanders, Robert, "Rocks collected on Mars hold key to water and perhaps life on the planet. Bring them back to Earth", *UC Berkeley*

News*, August 14, 2024

Foust, Jeff, "NASA Mars Sample Return budget and schedule 'unrealistic,' independent review concludes", *Space News*, September 21, 2023

| NASA 디스커버리프로그램과 소행성 탐사 |

'Introduction to Asteroids.' atlas, November 11, 2024, url: https://fallingstar.com/asteroid-intro.php

Marcos, Carlos de la Fuente, et al., "A Two-month Mini-moon: 2024 PT5 Captured by Earth from September to November", *Research Notes of the AAS*, 8(9), 2024

Loehrke, Janet, "Earth is about to get a mini-moon (temporarily). What to know about asteroid 2024 PT5", *USA TODAY*, September 19, 2024

'Mars Moons: Facts.' NASA, November 11, 2024, url: https://science.nasa.gov/mars/moons/facts/

Taylor, Nola, "Mars' Moons: Facts About Phobos & Deimos", *SPACE.com*, December 8, 2017

Castelvecchi, Davide, "First up-close images of Mars's little-known moon Deimos", *nature*, April 24, 2023

'MMX.' JAXA, November 11, 2024, url: https://www.mmx.jaxa.jp/en/

'Discovery Program.' NASA, November 11, 2024, url: 'https://www.nasa.gov/planetarymissions/discovery-program/

'NASA's Lucy Surprises Again, Observes 1st-ever Contact Binary Orbiting Asteroid.' NASA, November 11, 2024, url: https://science.nasa.gov/missions/lucy/nasas-lucy-surprises-again-observes-1st-ever-contact-binary-orbiting-asteroid/

'Lucy.' NASA, November 11, 2024, url: https://science.nasa.gov/mission/lucy/

'Psyche.' NASA, November 11, 2024, url: https://science.nasa.gov/mission/psyche/

CHAPTER 2. 생명과학

| X와 Y, 염색체 이야기 |

최인준, 〈Y염색체 완전 해독… 인간 게놈지도 20년만에 마지막 퍼즐 맞춰〉, 《조선일보》, 2023년 8월 31일 자

한건필, 〈'인간 게놈 지도'의 마지막 미스터리 풀렸다〉, 《코메디닷컴》, 2023년 8월 24일 자

이주영, 〈'남성성의 블랙박스' Y염색체 전체 염기서열 상세지도 완성됐다〉, 《연합뉴스》, 2023년 8월 24일 자

'Nanopore Sequencing.' BestDx Academy, 2024년 11월 11일, url: https://www.youtube.com/watch?v=FYEWrUVJ2as

'나노포어 시퀀싱.' 네이버 지식백과: 식물학백과, 2024년 11월 11일, url: https://terms.naver.com/entry.naver?docId=6080351&cid=62861&categoryId=62861

황승용, 〈인간 게놈 프로젝트, 산업화 서두르자〉,《동아일보》, 2009년 10월 8일 자

Rhie, Arang, et al., 2023, "The complete sequence of a human Y chromosome", *Nature*, 621(7978), pp. 344-354.

Hallast, Pille, et al., 2023, "Assembly of 43 human Y chromosomes reveals extensive complexity and variation", *Nature*, 621(7978), pp. 355-364.

강석기, 〈강석기의 과학카페: '병주고 약주는' Y염색체의 두 얼굴〉,《동아사이언스》, 2023년 11월 1일 자

이영완, 〈나이들면 줄어드는 Y염색체… 男이 女보다 심장병 위험 높은 이유〉,《조선일보》, 2024년 1월 2일 자

신인희, 〈남성, Y 염색체 결실로 여성보다 수명 짧다〉,《후생신보》, 2022년 7월 15일 자

Miller, Fiona Alice, 2006, "'Your true and proper gender': the Barr body as a good enough science of sex", *Stud. Hist. Phil. Biol. & Biomed. Sci.*, 37(3) pp. 459-483

'여성에게서만 나타나는 특이한 현상! X염색체 불활성화.' 수상한 생선, 2024년 11월 11일, url: https://www.youtube.com/watch?v=JP3E_URxovg

'X염색체.' Wikipedia, 2024년 11월11일, url: https://ko.wikipedia.org/wiki/X_%EC%97%BC%EC%83%89%EC%B2%B4

고은영, 〈삼색고양이 염색체의 비밀 암컷만 태어난다냥!〉,《어린이조선일보》, 2023년 9월 12일 자

| 인공 합성물을 분해하는 미생물 |

유다정, 《교양 있는 어린이를 위한 놀라운 미생물의 역사》, 다산북스, 2010

김희정, 《미생물은 힘이 세! 세균과 바이러스》, 아르볼, 2020

김형주, 《미생물, 꼭꼭 숨었니?》, 영교출판, 2011

한국미생물학회, 《미생물학》, 범문에듀케이션, 2020

미히 로스캄 아빙, 김연옥, 《플라스틱 수프》 양철북, 2020

'레벤후크의 현미경.' 지식채널e, 2024년 11월 11일, url: https://
　　tv.naver.com/v/300842

이대희, 〈플라스틱 분해 인공미생물〉, 《한국경제, BioIN》, 2019

이재은, 〈2% 부족한 플라스틱 재활용, 미생물이 채웁니다〉, 《더나은미래》,
　　2021년 7월 14일 자

김응빈, 〈오염물 먹고 자라는 먹성 좋은 미생물도 '플라스틱은 정말 낯설어'〉,
　　《경향신문》, 2021년 9월 3일 자

곽노필, 〈플라스틱, 미생물 진화의 새로운 사다리가 되다〉, 《한겨레》, 2024년
　　6월 29일 자

김윤주, 〈미생물이 플라스틱을 만든다? 심지어 CO_2도 소비해준다!〉, 《한겨
　　레》, 2022년 7월 19일 자

한아름, 〈CJ제일제당, 친환경 플라스틱 개발 박차… 美 네이처웍스와 본계약〉,
　　《THE GURU》, 2022년 11월 16일 자

고광본, 〈난치병 치료제부터 썩는 플라스틱까지… 미생물의 무한변신 사이언
　　스〉, 《서울경제》, 2023년 3월 22일 자

권광원, 〈플라스틱 분해 미생물 발견 잇따라… 폐기물 문제 해결되나?〉, 《비건
　　뉴스》, 2023년 5월 11일 자

오철우, 〈오철우의 과학풍경: 플라스틱 미생물은 '해법'이 될 수 있을까〉, 《한

겨레》, 2023년 7월 11일 자

한재준, 〈플라스틱 극복한 플라스틱, 미생물로 해냈다… 세계 첫 사용화 목전 미래on〉, 《뉴스1》, 2023년 12월 7일 자

김복만, 〈디컴포지션, 플라스틱 분해 미생물 확보… "세제제품에 적용"〉, 《베이비타임스》, 2023년 12월 9일 자

김만기, 〈미생물 공장에서 생분해 플라스틱 만든다〉, 《파이낸셜뉴스》, 2023년 12월 11일 자

문세영, 〈미생물로 플라스틱 만들고 분해까지… "미생물 대사공학 활약 기대"〉, 《동아사이언스》, 2023년 12월 11일 자

박설민, 〈반도체 공정용 '플라스마' 미생물 폐플라스틱 분해 돕는다〉, 《시사위크》, 2023년 12월 20일 자

이지웅, 〈'플라스틱 대체'물질 생산하는 미생물 만든 카이스트…환경오염 문제 해결에 이바지〉, 《녹색경제신문》, 2024년 8월 28일 자

CHAPTER 3. 화학

| 반도체용 유리 기판 |

샬럿 폴츠 존스, 원지인, 《위대한 발명의 실수투성이 역사》, 보물창고, 2018

한원택, 《유리시대》, GIST PRESS, 2019

강은태, 《유리과학》, 문운당, 2020

에드 콘웨이, 이종인, 《물질의 세계》, 인플루엔셜, 2024

빈스 베이저, 배상규, 《모래가 만든 세계》, 까치, 2019

석원경, 《세상의 시작, 118개의 원소 이야기》, 생각의힘, 2017

필립 볼, 고은주, 《원소》, 휴머니스트, 2021

잭 챌로너, 곽영직, 《Big Questions 118 원소》, 지브레인, 2015

Alan Macfarlane and Gerry Martin, 2002, *Glass: A World History*, University of Chicago Press

Alicia Duran and John M. Parker(eds.), 2022, *Welcome to the Glass Age-Celebrating the United Nations International Year of Glass 2022*, CSIC

중소벤처기업부, 중소기업기술정보진흥원, 《중소기업 전략기술 로드맵 2023~2025: 세라믹》, 진한엠앤비, 2023

'신데렐라의 유리구두는 안전할까?' 과학기술정보통신부 블로그, 2024년 11월 11일, url: https://m.blog.naver.com/PostView.naver?blogId=with_msip&logNo=222264096872&categoryNo=58&proxyReferer=

Slusser, Christine, "Scientists Shatter The Magic Of Cinderella's Glass Slippers", *Scripps News*, July 25, 2024

강혜령, 〈반도체 유리기판 뭐길래? 강해령의 하이엔드 테크〉, 《서울경제》, 2024년 1월 27일 자

장하나, 〈이재용·최태원이 '픽'한 차세대 반도체 소재 '글라스 기판'은〉, 《연합뉴스》, 2024년 7월 8일 자

문채석, 〈반 홀 코닝 한국 사장 "반도체 유리기판 韓생산… 고성능칩 패키징 구현"〉, 《아시아경제》, 2024년 5월 29일 자

Noh Tae Min, "Glass substrates to replace 2.5D package in chips in the future", *THE ELEC*, June 11, 2024

'Cinderella.' WIKIPEDIA, November 11, 2024, url: https://en.wikipedia.org/wiki/Cinderella

'Glass.' WIKIPEDIA, November 11, 2024, url: https://en.wikipedia.

org/wiki/Glass

'ENIAC.' WIKIPEDIA, November 11, 2024, url: https://en.wikipedia.
org/wiki/ENIAC

'Colossus computer.' WIKIPEDIA, November 11, 2024, url: https://
en.wikipedia.org/wiki/Colossus_computer

'Printed circuit board', WIKIPEDIA, November 11, 2024, url: https://
en.wikipedia.org/wiki/Printed_circuit_board

'신기한 물질, 유리.' YTN 사이언스, 2024년 11월 11일, url: https://
www.youtube.com/watch?v=m20df6cIcxs

'액체처럼 흐른다? '유리'의 정체를 밝혀라.' 지식의 창, 2024년 11월 11일,
url: https://www.youtube.com/watch?v=73nnSsqh9Mk

'전자제품의 뼈대가 되는 회로기판의 작동방식과 제작공정.' bRd 3D, 2024년
11월 11일, url: https://www.youtube.com/watch?v=olp0y881c7s

'PCB- 모든 전자 장치의 핵심.' Lesics 한국어, 2024년 11월 11일, url:
https://www.youtube.com/watch?v=n5UhaghHArI

'반도체 다음 혁명은 유리…?' 안될공학, 2024년 11월 11일, url: https://
www.youtube.com/watch?v=bDTQLSx3SXA

'유리기판 유리관통전극(TGV) 기술.' 최신 특허 TV, 2024년 11월 11일, url:
https://www.youtube.com/watch?v=xRGElI7xWjM

'유리기판 돈 될까? 한국 기업 또 일내나?' 한국경제TV, 2024년 11월 11일,
url: https://www.youtube.com/watch?v=CPjvQ5Mg-EE

| 나노 재료 맥신의 부상 |

김동윤, 〈나노기술이 만드는 미래 '나노'는 무엇이고 어디에 쓰이나〉, 《한국경

제》, 2006년 11월 27일 자

'나노과학으로 SF영화 따라잡기.' 기초과학연구원, 2024년 11월 11일, url: https://www.ibs.re.kr/cop/bbs/BBSMSTR_000000000901/selectBoardArticle.do?nttId=14939&pageIndex=1&mno=sitem&searchCnd=&searchWrd=

'작디 작은 나노기술의 변천사.' 한화솔루션 케미칼 부문 블로그, 2024년 11월 11일, url: https://www.chemidream.com/320

'MXene: A Star is Born.' Drexel University Research Magazine, url: https://exelmagazine.org/article/mxene-a-2d-star-is-born/

Naguib, M., et al., 2014, '25th Anniversary Article: MXenes: A New Family of Two-Dimensional Materials.', *Advanced Materials*, 26(7), pp. 992-1005

Gogotsi, Y., Anasori, B., 2019, "The Rise of MXenes", *ACS Nano*, 13(8), pp. 8491-9694

'맥신.' 네이버 지식백과, 2024년 11월 11일, url: https://terms.naver.com/entry.naver?docId=6697657&cid=43667&categoryId=43667

송복규, 〈과학자들도 당황한 맥신 열풍… "꿈의 물질 맞지만 상용화 멀었다"〉, 《조선비즈》, 2023년 8월 25일 자

'종이보다 얇은 스피커? 신소재 맥신을 알아보자.' Krict Issue, 2024년 11월 11일, url: https://www.krict.re.kr/bbs/BBSMSTR_000000000732/view.do;jsessionid=60FECF12EC1C618A1B5E7346418E21BB?nttId=B000000103648Pl3kA7&mno=sub06_03_03_03

김태희, 〈나노 세계에 0차원이 있다〉, 《과학동아》, 2023년 1월 호

'Nanomaterials.' WIKIPEDIA, November 11, 2024, url: https://en.wikipedia.org/wiki/Nanomaterials

'Nanotechnology.' WIKIPEDIA, November 11, 2024, url: https://en.wikipedia.org/wiki/Nanotechnology

'Fullerene.' WIKIPEDIA, November 11, 2024, url: https://en.wikipedia.org/wiki/Fullerene

'Carbon nanotube.' WIKIPEDIA, November 11, 2024, url: https://en.wikipedia.org/wiki/Carbon_nanotube

'Graphene.' WIKIPEDIA, November 11, 2024, url: https://en.wikipedia.org/wiki/Graphene

'MXenes.' WIKIPEDIA, November 11, 2024, url: https://en.wikipedia.org/wiki/MXenes

'하루 동안 만나는 나노 기술.' 과학쿠키, 2024년 11월 11일, url: https://www.youtube.com/watch?v=LVx4ZIam1wI

'맥신을 왜 꿈의 소재라 부를까?' 국가과학기술연구회(nst), 2024년 11월 11일, url: https://www.youtube.com/watch?v=NfbJxagAyAA

'LK-99 논란 직후 주목된 신소재 맥신(MXene)! 배터리, 반도체 소재 양산 가능성과 특성 분석.' 안될공학-IT 테크 신기술, 2024년 11월 11일, url: https://www.youtube.com/watch?v=uHIOse29xsY

'유기 맥신의 제조와 활용(한국교통대 인인식교수).' MXene TV, 2024년 11월 11일, url: https://www.youtube.com/watch?v=ICnr2gGgULM

'최근 갑자기 떠오르는 첨단 신소재, '맥신(MXene)'이란 무엇일까!?' 화학하약, 2024년 11월 11일, url: https://www.youtube.com/watch?v=nNpEuO6cKQI

'Husam Alshareef on MXenes: A New Class of Two-Dimensional Materials & their Emerging Applications.' International Workshop on Advanced Materials, November 11, 2024, url: https://www.

youtube.com/watch?v=p2fz6KO0ByM

| 1000원짜리 다이아몬드 |

Gong, Y., Luo, D., Choe, M. et al., 2024, "Growth of diamond in liquid metal at 1 atm pressure", *Nature*, 629, pp. 348–354

IBS 보도자료, 〈세계 최초, 1기압에서 다이아몬드 생산 성공〉, 2024년 4월 25일 자

'synthetic diamond.' Encyclopedia Britannica, November 11, 2024, url: https://www.britannica.com/science/synthetic-diamond

'high pressure phenomena.' Encyclopedia Britannica, November 14, 2024, url: https://www.britannica.com/science/high-pressure-phenomena

김민기, 〈다이아몬드·고기 이어 면화까지… 실험실서 만든다〉, 《조선일보》, 2024년 9월 12일 자

'다이아몬드의 과학.' 네이버캐스트: 화학산책, 2024년 11월 11일, url: https://terms.naver.com/entry.naver?docId=3580810&cid=58949&categoryId=58983

이영애, 〈IBM·구글 아성에 도전 다이아몬드 양자컴퓨터〉, 《동아사이언스》, 2022년 2월 12일 자

CHAPTER 4. 과학기술

| 양자 컴퓨터가 온다 |

Louis Chen, "A Brief History of Quantum Computing", *QUANTUMPE DIA-The Quantum Encyclopedia*, April 2, 2023

김갑진, 《마법에서 과학으로》, 이음, 2021

이순칠, 《퀀텀의 세계》, 해나무, 2023

다케다 슌타로, 전종훈, 《처음 읽는 양자컴퓨터 이야기》, 플루토, 2021

미치오 카쿠, 박병철, 《양자컴퓨터의 미래》, 김영사, 2023

'기존 슈퍼컴퓨터를 뛰어 넘는 성능 단계 시연.' IBM, 2024년 11월 11일, url: https://kr.newsroom.ibm.com/announcements?item=122746

김한영, 〈양자 컴퓨터의 기원〉, 《HORIZON》, 2020년 2월 13일 자

김기훈, 김재완, 〈슈퍼컴퓨터보다 1000배 빠른 구글의 양자컴퓨터〉, 《조선일보》, 2021년 5월 15일 자

'양자컴퓨팅의 세계, 기초과학이 토대 세운다.' 기초과학연구원 과학지식백과, 2024년 11월 11일, url: https://www.ibs.re.kr/cop/bbs/BBSMSTR_000000000901/selectBoardArticle.do?nttId=14274

한정훈, 《물질의 물리학》, 김영사, 2023

최형순, 〈영원히 얼지 않는 액체 헬륨 이야기〉, 《HORIZON》, 2021년 5월 7일 자

| 누리호와 차세대발사체 |

서동준, 〈누리호 2차 발사 발사와 관련된 세 가지 과학기술 상식〉, 《동아사이언스》, 2022년 6월 21일 자

류영수, 〈2022년도 예비타당성조사 보고서 차세대발사체 개발사업〉, 《KISTEP》, 2023

'2032년, 누리호보다 3배 강해진 '이것'으로 달에 간다?!' 한화그룹, 2024년 11월 11일, url: https://www.hanwha.co.kr/newsroom/media_center/news/article.do?seq=13335

이정호, 〈4차 누리호에 실릴 초소형 위성 선정… 우주 제약·지구 영상 촬영〉, 《경향신문》, 2024년 7월 11일 자

조승한, 〈4차 발사 누리호에 우주 제약, 위성폐기 시험 큐브 위성 탑재〉, 《연합뉴스》, 2024년 7월 11일 자

〈내년 누리호 4차 발사 준비 순항… 75톤급 엔진 연소시험 진행〉, 《뉴시스》, 2024년 7월 4일 자

우주항공청 보도자료, 〈누리호 4차발사 부탑재위성선정〉, 2024년 7월 11일 자

조광래, 〈누리호 성공의 여정1: 과학로켓 개발〉, 《항공우주매거진》, 제16권 4호, 2022

조광래, 〈누리호 성공의 여정2: 나로호(KSLV-I) 개발〉, 《항공우주매거진》, 제17권 2호, 2023

곽현덕, 〈누리호 액체로켓엔진 터보펌프 개발〉, 《한국유체기계학회 하계학술대회 논문집》, 2023년 7월

조광래, 고정환, 《우리는 로켓맨》, 김영사, 2022

정지훈, 김은수, 《우주 발사체 누리호 이후 세계 발사체 기술동향 중심으로》, 《KISTEP》, 2023

안형준, 최종화, 이윤준, 정미애, 〈우주항공 기술강국을 향한 전략과제〉, 과학기술정책연구원, 2018.

과학기술정보통신부, 〈제4차 우주개발진흥 기본계획〉, 2023

길애경, 〈차세대발사체 예타 통과… 31년 달 착륙선 우주로〉, 《헬로디디》,

2022년 11월 29일 자

'차세대발사체와 함께 달로 떠나는 대한민국.' 한화그룹, 2024년 11월 11일, url: https://www.hanwha.co.kr/newsroom/discover/view.do?seq=13471

한국항공우주연구원, 《한국 최초 우주발사체 '나로호(KSLV-I)' 3차 발사 자료집》, 2013

문윤완, 〈한국형발사체(누리호) 개발 및 제작 소개〉, 《한국기계가공학회 춘계 학술대회 논문집》, 2023년 4월

| AI와 양자 시대에 아주 간단한 알고리즘 이야기 |

'암호의 세계.' 서울대학교 수리과학부, 2024년 11월 11일, url: https://www.math.snu.ac.kr/~mhkim/speech/speech_61.htm

이순칠, 《퀀텀의 세계》, 해나무, 2023

'The Story of Shor's Algorithm, Straight From the Source: Peter Shor.' Qiskit, November 11, 2024, url: https://www.youtube.com/watch?v=6qD9XElTpCE

김한영, 〈양자 알고리즘: 소인수 분해 알고리즘〉, 《HORIZON》, 2020년 5월 8일 자

김한영, 〈양자 컴퓨터의 기원〉, 《HORIZON》, 2020년 2월 13일 자

전은숙, 〈"역사 속으로 사라지는 공인인증서" 오늘부터 '공동'인증서〉, 《휴먼에이드포스트》, 2020년 12월 10일 자

'김민형 교수가 말하는 수학, 역사, 그리고 계산.' KAOS, 2022년 11월 11일, url: https://ikaos.org/kaos/Inter/view.php?id=413

'말 많은 양자 컴퓨터, 오해와 사실.' 기초과학연구원, 2024년 11월 11일,

url: https://www.ibs.re.kr/cop/bbs/BBSMSTR_000000000901/
selectBoardArticle.do?nttId=14100

'Quantum computer.' Britannica, November 11, 2024, url: https://
www.britannica.com/technology/quantum-computer

| 인공지능과 반도체 혁신 |

김용석, 〈AI 시대 고객 맞춤형 메모리 반도체의 질주〉, 《이코노미 조선》, 2023
년 12월 11일 자

조성호, 〈GPU? HBM? 반알못 탈출 위한 반도체 속성 특강〉, 《조선일보》,
2024년 5월 26일 자

김정남, 〈'저전력, 고대역폭, 고용량' 차세대 HBM4 표준화 눈앞〉, 《이데일
리》, 2024년 7월 16일 자

김응열, 〈SK "TSMC와 협업, 1위 공고" vs 삼성 "원스톱 징검, 판 흔들기"〉,
《이데일리》, 2024년 7월 22일 자

백유진, 〈넥스트 HBM ① D램 한계 넘어서는 차세대 기술 'CXL'〉, 《비즈워치》,
2024년 7월 4일 자

백유진, 〈넥스트 HBM ② 메모리 한계 넘는 'PIM'〉, 《비즈워치》, 2024년 7월
23일 자

정인성, 〈인공지능과 반도체 7편(완결) 챗GPT 등 인공지능의 시대: 메모리 반
도체의 위상, 다시 세우다〉, 《SK하이닉스 뉴스룸》, 2023년 8월 29일 자

〈반도Chat Ep.5: 메모리 사용성을 유연하게 확장하는 새로운 인터페이스
'CXL'〉, 《삼성전자 반도체 뉴스룸》, 2023년 12월 20일 자

| AI 대규모 언어모델에서 소규모 언어모델로 |

Deloitte AI Institute, *A new frontier in artificial intelligence: Implications of Generative AI for businesses*, 2023

Wiles, Jackie, "Beyond ChatGPT:The Future of Generative AI for Enterprises", *Gartner*, January 26, 2023

Mckinsy & Company, "Exploring opportunities in the generative AI value chain", *QuantumBlack*, April 26, 2023

Rani, Geeta, et al., 2023, "Comparative Analysis of Generative AI Models", International Conference on Advances in Computation, Communication and Information Technology (ICAICCIT)

Ortiz, Sabrina, "What is ChatGPT and why does it matter? Here's what you need to know", *ZDNET*, January 18, 2023

Wiggers, Kyle, "OpenAI debuts GPT-4o 'omni' model now powering ChatGPT", *TechCrunch*, May 13, 2024

Ishita Naik, Dishita Naik, Nitin Naik, "Chat Generative Pre-Trained Transformer (ChatGPT): Comprehending its Operational Structure, AI Techniques, Working, Features and Limitations", 2023 IEEE International Conference on ICT in Business Industry & Government (ICTBIG), Dec 1-9, 2023

| AI와 빅데이터 |

Snijders, C., Matzat, U., & Reips, U.-D., 2012, "'Big Data': Big gaps of knowledge in the field of Internet", *International Journal of Internet*

Science, 7, pp. 1-5

'빅데이터의 속성 3V, 4V.' 국립중앙과학관 빅데이터, 2024년 11월 11일, url: https://terms.naver.com/entry.nhn?docId=3386305&cid=58370&categoryId=58370&exp

Laney, Douglas, "3D Data Management: Controlling Data Volume, Velocity and Variety", *Gartner*, 2001

Beyer, Mark, "Gartner Says Solving 'Big Data' Challenge Involves More Than Just Managing Volumes of Data", *businesswire*, June 27, 2011

Laney, Douglas, "The Importance of 'Big Data': A Definition", *Garter*, June 21, 2012

조재근, 《통계학, 빅데이터를 잡다》, 한국문학사, 2017

'2024년 주목해야 할 150가지 이상의 인공지능 통계: 누가, 어떻게 AI를 활용하고 있나?' Techopedia, 2024년 11월 11일, url: https://www.techopedia.com/kr/artificial-intelligence-statistics

'예측 AI란?' CLOUDFLARE, 2024년 11월 11일, url: https://www.cloudflare.com/ko-kr/learning/ai/what-is-predictive-ai/

박상길, 《비전공자도 이해할 수 있는 AI 지식》, 비즈니스북스, 2024

신성권, 서대호, 《10대라면 반드시 알아야 할 4차 산업혁명과 인공지능》, 팬덤북스, 2022

허유선, 《인공지능 윤리를 부탁해》, 나무야, 2024

PREM S MANN, 김영주, 김정일, 유영호, 《통계학개론》, 자유아카데미, 2009

최원, 《기초통계학》, 경문사, 2022

CHAPTER 5. 지구과학

| 모래가 부족해진다 |

에드 콘웨이, 이종인, 《물질의 세계》, 인플루엔셜, 2023

빈스 베이저, 배상규, 《모래가 만든 세계》, 까치, 2019

정재승, 《정재승의 과학콘서트》, 어크로스, 2020

전동철, 《파도에 춤추는 모래알》, 지성사, 2010

문정우, 〈모래가 멸종 위기 자원이라고?〉, 《시사IN》, 2017년 7월 14일 자

'Sand.' WIKIPEDIA, November 11, 2024, url: https://en.wikipedia.
org/wiki/Sand

'Dune.' WIKIPEDIA, November 11, 2024, url: https://en.wikipedia.
org/wiki/Dune

'Desert.' WIKIPEDIA, November 11, 2024, url: https://en.wikipedia.
org/wiki/Desert

'Angle of Repose.' WIKIPEDIA, November 11, 2024, url: https://
en.wikipedia.org/wiki/Angle_of_repose

'Sandatlas.' November 11, 2024, url: www.sandatlas.org/sand/

'고대 유리 그릇들, 1500년을 견뎌온 초자연적 기술.' YTN 사이언스, 2024년
11월 11일, url: https://www.youtube.com/watch?v=RU
LMR83ohb4

'모래 부족이 진짜 큰일인 이유…' 압권Apkwon, 2024년 11월 11일, url:
https://www.youtube.com/watch?v=MOmLh7y3QXs

'The Nature of Sand.' MIT Mechanical Engineering, November 11,
2024, url: https://www.youtube.com/watch?v=8xAfzz1HT8s

'The Amazing Life of Sand.' Deep Look, November 11, 2024, url: https://www.youtube.com/watch?v=VkrQ9QuKprE

'The Puzzling Physics of Sand.' The Lutetium Project, November 11, 2024, url: https://www.youtube.com/watch?v=iml6D_Uvz0Q

'Illegal Sand Mining Is Ruining These Countries' Ecosystems.' VICE News, November 11, 2024, url: https://www.youtube.com/watch?v=H4d6LT87pMo

'Sand, rarer than one thinks.' UNEP Global Environmental Alert Service, November 11, 2024, url: https://na.unep.net/geas/getUNEPPageWithArticleIDScript.php?article_id=110

UNEP report, *Sand and sustainability finding new solutions for environmental governance,* 2019

| 폭우의 과학 |

과학기술정보통신부, 〈6월 이달의 과학기술인상에 '한양대(ERICA) 예상욱 교수' 선정〉, 과학기술정보통신부, 2020년 6월 4일 자

국립기상과학원, 《한반도 100년의 기후변화》, 국립기상과학원, 2018

국립기상과학원, 《2022년 특이기상연구센터 대표성과 사례집》, 국립기상과학원, 2023

국무조정실, 기상청, 《2020년 이상기후 보고서》, 기상청, 2021

국무조정실, 기상청, 《2021년 이상기후 보고서》, 기상청, 2022

국무조정실, 기상청, 《2022년 이상기후 보고서》, 기상청, 2023

국무조정실, 기상청, 《2023년 이상기후 보고서》, 기상청, 2024

권예은, 박찬일, 백승윤, 손석우, 김진원, 차은정, 〈대기의 강이 한반도 지역별

강수에 미치는 영향〉, 《대기》, 제32권 2호, 2022, pp. 135~148

기상청, 《손에 잡히는 예보기술 2011년 4월호, 하층제트》, 제2호, 기상청, 2011

기상청, 《손에 잡히는 예보기술 2012년 2월호, 일기도분석 가이던스(Ⅱ) 호우분석》, 제11호, 기상청, 2012

기상청, 《손에 잡히는 예보기술 2012년 6월 호, 장마전선의 특징과 분석방법》, 제15호, 기상청, 2012

기상청, 《최근 20년 사례에서 배우다- 집중호우 Top10》, 기상청, 2012

기상청, 《장마백서 2022》, 기상청, 2022

기상청, 《탄소중립을 위한 기후변화과학의 이해》, 기상청, 2023

기상청, 《한국 기후변화 평가보고서 2020- 기후변화 과학적 증거》, 기상청, 2020

기초과학연구원, 〈최근 적도 태평양 대기 순환 강화, 자연변동성이 주 원인〉, 2019년 4월 2일 자

기초과학연구원, 〈엘니뇨·라니냐, 미래에는 사라질 수도 있다〉, 《기초과학연구원》, 2021년 8월 26일 자

'기후변화가 바꾼 우리나라 사계절과 24절기.' 국립기상과학원, url: http://www.nims.go.kr/?cate=1&sub_num=755&pageNo=4&state=view&idx=5353

'atmospheric river.' AMS, November 11, 2024, url: https://glossarytest.ametsoc.net/wiki/Atmospheric_river

문혜진, 김진원, Bin Guan, Duane E. Waliser, 최준태, 구태영, 김영미, 변영화, 〈Atmospheric River 상륙이 한반도 강수와 기온에 미치는 영향 연구〉, 《대기》, 제29권 4호, 2019, pp. 343~353

기상청 보도자료, 〈신기후평년값이 보여준 기후변화〉, 2021년 3월 24일 자

정봉비, 〈'기습폭우' 장마철 뉴노멀 되나… 올해만 벌써 9차례 집중호우〉, 《한겨레》, 2024년 7월 4일 자

Chung, E.S., Timmermann, A., Soden, B.J., Ha, K.J., Shi, L., John, V.O., 2019, "Reconciling opposing Walker circulation trends in observations and model projections", *Nature Climate Change*, 9(5), pp. 405-412

Edward Aguado, James E. Burt, *Weather & Climate* Pearson Prential Hall, 2006

Sohn, BJ., Yeh, SW., Lee, A., Lau, W. K.M., 2019, "Regulation of atmospheric circulation controlling the tropical Pacific precipitation change in response to CO_2 increases", *Nature Communication*, 10, p. 1108

'Jet Streak Circulation.' COMET, November 11, 2024, url: www.meted.ucar.edu

Wengel, C., Lee, S. S., Stuecker, M. F., Timmermann, A., Chu, J. E., Schloesser, F., 2021, "Future high-resolution El Niño/Southern oscillation dynamics", *Nature Climate Change*, 11(9), pp. 758-765

Zhu, Y., Newell, R. E., 1994, "Atmospheric rivers and bombs", *Geophysical Research Letters*, 21(18), pp. 1999-2002

Zhu, Y., Newell, R. E., 1998, "A Proposed Algorithm for Moisture Fluxes from Atmospheric Rivers", *Monthly weather review*, 126(3), pp. 725-735

| 지질시대와 인류세 |

'세계자연보전연맹 적색 목록 홈페이지.' November 12, 2024, url: https://www.iucnredlist.org/

프레더릭 루트겐, 에드워드 타벅, 김경렬 외, 《지구시스템의 이해》, 박학사, 2009

리드 위캔더, 제임스 먼로, 김종헌 외, 《지사학: 시간에 따른 지구와 생물의 진화》, 박학사, 2012

'ICS International Chronostratigraphic Chart 2023/09.' International Commission on Stratigraphy, November 12, 2024, url: https://stratigraphy.org/chart

IPCC, 2023, "Climate Change 2023: Synthesis Report. Contribution of Working Groups I, II and III to the Sixth Assessment Report of the Intergovernmental Panel on Climate Change [Core Writing Team, H. Lee and J. Romero (eds.)]", IPCC, Geneva, Switzerland, p. 184

| 에너지 전환을 위한 시도 |

'COP28.' November 12, 2024, url: https://www.cop28.com/en/global-renewables-and-energy-efficiency-pledge

'세계에너지기후통계.' November 12, 2024, url: https://yearbook.enerdata.net/renewables/renewable-in-electricity-production-share.html

CHAPTER 6. 과학문화

| AI 창작과 저작권 |

Dave Smith, Chief Archivist Emeritus, "Steamboat Willie essay", The Walt Disney Company at National Film Registry

McGowan, Andrew, "Mickey Mouse's Debut Wasn't in 'Steamboat Willie'-It was in this", *collider*, April 5, 2023

Kaufman, J.B, Gerstein, David, 2018, *Walt Disney's Mickey Mouse: The Ultimate History*, Cologne: Taschen, p. 39

Lenburg, Jeff, 1999, "While two more Mickey Mouse releases were produced in black and white, the series otherwise switched to color on a permanent basis", *The Encyclopedia of Animated Cartoons*, Checkmark Books, pp. 108-109

'미국 저작권법(2010).' 국내외 법령 및 국제조약, 2024년 11월 12일, url: https://www.copyright.or.kr/information-materials/new-law-precedent/list.do#02

Naruto v. Slater, 2016 WL 362231 (N.D. Cal. Jan 28, 2016)

Naruto v. Slater, 2018 WL 1902414 (9th Cir. Apr. 23, 2018)

박형옥, 〈[미국] 1923년 미국에서 출판된 수십만 건의 저작물이 저작권 보호 기간 만료로 공유에 들어감〉, 《저작권 동향》, 2019년 제1호, 한국저작권위원회

김혜성, 〈[미국] 항소법원, 인간이 아닌 원숭이는 저작권 침해를 주장할 수 없다〉, 《저작권 동향》, 2018년 제5호, 한국저작권위원회

사호진, 〈[미국] 디즈니의 저작권 보호 제한을 위한 저작권법 개정안 발의〉,

《저작권 동향》, 2022년 제9호, 한국저작권위원회

전재림, 〈최근 AI창작물의 미국저작권청 등록 사례에 대한 검토(전재림)〉, 《COPYRIGHT ISSUE REPORT》, 2022-29, 한국저작권위원회

구문모, 〈[미국] 미국 저작권청(U.S. Copyright Office), '인공지능이 만든 결과물이 포함된 저작물'에 대한 등록 지침 발표〉, 《저작권 동향》, 2023년 제3호, 한국저작권위원회

송선미, 〈AI 창작물의 저작권 보호에 관한 해외 동향〉, 《COPYRIGHT ISSUE REPORT》, 2022-02, 한국저작권위원회

류시원, 〈[미국] 美저작권청, 인공지능 생성 이미지 'SURYAST' 등록 거절〉, 《COPYRIGHT ISSUE REPORT》, 2024-10, 한국저작권위원회

손휘용, 〈[영국] 창작자 권리 연합, AI기업들에게 저작권 존중을 요구하는 서한 전달〉, 《저작권 동향》, 2024년 제16호, 한국저작권위원회

| 미래를 바꾸는 투자 |

'자연사관.' 국립과천과학관, 2024년 11월 12일, url: https://www.sciencecenter.go.kr/scipia/display/mainBuilding/naturalHistory

'한국고고학사전.' 국립문화유산연구원, 2024년 11월 12일, url: https://portal.nrich.go.kr/kor/archeologyTotalList.do?menuIdx=567

'신석기혁명.' 두피디아, 2024년 11월 12일, url: https://www.doopedia.co.kr/search/encyber/new_totalSearch.jsp

'산업혁명.' 네이버지식백과, 2024년 11월 12일, url: https://m.terms.naver.com/entry.naver?docId=1610651&cid=50305&categoryId=50305

민태기, 《판타 레이》, 사이언스북스, 2021

안상훈, 〈혁신과 경제성장〉, 《과학기술정책》, 제1권 제1호, 과학기술정책연구원, 2018

최영락, 〈한국의 과학기술정책: 회고와 전망〉, 《과학기술정책》, 제1권 제1호, 과학기술정책연구원, 2018

'니콜라 테슬라.' 네이버지식백과, 2024년 11월 12일, url: https://m.terms.naver.com/entry.naver?docId=3567466&cid=59014&categoryId=59014

강준만, 《미국은 드라마다: 주제가 있는 미국사 2》, 인물과사상사, 2014

류광준, 〈혁신도전형 R&D 예산 1조 원의 의미〉, 《서울경제》 2024년 8월 20일 자

| 달 표면에 새긴 조선의 천문학자 |

갈릴레오 갈릴레이, 장헌영, 《시데레우스 눈치우스: 갈릴레이의 천문노트》, 승산, 2004

김상혁, 이용삼, 남문현, 2006, 〈남병철의 혼천의 연구 II: 《의기집설》에 나오는 〈혼천의용법〉의 역해설〉, *J. Astron. Space Sce*, 23(1), pp. 71~90

'Gazetteer of Planetary Nomenclature.' Science for a changing world(USGS), November 12, 2024, url: https://planetarynames.wr.usgs.gov/

곽현수, 〈"달 표면 지형 이름의 2%만 여성 이름" 지적한 연구원〉, 《YTN》, 2024년 11월 21일 자

차형석, 〈달의 뒷면에 '남병철'이 있다〉, 《시사IN》, 2024년 9월 16일 자

'개구리 ID.' 호주박물관, November 12, 2024, url: australian.museum/
get-involved/citizen-science/frogid/

'과학관의 지속가능성 비전.' 글래스고 과학센터, November 12, 2024, url:
www.glasgowsciencecentre.org/our-sustainability-vision

'국제 과학센터 및 과학관의 날.' 세계과학관협회(ASTC), November
12, 2024, url: www.astc.org/impact-initiatives/international-
science-center-and-science-museum-day/

'국제 과학센터 및 과학관의 날: 지속가능성을 위한 지역에서부터 전 세계
까지 해결.' 국제연합(UN), November 12, 2024, url: www.un.org/
en/academic-impact/international-science-center-science-
museum-day-local-global-solutions

'녹색 지대.' 필즈 자연사박물관, November 12, 2024, url: www.
fieldmuseum.org/department/a-greener-field

'더욱 지속 가능한 세계 만들기.' 맨체스터 박물관, November 12, 2024,
url: www.museum.manchester.ac.uk/making-the-museum/
sustainableworld/

'도쿄 의정서.' 2017 세계과학관정상회의, November 12, 2024, url:
scws2017.org/tokyo_protocol/

'전 지구 미세플라스틱 사냥.' 글래스고 과학센터 사이트, November 12,
2024, url: curiousabout.glasgowsciencecentre.org/innovation/
inspiration-gallery/the-great-global-nurdle-hunt/

'보스턴 과학관, 기후행동과 지속 가능성에 대한 연간 추진 방향 설정.' 보스
턴 과학관, November 12, 2024, url: www.mos.org/press/press-

releases/Earthshot

'우리의 비전: 기후에 대한 예술, 학습, 행동을 위한 근거지.' 기후박물관 사이트, November 12, 2024, url: www.climatemuseum.org/vision

'임무: 재생.' 캘리포니아 과학 아카데미, November 12, 2024, url: www.calacademy.org/about-us/regenerating-the-natural-world

정원영, 박은지, 박진녕, 안인선, 윤아연, 이선경, 〈세계 과학관의 지속가능발전목표(SDGs) 지원 유형 및 특징 분석: ISCSMD 등록 사례를 중심으로〉, 《제10회 국제과학관심포지엄 학술대회 우수논문집》, 2020, pp. 13~16

'지역 기반 프로젝트.' 글래스고 과학센터, November 12, 2024, url: www.glasgowsciencecentre.org/learn/community-learning/community-projects

'탄소 소양 프로젝트.' 탄소 소양, November 12, 2024, url: carbonliteracy.com/

환경부 지속가능발전위원회, 《국가 지속가능발전목표 수립 보고서 2019: A Report on Korean-Sustainable Development Goals (KpSDGs)》, 환경부 지속가능발전위원회, 2019

The Design Museum, *Exhibition Design for our time- A guide to reducing the environmental impact of exhibitions*, URGE, 2023

| 전시 패널의 교육적 활용 |

Hein, G.E., 1998, *Learning in the Museum*, Abingdon: Routleldge

조지 엘리스 버코, 양지연, 《큐레이터를 위한 박물관학》, 김영사, 2001

Verhaar, J., & Meeter, H., 1989, *Project model exhibitions. Leiden*, The Netherlands: Reinwardt Academie

홍승일, 〈과학관의 전시평가 모델 설정에 관한 연구〉, 홍익대학교 박사학위 논문, 2015

데이비드 딘, 전승보,《미술관 전시 이론에서 실천까지》, 학고재, 1998

Serrell, B., 2015, *Exhibit labels: An Interpretive Approach*, Altamira Press.

김선아, 〈관람자의 의미형성을 위한 박물관 전시의 해석 전략 연구〉, 동덕여자대학교 석사학위 논문, 2012

Bitgood, S., 2000, "The role of attention in designing effective interpretive labels", *Journal of Interpretation Research*, 5(2), pp. 31-45

Screven, C.G., 1992, "Motivating visitors to read labels", *Journal of Visitor Behavior*, 2(2), pp. 183-211

Atkinson, R.C., & Shiffrin, R.M., 1968, "Human memory: A proposed system and its control processes", In K. W. Spence & J. T. Spence (Eds.), *The Psychology of Learning and Motivation: Advances in research and theory*, 2, New York: Academic Press

이정화, 〈박물관 전시의 스토리텔링 구조에 관한 연구〉,《전시디자인연구》, 4(0), 2006, pp. 49-56.

Cowan, N., 2001, "The magical number 4 in short-term memory: A reconsideration of mental storage capacity", *behavioral and brain sciences*, 24, pp. 87-185

Hose, T.A., 2000, "European 'Geotourism'- geological interpretation and geoconservation promotion for tourists", In D. Barettino, W.A.P. Wimbledon, & E. Gallego (Eds.), *Geological Heritage: Its Conservation and Management*, Madrid : ©Instituto Tecnológico Geominero de España, pp. 127-146

박소화, 〈스토리텔링 기반 교수설계 및 모형 탐색〉, 서울대학교 박사학위 논문,

2012

American Association for the Advancement of Science, 1989, *Science for all Americans: A project 2061 report on literacy goals in science, mathematics, and technology,* New York: Oxford University Press.

김희수, 서창현, 이항로, 〈천문학적 공간개념 수준에 관한 검사도구 개발〉,《한국지구과학회지》, 24, 2003, pp. 508-523

노윤채, 〈과학대중화 담화에서의 은유: 천문학의 경우〉,《프랑스학연구》, 62, 2012, pp. 451-479

| 과학문화 형성과 기초과학 |

'기본연구.' 한국연구재단, 2024년 11월 12일, url: https://www.nrf.re.kr/biz/info/info/view?menu_no=378&biz_no=390

'한국 기초과학 연구정책 역사와 전망.' 카오스 사이언스, 2024년 11월 12일, url: https://www.youtube.com/watch?v=nvmpsXtlCVw

'과즐러.' 2024년 11월 12일, url: https://www.youtube.com/@%EA%B3%BC%EC%A6%90%EB%9F%AC/videos

'박물관 사람들.' 서대문자연사박물관, 2024년 11월 12일, url: https://www.youtube.com/playlist?list=PLG0qNB7VqRIEdhMQVGxgxpxyMDjr2fQdr

'기초과학연구원(IBS).' 2024년 11월 12일, url: https://www.ibs.re.kr/kor.do

룰루 밀러, 정지인,《물고기는 존재하지 않는다》, 곰출판, 2021

홍대길,《과학관의 탄생》, 지식의날개, 2021

랜스 그란데, 김새남,《큐레이터》, 소소의책, 2019

권기균, 《박물관이 살아 있다》, 리스컴, 2023

이대한, 〈동물의 가계도, 뇌 기원의 가계도〉, 《한국 스켑틱 38: AGI, 유토피아

혹은 디스토피아?》, 바다출판사, 2024, pp. 172~183

뉴필로소퍼 편집부 엮음, 《뉴필로소퍼 2024》 27호, 바다출판사, 2024

부록_ 2024 노벨상 특강

| 유전자 발현 조절 미세 분자, 마이크로RNA |

백대현, 〈과학자가 해설하는 노벨상 1. 생리의학상… 유전자발현 정밀 조절자

miRNA〉, 《동아사이언스》, 2024년 10월 10일 자

'THE NOBEL PRIZE.' November 12, 2024, url: http://www.

nobelprize.org

송복규, 염현아, 〈2024 노벨상: 노벨상 받은 마이크로RNA, 치료제 개발은〉,

《조선일보》, 2024년 10월 7일 자

이정아, 〈노벨상 아쉽게 놓친 국내 마이크로RNA 대가〉, 《조선비즈》, 2024년

10월 8일 자

나확진, 〈이지 사이언스: 노벨상 4번 거든 예쁜꼬마선충〉, 《연합뉴스》, 2024

년 10월 19일 자

조승한, 〈마이크로RNA 만드는 '다이서'원리 밝혔다… RNA치료제 새 가능

성〉, 《연합뉴스》, 2023년 2월 23일 자

'2024노벨생리의학상의 이슈 마이크로RNA에 관해.' 네이버블로그, 2024년

11월 12일, url: https://blog.naver.com/minbog77/223622297780

'2024 노벨생리의학상은 마이크로 RNA(miRNA, microRNA) 발견한 미국

인.' 네이버블로그, 2024년 11월 12일, url: https://blog.naver.com/hyouncho2/223611966641

고재원, 〈2024 노벨상: 암·난치병 치료제 '비밀열쇠'··· 마이크로RNA 발견한 2인〉, 《매일경제》, 2024년 10월 7일 자

| 인공지능이 밝혀낸 단백질의 비밀 |

'THE NOBEL PRIZE.' November 12, 2024, url: http://www.nobelprize.org

국립과천과학관, 《과학은 지금》, 시공사, 2021

| 인공신경망을 이용한 머신러닝과 인공지능 |

조장우, 〈존 홉필드·제프리 힌턴 2024년 노벨 물리학상 수상, AI '머신러닝' 기틀〉, 《비즈니스포스트》, 2024년 10월 8일 자

'노벨물리학상 수상자, 의미심장한 수상 소감 "통제 불가 우려".' KBS News, 2024년 11월 12일, url: https://www.youtube.com/watch?v=FRO2mEAzXv4

Karpathy, Andrej, et al., "Generative models", *OpenAI*

Yang, June, Gokturk, Burak, "Google Cloud brings generative AI to developers, businesses, and governments", *AI & Machine Learning*, March 15, 2023

Justin Hendrix, "Transcript: Senate Judiciary Subcommittee Hearing on Oversight of AI", *techpolicy.press*, April 17, 2024

Deloitte AI Institute, *A new frontier in artificial intelligence: Implications of*

Generative AI for businesses, 2023

Gartner, "Beyond ChatGPT: The Future of Generative AI for Enterprises", *Insight-Information Technology*, 2023.

Mckinsy & Company, "Exploring opportunities in the generative AI value chain", *QuantumBlack*, April 26, 2023

Rani, Geeta, et al., "Comparative Analysis of Generative AI Models", 2023 International Conference on Advances in Computation, Communication and Information Technology (ICAICCIT)

Ortiz, Sabrina, "What is ChatGPT and why does it matter? Here's what you need to know", *ZDNET*, Janualy 18, 2023

Wiggers, Kyle, "OpenAI debuts GPT-4o 'omni' model now powering ChatGPT", *TechCrunch*, May 13, 2024

Ishita Naik, Dishita Naik, Nitin Naik, "Chat Generative Pre-Trained Transformer (ChatGPT): Comprehending its Operational Structure, AI Techniques, Working, Features and Limitations", 2023 IEEE International Conference on ICT in Business Industry & Government (ICTBIG), Dec 1-9, 2023

그림 출처

23쪽 왼쪽 NASA/Eric Bordelon, 오른쪽 NASA

24쪽 NASA

25쪽 위 NASA's Gateway Program Office, 아래 JAXA/TOYOTA

33쪽 VERA C. RUBIN OBSERVATORY

35쪽 Troxel, M.A., et al., 2023, "A joint Roman Space Telescope and Rubin Observatory synthetic wide-field imaging survey", *Monthly Notices of the Royal Astronomical Society*, 522(2), pp.2801-2820

39쪽 위 NASA, ESA, CSA, STScI, 아래 University of Oxford

45쪽 위 JPL, 아래 NASA/JPL-Caltech

46쪽 JPL

48쪽 위 NASA, ESA, and L. Lamy (Observatory of Paris, CNRS, CNES), 아래 NASA, ESA, STScI, Amy Simon (NASA-GSFC), Michael H. Wong (UC Berkeley)

49쪽 위 H. Hammel (Massachusetts Institute of Technology) and NASA, 가운데 NASA, ESA, and M.H. Wong and J. Tollefson (UC Berkeley), 아래 NASA, ESA, Amy Simon (NASA-GSFC), Michael H. Wong (UC Berkeley)

51쪽 NASA, ESA, CSA, STScI

59쪽 NASA, ESA

61~62쪽 NASA

65쪽 Giuseppe Cataldo

70쪽 Tony Dunn, Janet Loehrke/USA TODAY

72쪽 Hope Mars Mission

78쪽 (그래픽)NASA/Goddard/SwRI; (사진 A)NASA/Goddard/SwRI/Johns Hopkins APL/NOIRLab; (사진 B)NASA/Goddard/SwRI/Johns Hopkins APL

81쪽 JAXA

93쪽 Oxford Nanopore Technology

98쪽 WIKIPEDIA

115쪽 WIKIPEDIA

117쪽 INTEL

122쪽 The Institution of Engineering and Technology

125쪽 Gogotsi, Y., Anasori, B., 2019, "The Rise of MXenes", *ACS Nano*, 13(8), pp. 8491-9694

127쪽 'MXene: A Star is Born.' Drexel University Research Magazine, url: https://exelmagazine.org/article/mxene-a-2d-star-is-born/

197쪽 LifeArchitect.ai/models

199쪽 Alan D. Thompson

233쪽 NOAA

242~243쪽 'ICS International Chronostratigraphic Chart 2023/09.', International Commission on Stratigraphy, November 12, 2024, url: https://stratigraphy.org/chart

279쪽 왼쪽 경희대학교, 오른쪽 *Nature Communications* 12(2021)

286쪽 한국천문연구원

294쪽 왼쪽 한국천문연구원, 오른쪽 국립중앙도서관

311쪽 Hein, G.E., 1998, *Learning in the Museum*, Abingdon: Routleldge

312쪽 Verhaar, J., & Meeter, H., 1989, *Project model exhibitions. Leiden*, The Netherlands: Reinwardt Academie

343쪽 Johan Jarnestad/The Royal Swedish Academy of Sciences

349쪽 Johan Jarnestad/The Royal Swedish Academy of Sciences

350쪽 Johan Jarnestad/The Royal Swedish Academy of Sciences

2025 미래 과학 트렌드

초판 1쇄 인쇄 2024년 11월 15일
초판 1쇄 발행 2024년 11월 27일

지은이 국립과천과학관
펴낸이 최순영

출판2 본부장 박태근
지식교양 팀장 송두나
편집 김예지
디자인 함지현

펴낸곳 ㈜위즈덤하우스 **출판등록** 2000년 5월 23일 제13-1071호
주소 서울특별시 마포구 양화로 19 합정오피스빌딩 17층
전화 02) 2179-5600 **홈페이지** www.wisdomhouse.co.kr

ⓒ 국립과천과학관, 2024

ISBN 979-11-7171-315-8 03400